职业技能鉴定国家题库石化分库试题选编

污水处理工

中国石油化工集团公司职业技能鉴定指导中心　编

中国石化出版社

内 容 提 要

《污水处理工》为《职业技能鉴定国家题库石化分库试题选编》丛书之一，由中国石油化工集团公司职业技能鉴定指导中心按照《国家职业标准》及《职业技能鉴定国家题库开发技术规程》组织编写。内容包括：污水处理工初级工、中级工、高级工、技师的鉴定要素细目表、理论知识试题和技能操作试题，是污水处理工进行职业技能鉴定的必备学习资料。

图书在版编目(CIP)数据

污水处理工/中国石油化工集团公司职业技能鉴定指导中心编.
—北京:中国石化出版社,2006(2023.4 重印)
(职业技能鉴定国家题库石化分库试题选编)
ISBN 978-7-80229-169-0

Ⅰ.污… Ⅱ.中… Ⅲ.污水处理-职业技能鉴定-习题
Ⅳ.X703-44

中国版本图书馆 CIP 数据核字(2006)第 107737 号

中国石化出版社出版发行
地址:北京市东城区安定门外大街 58 号
邮编:100011 电话:(010)57512500
发行部电话:(010)57512575
http://www.sinopec-press.com
E-mail:press@ sinopec.com.cn
北京力信诚印刷有限公司印刷
全国各地新华书店经销
*
787×1092 毫米 16 开本 20.25 印张 487 千字
2023 年 4 月第 1 版第 9 次印刷
定价:60.00 元

职业技能鉴定国家题库
石化分库开发领导小组

组　长：刘根元

副组长：傅兴顺　高　滨　孙祖岭　孙金瑜

顾　问：袁　芳　李钰年

成　员（以姓氏笔画为序）：

丁新兴　王凤维　王运才　王虎刚　王瑞萍　石惟理
刘子才　刘文玉　刘忠华　向守源　朱长根　朱正建
朱立群　江毅平　汤　豪　许立明　许　坚　曲子洲
吴　云　何　波　邱　颖　张云燕　张月娥　张全胜
张佐军　张树忠　陈建国　陈若平　周志明　郑洵美
钟文标　徐洪源　贾铁成　郭为民　顾甬明　崔　昶
曹宗祥　黄　进　彭连军　温振丽　童子飞　谢学民
韩　伟　雷建忠　靳良成　潘　慧　穆晓秋　魏洪大
魏根兴

特邀专家（以姓氏笔画为序）：

尤宝英　王　权　丛新泽　刘　欧　刘孝祖
李荣兴　沈洪源　陆　勇　巫建忠　徐　燕
黄世文　黄劲松

编辑出版负责人：

王子康　王力健　邓敦夏

前　言

受劳动和社会保障部职业技能鉴定中心委托，按照中国石油天然气集团公司、中国石油化工集团公司职业技能鉴定工作协议，中国石油化工集团公司职业技能鉴定指导中心组织有关专家，依据《职业技能鉴定国家题库开发技术规程》和《国家职业标准》，开发了 32 个职业 95 个工种的职业技能鉴定国家题库石化分库，并于 2006 年 5 月正式启用。

为满足员工学习专业知识、提高操作技能的需要，我们选编了石化分库的部分试题，按职业(工种)出版《职业技能鉴定国家题库石化分库试题选编》套书。该套书内容包括国家职业标准、鉴定要素细目表、理论知识试题和技能操作试题等，其中，理论知识试题约占分库中该职业(工种)试题的 50%，技能操作试题约占 70%。

《污水处理工》分册由安庆石化主编，天津石化、扬子石化、燕山石化等单位参编。主要执笔人：王光、李承武、孙传武、银长新。参审人员：沈洪源、曹宗祥、黄劲松、何建宗、连立国、宣成凤、叶志红、张兆卫、付昌刚、丁荣友、龚华琴、程小武。

由于水平有限，书中难免有遗漏或欠妥之处，敬请谅解并提出宝贵意见。

职业技能鉴定国家题库

石化分库开发领导小组办公室

目录

第一部分　初级工

第二部分　中级工

第三部分　高级工

第四部分 技师

第一部分

初 级 工

一、理论知识鉴定要素细目表

行业通用理论知识鉴定要素细目表

鉴定范围						鉴定点		
一级		二级		三级		代码	名称	重要程度
代码	名称	代码	名称	代码	名称			
A	基本要求	B	基础知识	A	记录填写基础知识	001	运行记录的种类	X
						002	运行记录的填写要求	X
				B	识图基础知识	001	工艺流程图管线的表示方法	X
						002	工艺流程图管件的表示方法	X
						003	工艺流程图阀门的表示方法	X
						004	工艺流程图仪表电气控制点的表示方法	X
				C	安全环保基础知识	001	石化行业生产的不安全因素	X
						002	国家安全生产的方针	X
						003	三级安全教育的内涵	X
						004	头部的防护	X
						005	眼睛和面部的防护	X
						006	脚部的防护	X
						007	手部的防护	X
						008	耳部的防护	X
						009	口鼻的防护	X
						010	皮肤的防护	X
						011	机械设备对人体伤害的防护	X
						012	厂内交通安全知识	X
						013	石化行业防火防爆十大禁令的内容	X
						014	尘毒物质的分类	X
						015	职业中毒的种类	X
						016	急性中毒的现场抢救	X
						017	高处作业的防护措施	X
						018	石化行业污染的来源	X
						019	石化行业污染的途径	X
						020	石化行业污染的特点	X
						021	清洁生产的定义	X
						022	清洁生产的内容	X
						023	燃烧的三要素	X

续表

鉴定范围						鉴定点		
一级		二级		三级		代码	名称	重要程度
代码	名称	代码	名称	代码	名称			
						024	干粉灭火器的适用范围	X
						025	泡沫灭火器的适用范围	X
						026	1211 灭火器的适用范围	X
						027	ISO 14000 系列标准的含义	X
						028	HSE 管理体系的概念	X
						029	建立 HSE 管理体系的意义	X
						030	石化行业事故处理的原则	X
				D	质量基础知识	001	标准化的概念	X
						002	标准等级划分的类别	X
						003	标准的使用范围	X
						004	ISO 9000 族标准的特点	X
				E	计算机基础知识	001	计算机硬件的组成	X
						002	计算机的安全防护	X
						003	Word 文档的录入与排版	X
						004	计算机浏览器的使用	X
						005	电子邮件的收发	X
				F	法律常识	001	《劳动法》关于劳动者权益的规定	X
						002	劳动合同包含的条款	X
						003	劳动争议解决的途径	X
						004	《劳动法》关于劳动者工作时间的规定	X
						005	《劳动法》关于劳动安全卫生的规定	X
						006	《产品质量法》关于生产者的产品质量责任	X
						007	《产品质量法》关于生产者的产品质量义务	X
						008	《安全生产法》对从业人员的规定	X
						009	《消防法》关于对公民责任的规定	X
B	相关知识	F	培训与指导	B	鉴定与考评	001	职业技能鉴定的定义	X
						002	职业技能鉴定的目的	X
						003	职业资格等级的划分	X
						004	职业资格证书的用途	X
						005	职业、岗位与工种的关系	X

工种理论知识鉴定要素细目表

鉴定范围						鉴定点		
一级		二级		三级		代码	名称	重要程度
代码	名称	代码	名称	代码	名称			
A	基本要求	B	基础知识	G	化学基础知识	001	物质的原子结构	X
						002	物质的量的概念	Y
						003	平均分子量的概念	X
						004	元素化合价的概念	Y
						005	结晶的概念	X
						006	质量守恒定律	X
						007	溶解度的概念	X
						008	酸碱的概念	X
						009	盐的概念	Y
						010	饱和溶液的概念	X
						011	过滤的概念	X
						012	萃取的概念	Y
						013	蒸馏的概念	X
						014	电离平衡的概念	X
						015	固体的吸附作用	X
						016	氧化剂的概念	X
						017	还原剂的概念	X
						018	溶解度的计算	X
						019	烃的概念	X
						020	pH 值分析方法	X
				H	生物基础知识	001	微生物的特点	X
						002	细菌的形态	Y
						003	细菌的繁殖方式	X
						004	细菌的呼吸类型	X
						005	微生物的营养物质	X
						006	真菌的概念	X
						007	废水中常见的原生动物	X
						008	废水中常见的后生动物	X
						009	废水中常见的高等细菌	Z
				I	石油化工与污染源	001	原油的分类	Y
						002	石油的物理性质	Z
						003	石油的元素组成	X

续表

鉴定范围						鉴定点		
一级		二级		三级		代码	名称	重要程度
代码	名称	代码	名称	代码	名称			
						004	石油的裂化	X
						005	石油的加氢裂化	X
						006	石油的分馏	X
						007	石油中含硫化合物类型	X
						008	石油中含氮化合物类型	Y
						009	石油中含氧化合物分类	Y
				J	化工原理知识	001	体积流量与质量流量的关系	Y
						002	绝对压力、表压和真空度的关系	X
						003	几种压力单位之间的换算关系	X
						004	流量和流速的关系	X
						005	连续性方程的应用	X
						006	拉乌尔定律的内容	Z
						007	理想溶液的概念	Z
						008	导热的基本概念	X
						009	流体密度的概念	X
						010	对流的基本概念	X
				K	电工基础知识	001	欧姆定律概念	X
						002	电阻的串联和并联	Z
						003	电路的基本概念	X
						004	单相交流电概念	X
						005	电机的运行参数	X
						006	电流和电流强度	X
						007	库仑定律	X
						008	电场与电场强度	X
						009	电势差概念	Z
						010	等势面的概念	Y
						011	静电屏蔽的概念	X
				L	仪表知识	001	化工测量仪表的分类	X
						002	常见的液位测量仪表	X
						003	压力传感器信号的传递方式	X
						004	常见的测温仪表	X
						005	普通热电阻的构造	Y
						006	热电偶温度计的工作原理	X
						007	压力表(计)的分类	X
						008	弹簧管压力表的结构	X

续表

鉴定范围						鉴定点		
一级		二级		三级		代码	名称	重要程度
代码	名称	代码	名称	代码	名称			
				M	计量知识	001	国际单位制中的基本单位	X
						002	国际单位制的基本导出单位	X
						003	国际单位制的辅助单位	X
						004	国家法定计量单位	X
				N	水污染与治理	001	水的物理化学性质	X
						002	生活饮用水的水质要求	Y
						003	工业用水水质要求	X
						004	水环境容量的概念	X
						005	水循环中的污染	X
						006	水的自然循环	Y
						007	水的社会循环	X
						008	污水的概念	X
						009	废水的概念	X
						010	天然水中的溶解物质	Y
B	相关知识	A	工艺操作	A	开车准备	001	含油废水水质特征	X
						002	含苯废水水质特征	X
						003	含硫废水水质特征	X
						004	含有机氯废水水质特征	X
						005	含酚废水水质特征	X
						006	含氰(腈)废水水质特征	X
						007	(GB 8978—1996)污水综合排放标准	X
						008	化学耗氧量的概念	X
						009	悬浮固体、可溶性固体的概念	X
						010	浊度的概念	X
						011	溶解氧的概念	X
						012	污水的物理指标	X
						013	污水的色度概念	Y
						014	生化需氧量的概念	X
						015	污水感官污染物的概念	X
						016	混凝剂的配制步骤	X
						017	磷酸盐的配制步骤	X
						018	排水泵房开车条件	X
						019	pH 试纸使用注意事项	X
						020	车间空气中有毒物质最高允许浓度	X

续表

鉴定范围						鉴定点		
一级		二级		三级		代码	名称	重要程度
代码	名称	代码	名称	代码	名称			
						021	燃烧及燃烧条件	X
						022	投氯安全措施	X
						023	防硫化氢中毒的安全措施	X
						024	假定净水的概念	Y
						025	爆炸性混合物的爆炸条件	X
				B	开车操作	001	格栅的作用	X
						002	沉砂池的作用	X
						003	事故池的作用	X
						004	平流式沉淀池的功能区划分	X
						005	粗粒化除油方法	Y
						006	均质池(罐)的作用	X
						007	初沉池的作用	X
						008	二沉池的作用	X
						009	滤池的作用	X
						010	多介质过滤器的特点	Y
						011	活性炭过滤的特点	X
						012	常见的无机混凝剂	X
						013	常见的有机高分子絮凝剂	X
						014	常见的消泡剂	Z
						015	加药混合的目的	Y
						016	混凝剂投加混合方式	X
						017	澄清工艺特点	Z
						018	气浮池的作用	Y
						019	压力溶气气浮单元的基本构成	X
						020	部分回流溶气气浮工艺特点	X
						021	气浮法气泡产生的方式	X
						022	混凝沉淀工艺特点	X
						023	化学沉淀工艺特点	Y
						024	酸性污水中和方法	X
						025	碱性污水中和方法	X
						026	常用消毒剂	Y
						027	二氧化氯消毒的特点	X
						028	电解法的概念	X
						029	空气氧化的主要物质	X

续表

鉴定范围						鉴定点		
一级		二级		三级		代码	名称	重要程度
代码	名称	代码	名称	代码	名称			
						030	催化湿式氧化的概念	Y
						031	菌胶团的概念	X
						032	曝气的作用	X
						033	生化池的作用	X
						034	普通活性污泥法工艺特点	X
						035	吸附再生法工艺特点	X
						036	完全混合法工艺特点	X
						037	延时曝气法工艺特点	Y
						038	纯氧曝气法工艺特点	Y
						039	A/O 法工艺特点	X
						040	SBR 法工艺特点	X
						041	A-B 法工艺特点	Y
						042	氧化沟法工艺特点	X
						043	生物接触氧化法工艺特点	X
						044	生物滤池法工艺特点	X
						045	生物转盘法工艺特点	Y
						046	UASB 法的概念	X
						047	UBF 法的概念	X
						048	AF 法的概念	X
						049	氧化塘法工艺特点	X
						050	活性污泥的组成	X
						051	鼓风曝气方式	X
						052	好氧生化处理的供氧方式	X
						053	活性污泥性能指标的含义	X
						054	厌氧污泥性能指标	X
				C	停车操作	001	沉砂池停车操作要点	X
						002	沉淀池停车操作要点	X
						003	事故池停车操作要点	X
						004	均质池停车操作要点	X
						005	隔油池停车操作要点	X
						006	压力溶气气浮停车操作要点	X
						007	布气气浮停车操作要点	X
						008	电解气浮停车操作要点	X
						009	混凝沉淀池停车操作要点	X

续表

鉴定范围						鉴定点		
一级		二级		三级		代码	名称	重要程度
代码	名称	代码	名称	代码	名称			
						010	化学沉淀池停车操作要点	Z
						011	多介质过滤器停车要点	Y
						012	间歇式浓缩池停车操作要点	X
						013	普通快滤池停车操作要点	X
						014	无阀滤池停车操作要点	X
						015	污泥的种类	Y
						016	污泥含水率概念	X
						017	污泥脱水效果的评价指标	X
				D	正常操作	001	格栅的分类	X
						002	筛网的过滤形式	X
						003	沉砂池的类型	X
						004	沉淀池的类型	X
						005	过滤的形式	X
						006	化学清洗的概念	X
						007	滤池(器)的种类	X
						008	均质调节池的类型	X
						009	压力溶气气浮三种基本流程	X
						010	溶气罐的结构形式	X
						011	布气气浮的分类	Y
						012	树脂交换容量的概念	Y
						013	膜分离的概念	X
						014	超滤的概念	Y
						015	膜元件的分类	X
						016	混凝剂的概念	X
						017	电解气浮的特点	Y
						018	常见的化学氧化方法	X
						019	常见的化学沉淀方法	Y
						020	二氧化氯的制备方法	Y
						021	常用的消毒方法	X
						022	膜化学清洗常用的药剂	X
						023	脱盐浓水的概念	X
						024	活性污泥性能指标	X
						025	生物膜法主要工艺形式	Y
						026	生物膜上食物链的构成	X

续表

鉴定范围						鉴定点		
一级		二级		三级		代码	名称	重要程度
代码	名称	代码	名称	代码	名称			
						027	厌氧生物反应器的种类	X
						028	厌氧生物处理的优缺点	X
						029	氧化沟的类型	X
						030	沼气的化学性质	Z
						031	污泥焚烧炉的种类	Y
						032	格栅井的运行管理	X
						033	沉砂池运行管理	X
						034	隔油池运行管理	X
						035	污油罐运行管理	X
						036	无阀滤池运行管理	X
						037	药剂投加运行管理	X
		B	设备使用与维护	A	使用设备	001	泵的分类	Y
						002	蝶阀的特点	X
						003	闸阀的特点	X
						004	截止阀的特点	X
						005	止回阀的特点	X
						006	球阀的特点	X
						007	管道的概念	X
						008	常见的阀门型号表示方法	X
						009	设备的使用常识	X
						010	离心泵的气蚀现象	X
						011	潜污泵的特点	X
						012	污泥泵的特点	X
						013	计量泵的种类	X
						014	常用风机种类	Y
						015	常用压缩机的种类	Z
						016	常用法兰的规格	X
						017	常用泵型号表示方法	X
						018	常见的搅拌机类型	Z
						019	密封填料的种类	X
						020	机泵密封的种类	X
						021	离心泵并联的工作特点	X
						022	格栅除渣机的种类	Y
						023	常见的污泥脱水机类型	X

续表

鉴定范围						鉴定点		
一级		二级		三级		代码	名称	重要程度
代码	名称	代码	名称	代码	名称			
						024	常用金属材料的种类	Z
						025	常用管材规格的表示方法	X
						026	常见的曝气器种类	X
						027	常见的溶气释放器种类	Z
						028	硬性填料分类	Z
						029	接触氧化法常用填料分类	X
						030	集油管的作用	X
						031	滗水器的形式	Y
						032	设备完好率的含义	X
				B	维护设备	001	阀门的维护内容	X
						002	润滑油的作用	X
						003	“五定”、“三级”过滤的内容	X
						004	机泵盘车操作要求	X
						005	动火作业许可证分级管理制度	X
						006	动火监护人的职责	X
						007	用火现场应具备的条件	X
		C	事故判断与处理	A	判断事故	001	污水管道泄漏的原因	X
						002	污水漫池的原因	X
						003	污油漫池的原因	X
				B	处理事故	001	污水管道泄漏处理措施	X
						002	污水漫池的处理措施	X
						003	污油漫池的处理措施	X
		D	绘图与计算	A	绘图	001	识别平面布置图	Y
						002	识别管道图例	X
						003	识别阀门图例	X
						004	识别管件图例	X
				B	计算	001	过栅流速的计算	X
						002	沉淀池表面负荷的计算	X
						003	沉淀效率的计算	X
						004	平流沉砂池水平流速的计算	X
						005	污泥含水率有关的计算	Y
						006	磷盐投加量的计算	X
						007	活性污泥法回流比的计算	X
						008	干污泥容重的计算	Y
						009	固体回收率的计算	Y
						010	浓缩池水力停留时间的计算	Y
						011	辐流式沉淀池水力停留时间的计算	X
						012	*SDI* 指标的计算	X

二、理论知识试题

行业通用理论知识试题

判断题

1. 岗位交接班记录不属于运行记录。(√)
2. 填写记录要求及时、准确、客观真实、内容完整、字迹清晰。(√)
3. 工艺流程图中，主要物料(介质)的流程线用细实线表示。(×)

正确答案：工艺流程图中，主要物料(介质)的流程线用粗实线表示。

4. 在工艺流程图中，表示法兰堵盖的符号是。(√)
5. 在工艺流程图中，符号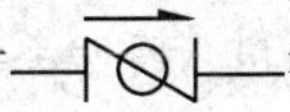表示的是减压阀。(×)

正确答案：在工艺流程图中，符号表示的是减压阀。

6. 带控制点的工艺流程图中，表示压力调节阀的符号是。(×)

正确答案：带控制点的工艺流程图中，表示压力调节阀的符号是。

7. 石化生产中存在诸多不安全因素。事故多，损失大。(√)
8. 防护罩、安全阀等不属于安全防护装置。(×)

正确答案：防护罩、安全阀等均属于安全防护装置。

9. 安全检查的任务是发现和查明各种危险和隐患，督促整改；监督各项安全管理规章制度的实施；制止违章指挥、违章作业。(√)
10. 女工在从事转动设备作业时必须将长发或发辫盘卷在工作帽内。(√)
11. 从事化工作业人员必须佩戴防护镜或防护面罩。(×)

正确答案：从事对眼睛及面部有伤害危险作业时必须佩戴有关的防护镜或面罩。

12. 穿用防护鞋时应将裤脚插入鞋筒内。(×)

正确答案：穿用防护鞋的职工禁止将裤脚插入鞋筒内。

13. 对于从事在生产过程中接触能通过皮肤侵入人体的有害尘毒作业人员，只需发放防护服。(×)

正确答案：对于从事在生产过程中接触能通过皮肤侵入人体的有害尘毒作业人员，需发放防护服，并需有工业护肤用品，涂在手臂、脸部，以保护职工健康。

14. 在超过噪声标准的岗位工作的职工，要注意保护自己的听力，可戴上企业发给的各种耳塞、耳罩等。(×)

正确答案：在超过噪声标准的岗位工作的职工，要注意保护自己的听力，一定要戴上企业发给的各种耳塞、耳罩等。

15. 口鼻的防护即口腔和鼻腔的防护。(×)

正确答案：口鼻的防护即呼吸系统的防护。

16. 人体皮肤是化工生产中有毒有害物质侵入人体的主要途径。(√)
17. 一般情况下，应将转动、传动部位用防护罩保护起来。(√)
18. 在设备一侧的转动、传动部位要做好外侧及内侧的防护。(×)

正确答案：在设备一侧的转动、传动部位要做好外侧及周边的防护。

19. 各种皮带运输机、链条机的转动部位，除装防护罩外，还应有安全防护绳。(√)

20. 在传动设备的检修工作中，只需在电气开关上挂有“有人作业，禁止合闸”的安全警告牌。 (×)

正确答案：在传动设备的检修工作中，电气开关上应挂有“有人作业，禁止合闸”的安全警告牌，并设专人监护。

21. 限于厂内行驶的机动车不得用于载人。 (√)

22. 严禁在生产装置罐区及易燃易爆装置区内用有色金属工具进行敲打撞击作业。 (×)

正确答案：严禁在生产装置罐区及易燃易爆装置区内用黑色金属工具进行敲打撞击作业。

23. 烟、雾、粉尘等物质是气体，易进入呼吸系统，危害人体健康。 (×)

正确答案：烟、雾、粉尘等物质是气溶胶，易进入呼吸系统，危害人体健康。

24. 烟尘的颗粒直径在 0.1μm 以下。 (√)

25. 职业中毒是指在生产过程中使用的有毒物质或有毒产品，以及生产中产生的有毒废气、废液、废渣引起的中毒。 (√)

26. 毒物进入人体就叫中毒。 (×)

正确答案：毒物对有机体的毒害作用叫中毒。

27. 低毒物质进入人体所引发的病变称慢性中毒。 (×)

正确答案：低浓度的毒物长期作用于人体所引发的病变称慢性中毒。

28. 急性中毒患者呼吸困难时应立即吸氧。停止呼吸时，立即做人工呼吸，气管内插管给氧，维持呼吸通畅并使用兴奋剂药物。 (√)

29. 急性中毒患者心跳骤停应立即做胸外挤压术，每分钟 30~40 次。 (×)

正确答案：急性中毒患者心跳骤停应立即做胸外挤压术，每分钟 60~70 次。

30. 休克病人应平卧位，头部稍高。昏迷病人应保持呼吸道畅通，防止咽下呕吐物。 (×)

正确答案：休克病人应平卧位，头部稍低。昏迷病人应保持呼吸道畅通，防止咽下呕吐物。

31. 高处作业人员应系用与作业内容相适应的安全带，安全带应系挂在施工作业处上方的牢固挂件上，不得系挂在有尖锐的棱角部位。 (√)

32. 高处作业可以上下投掷工具和材料，所用材料应堆放平稳，必要时应设安全警戒区，并设专人监护。 (×)

正确答案：高处作业严禁上下投掷工具和材料，所用材料应堆放平稳，必要时应设安全警戒区，并设专人监护。

33. 高处作业人员不得站在不牢固的结构物上进行作业，可以在高处休息。 (×)

正确答案：高处作业人员不得站在不牢固的结构物上进行作业，不得在高处休息。

34. 燃烧产生的废气是石化行业污染的主要来源之一。 (√)

35. 工艺过程排放是造成石化行业污染的主要途径。 (√)

36. 成品或副产品不会造成石化行业的污染。 (×)

正确答案：成品或副产品的夹带也会造成石化行业的污染。

37. 石化行业污染的特点之一是污染物种类多、危害大。 (√)

38. 清洁生产通过末端治理污染来实现。 (×)

正确答案：清洁生产通过应用专门技术，改进工艺、设备和改变管理态度来实现。

39. 清洁的服务不属于清洁生产的内容。（×）

正确答案： 清洁的服务属于清洁生产的内容之一。

40. 引起闪燃的最高温度称为闪点。（×）

正确答案： 引起闪燃的最低温度称为闪点。

41. 燃点是指可燃物质在空气充足条件下，达到某一温度时与火源接触即行着火，并在移去火源后继续燃烧的最低温度。（√）

42. 自燃点是指可燃物在没有火焰、电火花等火源直接作用下，在空气或氧气中被加热而引起燃烧的最高温度。（×）

正确答案： 自燃点是指可燃物在没有火焰、电火花等火源直接作用下，在空气或氧气中被加热而引起燃烧的最低温度。

43. 干粉灭火器能迅速扑灭液体火焰，同时泡沫能起到及时冷却作用。（√）

44. 抗溶性泡沫灭火剂可以扑灭一般烃类液体火焰，但不能扑救水溶性有机溶剂的火灾。（×）

正确答案： 抗溶性泡沫灭火剂可以扑灭一般烃类液体火焰，同时能扑救水溶性有机溶剂的火灾。

45. 1211 灭火器仅适用于扑灭易燃、可燃气体或液体，不适用于扑灭一般易燃固体物质的火灾。（×）

正确答案： 1211 灭火器不仅适用于扑灭易燃、可燃气体或液体，也适用于扑灭一般易燃固体物质的火灾。

46. ISO 14000 系列环境管理标准是国际标准化组织（ISO）第 207 技术委员会（ISO/TC207）组织制定的环境管理体系标准，其标准号从 14001 到 14100，共 100 个标准号，统称为 ISO 14000 系列标准。（√）

47. HSE 管理体系是指实施安全、环境与健康管理的组织机构、职责、做法、程序、过程和资源等而构成的整体。（√）

48. HSE 中的 S（安全）是指在劳动生产过程中，努力改善劳动条件、克服安全因素，使劳动生产在保证劳动者健康、企业财产不受损失、人民生命安全的前提下顺利进行。（×）

正确答案： HSE 中的 S（安全）是指在劳动生产过程中，努力改善劳动条件、克服不安全因素，使劳动生产在保证劳动者健康、企业财产不受损失、人民生命安全的前提下顺利进行。

49. 建立 HSE 管理体系可改善企业形象，取得经济效益和社会效益。（√）

50. 建立 HSE 管理体系不能控制 HSE 风险和环境影响。（×）

正确答案： 建立 HSE 管理体系可有效控制 HSE 风险和环境影响。

51. 对工作不负责任，不严格执行各项规章制度，违反劳动纪律造成事故的主要责任者应严肃处理。（√）

52. 标准化是指在经济、技术、科学及管理等社会实践中，对事物和概念通过制订、发布和实施标准达到统一，以获最佳秩序和社会效益。（×）

正确答案： 标准化是指在经济、技术、科学及管理等社会实践中，对重复性事物和概念通过制订、发布和实施标准达到统一，以获最佳秩序和社会效益。

53. 任何标准，都是在一定条件下的“统一规定”，标准化的统一是相对的。（√）

54. 对已有国家标准、行业标准或地方标准的，鼓励企业制定低于国家标准、行业标准或地方标准要求的企业标准。 (×)

正确答案： 对已有国家标准、行业标准或地方标准的，鼓励企业制订高于国家标准、行业标准或地方标准要求的企业标准。

55. 按约束力分，国家标准、行业标准可分为强制性标准、推荐性标准和指导性技术文件。 (√)

56. 只要企业活动和要素具有"重复性"，都可以进行标准化。 (√)

57. 2000 版 ISO 9000 族标准可适用于所有产品类型、不同规模和各种类型的组织，并可根据实际需要增加某些质量管理要求。 (×)

正确答案： 2000 版 ISO 9000 族标准可适用于所有产品类型、不同规模和各种类型的组织，并可根据实际需要减少某些质量管理要求。

58. ISO 9000 族标准是质量保证模式标准之一，用于合同环境下的外部质量保证。可作为供方质量保证工作的依据，也是评价供方质量体系的依据。 (√)

59. 计算机内存是可以由 CPU 直接存取数据的地方。 (√)

60. 杀毒软件对于病毒来说永远是落后的，也就是说，只有当一种病毒出现后，才能产生针对这种病毒的消除办法。 (√)

61. 在计算机应用软件 Word 中输入文字，当打满一行时，必须按一下 Enter 键换到下一行继续输入。 (×)

正确答案： 在 Word 中输入文字，当打满一行时，不需按一下 Enter 键，系统可自动换到下一行继续输入。

62. 中国大陆地区的顶级域名是"cn"。 (√)

63. 使用应用程序 Outlook Express 可以同时向多个地址发送电子邮件，也可以把收到的邮件转发给第三者。 (√)

64.《劳动法》规定，对劳动者基本利益的保护是最基本的保护，不应由于用人单位所有制的不同或组织形式不同而有所差异。 (√)

65. 依据《劳动法》的规定，劳动争议当事人对仲裁裁决不服的，可以自收到仲裁裁决书之日起三十日内向人民法院提起诉讼。一方当事人在法定期限内不起诉又不履行仲裁裁决的，另一方当事人可申请人民法院强制执行。 (√)

66. 劳动安全卫生工作"三同时"是指：新建工程的劳动安全卫生设施必须与主体工程同时设计、同时施工、同时投入生产和使用。 (×)

正确答案： 劳动安全卫生工作"三同时"是指：新建、改建或扩建工程的劳动安全卫生设施必须与主体工程同时设计、同时施工、同时投入生产和使用。

67.《产品质量法》规定，生产者不得生产国家明令淘汰的产品；不得伪造或者冒用认证标志等质量标志。 (√)

68. 产品质量义务分为积极义务和消极义务，"生产者不得伪造产地，不得伪造或者冒用他人的厂名、厂址"属于产品生产者的积极义务。 (×)

正确答案： 产品质量义务分为积极义务和消极义务，"生产者不得伪造产地，不得伪造或者冒用他人的厂名、厂址"属于产品生产者的消极义务。

69. 从业人员在发现直接危及人身安全的紧急情况时，有权停止作业或者在采取可能的

应急措施后撤离作业场所。(√)

70.《消防法》第四十八条规定：埋压、圈占消火栓或者占用防火间距、堵塞消防通道的，或者损坏和擅自挪用、拆除、停用消防设施、器材的，处警告、罚款或者十日以下拘留。(×)

正确答案：《消防法》第四十八条规定：埋压、圈占消火栓或者占用防火间距、堵塞消防通道的，或者损坏和擅自挪用、拆除、停用消防设施、器材的，处警告或者罚款。

71. 职业技能鉴定是按照国家规定的职业标准，通过政府授权的考核鉴定机构对劳动者的专业知识和技能水平进行客观、公正、科学规范地评价与认证的活动。(√)

72. 职业技能鉴定是为劳动者颁发职业资格证书。(×)

正确答案：职业技能鉴定是为劳动者持证上岗和用人单位就业准入提供资格认证的活动。

73. 职业技能鉴定考试是以社会劳动者的职业技能为对象，以规定的职业标准为参照系统，通过相关知识和实际操作的考核作为综合手段，为劳动者持证上岗和用人单位就业准入提供资格认证的活动。(√)

74. 职业资格证书分一级、二级、三级、四级、五级五个级别。(√)

75. 职业资格证书是劳动者的专业知识和职业技能水平的证明。(√)

76. 职业资格证书是劳动者持证上岗和用人单位录用员工的资格认证。(√)

77. 职业是指从业人员为获取主要生活来源所从事的社会工作类别。(√)

78. 一个职业可以包括一个或几个工种，一个工种又可以包括一个或几个岗位，它们是一种包含与被包含的关系。(√)

单选题

1. 运行记录填写错误需要更正时，必须采用(C)。

A. 撕页重写　B. 用刀片刮去重写　C. 划改　D. 涂改

2. 化工管路图中，表示蒸汽伴热管道的规定线型是(C)。

A. 　B. 　C. 　D. 

3. 化工管路图中，表示热保温管道的规定线型是(A)。

A. 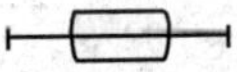　B. 　C. 　D. 

4. 在工艺流程图中，下列符号表示活接头的是(C)。

A. 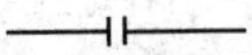　B. 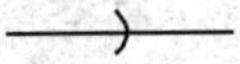　C. 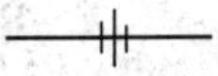　D. 

5. 在工艺流程图中，表示法兰连接的符号是(D)。

A. 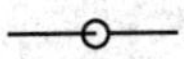　B. 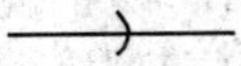　C. 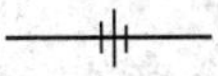　D. 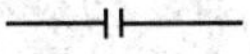

6. 在工艺流程图中，表示闸阀的符号是(B)。

A. 　B. 　C. 　D. 

7. 在工艺流程图中，表示球阀的符号是(D)。

A. 　B. 　C. 

D. 

8. 在工艺流程图中，表示截止阀的符号是(A)。

A. 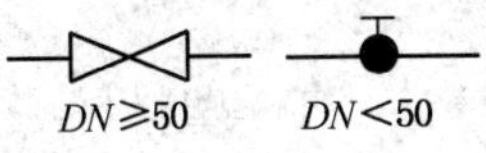

B. 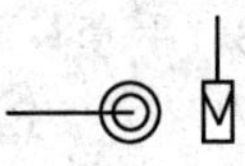

C. 　　D. 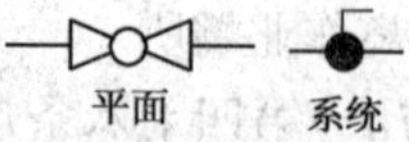

9. 带控制点的工艺流程图中，仪表控制点以(A)在相应的管路上用代号、符号画出。

A. 细实线　B. 粗实线　C. 虚线　D. 点划线

10. 带控制点的工艺流程图中，表示指示的功能代号是(C)。

A. T　B. J　C. Z　D. X

11. 带控制点的工艺流程图中，表示电磁流量计的代号是(B)。

A. 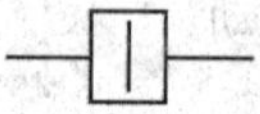　B. 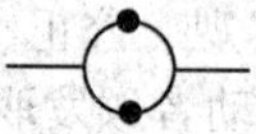

C. 　D. 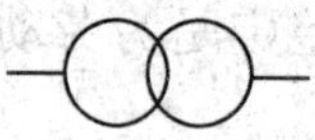

12. 石化生产存在许多不安全因素，其中易燃、易爆、有毒、有(A)的物质较多是主要的不安全因素之一。

A. 腐蚀性　B. 异味　C. 挥发性　D. 放射性

13. 石化生产的显著特点是工艺复杂、(C)要求严格。

A. 产品　B. 原料　C. 操作　D. 温度

14. 我国安全生产的方针是“(C)第一，预防为主”。

A. 管理　B. 效益　C. 安全　D. 质量

15. “防消结合，以(D)为主”。

A. 管　B. 消　C. 人　D. 防

16. “三级安全教育”即厂级教育、车间级教育、(A)级教育。

A. 班组　B. 分厂　C. 处　D. 工段

17. 工人的日常安全教育应以“周安全活动”为主要阵地进行，并对其进行(B)的安全教育考核。

A. 每季一次　B. 每月一次　C. 每半年一次　D. 一年一次

18. 为保护头部不因重物坠落或其他物件碰撞而伤害头部的防护用品是(A)。

A. 安全帽　B. 防护网　C. 安全带　D. 防护罩

19. 从事(B)作业时，作业人员必须穿好专用的工作服。

A. 电焊　B. 酸碱　C. 高空　D. 气焊

20. 从事计算机、焊接及切割作业、光或其他各种射线作业时，需佩戴专用(C)。

A. 防护罩　B. 防护网　C. 防护镜　D. 防护服

21. 从事有(B)、热水、热地作业时应穿相应胶鞋。

A. 硬地　B. 腐蚀性　C. 检修作业　D. 机床作业

22. 从事(A)作业时应穿耐油胶鞋。

A. 各种油类　B. 酸碱类　C. 机加工　D. 检查维护

23. 从事酸碱作业时，作业人员需戴(C)手套。

A. 布　B. 皮

C. 耐酸碱各种橡胶　D. 塑料

24. 线手套或(B)手套只可作为一般的劳动防护用品。

A. 皮　B. 布　C. 橡胶　D. 塑料

25. 耳的防护即(A)的保护。

A. 听力　　B. 耳廓　　C. 头部　　D. 面部

26. 工作地点有有毒的气体、粉尘、雾滴时，为保护呼吸系统，作业人员应按规定携带戴好(A)。

A. 过滤式防毒面具　　B. 防护服

C. 口罩　　D. 防护面罩

27. 从事易燃、易爆岗位的作业人员应穿(B)工作服。

A. 腈纶　　B. 防静电　　C. 涤纶　　D. 防渗透

28. 从事苯、石油液化气等易燃液体作业人员应穿(D)工作服。

A. 耐腐蚀　　B. 阻燃　　C. 隔热　　D. 防静电

29. 各种皮带运输机、链条机的转动部位，除安装防护罩外，还应有(A)。

A. 安全防护绳　　B. 防护线　　C. 防护人　　D. 防护网

30. 厂内行人要注意风向及风力，以防在突发事故中被有毒气体侵害。遇到情况时要绕行、停行、(C)。

A. 顺风而行　　B. 穿行　　C. 逆风而行　　D. 快行

31. 不能用于擦洗设备的是(D)。

A. 肥皂　　B. 洗衣粉　　C. 洗洁精　　D. 汽油

32. 不属于有毒气体的是(C)。

A. 氯气　　B. 硫化氢　　C. 二氧化碳　　D. 一氧化碳

33. 属于气体物质的是(A)。

A. 氯气　　B. 烟气　　C. 盐酸雾滴　　D. 粉尘

34. 引起慢性中毒的毒物绝大部分具有(A)。

A. 蓄积作用　　B. 强毒性　　C. 弱毒性　　D. 中强毒性

35. 急性中毒现场抢救的第一步是(C)。

A. 迅速报警　　B. 迅速拨打 120 急救

C. 迅速将患者转移到空气新鲜处　　D. 迅速做人工呼吸

36. 酸烧伤时，应用(B)溶液冲洗。

A. 5%碳酸钠　　B. 5%碳酸氢钠　　C. 清水　　D. 5%硼酸

37. 高处作业是指在坠落高度基准面(含)(A)m 以上，有坠落可能的位置进行的作业。

A. 2　　B. 2.5　　C. 3　　D. 5

38. 一般不会造成环境污染的是(B)。

A. 化学反应不完全　　B. 化学反应完全

C. 装置的泄漏　　D. 化学反应中的副反应

39. 不是石化行业污染主要途径的是(C)。

A. 工艺过程的排放　　B. 设备和管线的滴漏

C. 成品运输　　D. 催化剂、助剂等的弃用

40. 不属于石化行业污染特点的是(B)。

A. 毒性大　　B. 毒性小　　C. 有刺激性　　D. 有腐蚀性

41. 清洁生产是指在生产过程、产品寿命和(A)领域持续地应用整体预防的环境保护战略，增加生态效率，减少对人类和环境的危害。

A. 服务　B. 能源　C. 资源　D. 管理

42. 清洁生产的内容包括清洁的能源、(D)、清洁的产品、清洁的服务。

A. 清洁的原材料　B. 清洁的资源

C. 清洁的工艺　D. 清洁的生产过程

43. 不属于燃烧三要素的是(C)。

A. 点火源　B. 可燃性物质　C. 阻燃性物质　D. 助燃性物质

44. 气体测爆仪测定的是可燃气体的(D)。

A. 爆炸下限　B. 爆炸上限　C. 爆炸极限范围　D. 浓度

45. MF4 型手提式干粉灭火器的灭火参考面积是(B)m^2。

A. 1.5　B. 1.8　C. 2.0　D. 2.5

46. MF8 型手提式干粉灭火器的喷射距离大于等于(B)m。

A. 3　B. 5　C. 6　D. 7

47. MFT70 型推车式干粉灭火器的灭火射程在(D)m。

A. 8~10　B. 17~20　C. 30~35　D. 10~13

48. MPT100 型推车式干粉灭火器的灭火射程在(A)m。

A. 16~18　B. 14~16　C. 12~14　D. 18~20

49. MY2 型手提式 1211 灭火器的灭火射程是(C)m。

A. 1　B. 2　C. 3　D. 4

50. MY0.5 型手提式 1211 灭火器的灭火射程在(D)m。

A. 3　B. 4.5　C. 2.5　D. 2

51. ISO 14000 系列标准的核心是(B)标准。

A. ISO 14000　B. ISO 14001　C. ISO 14010　D. ISO 14100

52. HSE 管理体系是指实施安全、环境与(C)管理的组织机构、职责、做法、程序、过程和资源等而构成的整体。

A. 生命　B. 过程　C. 健康　D. 资源

53. 建立 HSE 管理体系可提高企业安全、环境和健康(A)。

A. 管理水平　B. 操作水平　C. 使用水平　D. 能源水平

54. 事故处理要坚持(C)不放过的原则。

A. 二　B. 三　C. 四　D. 五

55. 违章作业、违反纪律等造成的一般事故，对责任者应给予(D)。

A. 警告处分　B. 记过处分　C. 行政处分　D. 处罚

56. 标准化包括(C)的过程。

A. 研究、制定及颁布标准　B. 制定、修改及使用标准

C. 制定、发布及实施标准　D. 研究、公认及发布标准

57. 根据《中华人民共和国标准化法》的规定，我国的标准分为(B)四级。

A. 国际标准、国家标准、地方标准和企业标准

B. 国家标准、行业标准、地方标准和企业标准

C. 国家标准、地方标准、行业标准和企业标准
D. 国际标准、国家标准、行业标准和地方标准

58. 我国在国家标准管理办法中规定国家标准的有效期一般为(C)年。
A. 3　　B. 4　　C. 5　　D. 7

59. 2000 版 ISO 9000 族标准适用的范围是(D)。
A. 小企业　　B. 大中型企业
C. 制造业　　D. 所有行业和各种规模的组织

60. 在电脑的存储设备中，数据存取速度从快到慢的顺序是(B)。
A. 软盘、硬盘、光盘、内存　　B. 内存、硬盘、光盘、软盘
C. 软盘、硬盘、内存、光盘　　D. 光盘、软盘、内存、硬盘

61. 计算机硬件系统最核心的部件是(C)。
A. 内存储器　　B. 主机　　C. CPU　　D. 主板

62. 键盘是计算机的一种(D)设备。
A. 控制　　B. 存储　　C. 输出　　D. 输入

63. 计算机病毒会给计算机造成的损坏是(B)。
A. 只损坏软件　　B. 损坏硬件、软件或数据
C. 只损坏硬件　　D. 只损坏数据

64. 一张加了写保护的软磁盘(C)。
A. 不会向外传染病毒，但是会感染病毒
B. 不会向外传染病毒，也不会感染病毒
C. 不会再感染病毒，但是会向外传染病毒
D. 既向外传染病毒，又会感染病毒

65. 计算机防病毒软件可(B)。
A. 永远免除计算机病毒对计算机的侵害
B. 具有查病毒、杀病毒、防病毒的功能
C. 消除全部已发现的计算机病毒
D. 对已知病毒产生免疫力

66. 在计算机应用软件 Word 编辑中，以下键盘命令中执行复制操作的命令是(B)。
A. Ctrl+A　　B. Ctrl+C　　C. Ctrl+X　　D. Ctrl+V

67. 在计算机应用软件 Word 中常用工具栏中的“格式刷”用于复制文本和段落的格式，若要将选中的文本或段落格式重复用多次，应进行(A)操作。
A. 双击格式刷　　B. 拖动格式刷　　C. 右击格式刷　　D. 单击格式刷

68. 使用 IE 浏览某网站时，出现的第一个页面称为网站的(C)。
A. WEB 页　　B. 网址　　C. 主页　　D. 网页

69. 在浏览 WEB 网页的过程中，如果你发现自己喜欢的网页并希望以后多次访问，应当使用的方法是(A)。
A. 放到收藏夹中　　B. 建立浏览　　C. 建立地址簿　　D. 用笔抄写到笔记本上

70. 发送电子邮件时，不可作为附件内容的是(B)。
A. 可执行文件　　B. 文件夹　　C. 压缩文件　　D. 图像文件

71. 某电子邮件地址为 new@ public. bta. net. cn，其中 new 代表(A)。

A. 用户名　B. 主机名　C. 本机域名　D. 密码

72.《劳动法》规定，所有劳动者的合法权益一律平等地受我国劳动法的保护，不应有任何歧视或差异。这体现了对劳动者权益(B)的保护。

A. 最基本　B. 平等　C. 侧重　D. 全面

73.《劳动法》规定，(A)的保护是对劳动者的最低限度保护，是对劳动者基本利益的保护，对劳动者的意义最重要。

A. 最基本　B. 全面　C. 侧重　D. 平等

74. 依据《劳动法》规定，劳动合同可以约定试用期。试用期最长不超过(C)个月。

A. 12　B. 10　C. 6　D. 3

75. 能够认定劳动合同无效的机构是(B)。

A. 各级人民政府　B. 劳动争议仲裁委员会

C. 各级劳动行政部门　D. 工商行政管理部门

76. 我国劳动法律规定，集体协商职工一方代表在劳动合同期内，自担任代表之日起(A)年以内，除个人严重过失外，用人单位不得与其解除劳动合同。

A. 5　B. 4　C. 3　D. 2

77. 依据《劳动法》的规定，发生劳动争议时，提出仲裁要求的一方应当自劳动争议发生之日起(D)日内向劳动争议仲裁委员会提出书面申请。

A. 三十　B. 四十　C. 五十　D. 六十

78. 依据《劳动法》的规定，用人单位与劳动者发生劳动争议，当事人可以依法(B)，也可以协商解决。

A. 提起诉讼　B. 申请调解、仲裁、提起诉讼

C. 申请仲裁　D. 申请调解

79. 我国《劳动法》规定，安排劳动者延长劳动时间的，用人单位应支付不低于劳动者正常工作时间工资的(B)的工资报酬。

A. 100%　B. 150%　C. 200%　D. 300%

80. 我国劳动法律规定的最低就业年龄是(C)周岁。

A. 18　B. 17　C. 16　D. 15

81. 依据《劳动法》的规定，用人单位必须为劳动者提供符合国家规定的劳动安全卫生条件和必要的劳动防护用品，对从事有(B)危害作业的劳动者应当定期进行健康检查。

A. 身体　B. 职业　C. 潜在　D. 健康

82.《产品质量法》规定，因产品存在缺陷造成人身、缺陷产品以外的其他财产损害的，应当由(D)承担赔偿责任。

A. 生产者和销售者共同　B. 销售者

C. 消费者　D. 生产者

83. 产品质量义务中的行为人必须为一定质量行为或不为一定质量行为的(C)性，是义务区别于权利的质的差异和主要特征。

A. 必然　B. 重要　C. 必要　D. 强制

84.《安全生产法》规定，从业人员有获得符合(A)的劳动防护用品的权利。
A. 国家标准、行业标准　B. 行业标准、企业标准
C. 国家标准、地方标准　D. 企业标准、地方标准

85. 不属于《安全生产法》规定的从业人员安全生产保障知情权的一项是(D)。
A. 有权了解其作业场所和工作岗位存在的危险因素
B. 有权了解防范措施
C. 有权了解事故应急措施
D. 有权了解事故后赔偿情况

86. 下列说法不正确的是(C)。
A. 任何单位和个人不得损坏或者擅自挪用、拆除、停用消防设备、器材
B. 任何单位和个人不得占有防火间距、不得堵塞消防通道
C. 营业性场所不能保障疏散通道、安全出口畅通的，责令限期改正；逾期不改正的，对其直接负责的主管人员和其他直接责任人员依法给予行政处分或者处警告
D. 阻拦报火警或者谎报火警的，处警告、罚款或者十日以下拘留

87. 以机动车驾驶技能为例，个人日常生活中驾驶是属于(B)。
A. 职业技能　B. 生活技能　C. 操作技能　D. 肢体技能

88. 职业技能鉴定考试的主要目的是(A)。
A. 为劳动者持证上岗和用人单位就业准入资格提供依据
B. 为劳动者提供就业证书
C. 检验劳动者的技能水平
D. 测量劳动者职业技能的等级

89. 职业技能鉴定考试属于(D)。
A. 常模参照考试　B. 上岗考试　C. 取证考试　D. 标准参照考试

90. 职业资格证书初级、中级、高级、技师、高级技师对应的级别分别是(A)。
A. 五 、四、三、二、一　B. 一、二、三、四、五
C. 二、三、四、五、六　D. 六、五、四、三、二

91. 职业资格证书是由(B)机构印制。
A. 各级教育部门　B. 劳动保障部门
C. 劳动者所在的劳资部门　D. 职业技能鉴定部门

92. 可以作为劳动者就业上岗和用人单位准入就业的主要依据是(C)。
A. 毕业证书　B. 介绍信　C. 职业资格证书　D. 成绩单

93. 职业具有社会性、稳定性、规范性、群体性和(A)等特点。
A. 目的性　B. 开放性　C. 先进性　D. 实用性

工种理论知识试题

判断题

1. 物质的量是表示物质微粒个数的物理量。(√)

2. 混合气体中，某组分的物质的量与混合气体总物质的量之比，叫做该组分气体的摩尔分数。(√)

3. 结晶的方法有蒸发溶剂法和冷却热饱和溶液法。(√)

4. 参加化学反应的各物质的质量之和，等于反应后各生成物质的质量之和。 （√）

5. 任何固体物质在水中的溶解度都是一定的，只有一个值。 （×）

正确答案：在一定温度下，任何固体物质的溶解度是一个定值。

6. 盐电离时生成的金属离子所带正电荷的总数等于酸根离子所带负电荷的总数。 （√）

7. 在一定温度下，不能再溶解某种溶质的溶液叫做这种溶质的饱和溶液。 （×）

正确答案：在一定量的溶剂里，不能再溶解某种溶质的溶液叫做这种溶质的饱和溶液。

8. 两种不同组分的互溶混合液体，沸点高的组分称为易挥发组分。 （×）

正确答案：两种不同组分的互溶混合液体，沸点低的组分称为易挥发组分。

9. 在达到电离平衡时，化合物的电离速度大于离子的合成速度。 （×）

正确答案：在达到电离平衡时，化合物的电离速度与离子的合成速度相等。

10. 固体表面的分子或原子因受力不均衡而具有剩余的表面能，当某些物质碰撞固体表面时，受到这些不平衡力的吸引而停留在固体表面上，这就是吸附。 （√）

11. 化学反应中，被氧化的物质是氧化剂。 （×）

正确答案：在化学反应中，被氧化的物质是还原剂。

12. 化学反应中，还原剂中的非金属元素的化合价一定降低。 （×）

正确答案：化学反应中还原剂中的非金属元素化合价不一定降低。

13. 有机化合物里，有一大类物质是仅由碳和氢两种元素组成的，这类物质总称为烃。（√）

14. 芳香族化合物属于烃类。 （×）

正确答案：芳香族化合物中的芳香烃属于烃类。

15. 指示剂在不同的 pH 值范围显示不同的颜色。 （√）

16. 微生物可以适应环境，但并不能改变酶系统的特性。 （×）

正确答案：微生物具有适应环境并能改变酶系统的特性。

17. 球菌单独存在时呈正球形，几个球菌联在一起时，仍呈正球形。 （×）

正确答案：球菌单独存在时呈正球形，几个球菌联在一起时，其接触面常呈扁平状态。

18. 细菌一般进行无性繁殖，但也有些细菌细胞进行有性结合。 （√）

19. 所有细菌细胞裂殖后的子细胞大小都相等。 （×）

正确答案：大多数细菌细胞裂殖后的子细胞大小相等。

20. 产甲烷细菌以 CO_2 为受氢体生成 CH_4，此类菌只能进行无氧呼吸。 （√）

21. 发酵作用是微生物的一种呼吸作用类型，在发酵过程中可以产生大量能量。 （×）

正确答案：发酵作用是微生物的一种呼吸作用类型，在发酵过程中由于分解不彻底，故只能产生少量能量。

22. 微生物在具有适量的水分、无机盐、碳源和氮源的条件下，仍不能生长或生长不好。 （√）

23. 真菌属于原核生物，没有核膜将核质与细胞质区分开。 （×）

正确答案：真菌属于真核生物，并具有核膜的完备的细胞核。

24. 废水中常见的原生动物中主要有肉足虫类、鞭毛虫类、纤毛虫类等。 （√）

25. 废水中常见的后生动物主要有轮虫、甲壳类及线虫等。 （√）

26. 废水中常见的高等细菌有硫磺细菌和酵母菌。 （×）

正确答案：废水中常见的高等细菌有硫磺细菌和球衣菌。

27. 按照特性因数大小，原油可分为石蜡基、环烷基和含硫原油 3 种。 (×)

正确答案：按照特性因数大小，原油可分为石蜡基、环烷基和中间基原油 3 种。

28. 按含硫量分类，硫含量低于 2.0%的为低硫原油。 (×)

正确答案：按含硫量分类，硫含量低于 0.5%的为低硫原油。

29. 天然石油都是相对密度小于 1 的液体。 (×)

正确答案：天然石油的相对密度一般小于 1，也有个别相对密度大于 1 的天然石油。

30. 石油主要由碳、氢、硫、氧、磷五种元素组成。 (×)

正确答案：石油主要由碳、氢、硫、氧、氮五种元素组成。

31. 烷烃的分解反应速度随其分子量的增加而减小。 (×)

正确答案：烷烃的分解反应速度随其分子量的增加而增大。

32. 在催化裂化条件下，多环芳香烃主要发生缩合反应生成焦炭，同时放出氢原子使烯烃饱和。 (√)

33. 原油中所含的无机盐类全部溶解在水中。 (×)

正确答案：原油中所含的无机盐类大部分溶解在水中，也有少量以微小结晶状态悬浮在原油中。

34. 石油馏分中元素硫和硫化氢全部来自于其他含硫化合物的分解产物。 (×)

正确答案：石油馏分中元素硫和硫化氢多是其他含硫化合物的分解产物。另外，元素硫和硫化氢又可以相互转变。

35. 石油中碱性氮化物是指能用高氯酸在醋酸溶液中滴定的氮化物。 (√)

36. 石油中的氧均以游离态的形式存在。 (×)

正确答案：石油中的氧均以有机化合物形式存在。

37. 石油中的含氧化合物可分为酸性氧化物和碱性氧化物两类。 (×)

正确答案：石油中的含氧化合物可分为酸性氧化物和中性氧化物两类。

38. 真空表上的读数表示被测流体的绝对压强高于大气压强的数值。 (×)

正确答案：真空表的上读数表示被测流体的绝对压强低于大气压强的数值。

39. 在工程上为了使用和换算方便，常将 $1kgf/cm^2$ 近似地作为 1 个大气压，称为 1 工程大气压。 (√)

40. 压力单位中，$1mH_2O$ 等于 1Pa。 (×)

正确答案：压力单位中，$1mH_2O$ 近似于 1×10^4Pa。

41. 虽然气体的体积流量随温度和压强而变化，但气体的流速不变。 (×)

正确答案：当气体的体积流量随温度和压强而变化时，气体的流速亦随之而变化。

42. 流体连续性方程反映了在定态流动系统中，流量一定时，管路截面上流速的变化规律。 (√)

43. 对于流体不仅流过各截面的质量流量相等，它们的体积流量也相等。 (×)

正确答案：对于不可压缩流体不仅流过各截面的质量流量相等，它们的体积流量也相等。

44. 甲醇和乙醇溶液可近似认为是理想溶液。 (√)

45. 单位体积流体所具有的质量称为流体的密度。 (√)

46. 对流传热的特点是靠近壁面附近的流体层中依靠对流方式传热，而在流体主体中则

主要依靠热传导方式传热。 (×)

正确答案：对流传热的特点是靠近壁面附近的流体层中依靠热传导方式传热，而在流体主体中则主要依靠对流方式传热。

47. 电源电动势在数值上等于闭合电路中各部分的电压之和。 (√)

48. 对于负载来说，没有电流就没有电压，有电压就一定有电流。 (√)

49. 额定转速是指电动机在额定电压、额定频率下，轴上输出额定功率时转子的转速。(√)

50. 电流是个矢量，不但有大小而且有方向。 (√)

51. 两个电荷之间的相互作用力，跟它们的电荷量的乘积成正比，跟它们距离的平方成反比，作用力的方向在它们的连线上。 (×)

正确答案：真空中两个点电荷之间的相互作用力，跟它们的电荷量的乘积成正比，跟它们距离的平方成反比，作用力的方向在它们的连线上。

52. 电场中某点的场强方向与正电荷在该点所受电场力的方向相同，与负电荷在该点所受电场力的方向相反。 (√)

53. 两点间的电势差与两点的位置无关，与是否存在电荷 q 和 A、B 间的路径有关。 (×)

正确答案：两点间的电势差只与两点的位置有关，与是否存在电荷 q 和 A、B 间的路径无关。

54. 同一电场中，不同等势面可能有相交的地方。 (×)

正确答案：同一电场中，不同等势面不相交。

55. 将一带电棒慢慢靠近一带负电的验电器时，看到验电器金箔的张角增大，则棒上电荷的电性为正电。 (×)

正确答案：将一带电棒慢慢靠近一带负电的验电器时，看到验电器金箔的张角增大，则棒上电荷的电性为负电。

56. 当作用于弹性元件上的被测压力越大时，则弹性元件的变形越小。 (×)

正确答案：当作用于弹性元件上的被测压力越大时，则弹性元件的变形越大。

57. 在相同条件下，椭圆形弹簧管压力表越扁宽，则它的管端位移越大，仪表越灵敏。(√)

58. 翻版式液位计是直读式物位仪表的一种。 (×)

正确答案：翻版式液位计是浮力式物位仪表的一种。

59. 压力传感器的作用是把压力信号检测出来，并转化为机械位移输出。 (×)

正确答案：压力传感器的作用是把压力信号检测出来，并转化为电信号输出。

60. 压力式温度计中的毛细管越长，则仪表的反应时间越慢。 (√)

61. 铜热电阻的测温范围比铂热电阻的测温范围宽。 (×)

正确答案：铜热电阻的测温范围比铂热电阻的测温范围窄。

62. 将两根不同材料的金属导线的两端焊接在一起组成一个闭合回路，如果将其一端加热，那么在闭合回路中就有热电势产生，这种现象就称为热电现象。 (√)

63. 测量流体总量的仪表一般叫做流量计。 (×)

正确答案：测量流体总量的仪表一般叫做计量表。

64. 国际单位制中的辅助单位既可作为基本单位使用，也可当作导出单位使用。 (√)

65. rad 在角速度单位 rad/s 中作为导出单位使用。 (×)

正确答案：rad 在角速度单位 rad/s 中作为基本单位使用。

66. 水的导电性能是随着水中含盐量的增加而减小。 (×)

正确答案： 水的导电性能是随着水中含盐量的增加而增加。

67. 生活饮用水是由集中式供水单位直接供给居民作为饮水和生活用水，水质必须确保居民终生安全。 (√)

68. 我国 2001 年 9 月 1 日起实施的生活饮用水水质标准，要求 pH 值在 6~9 范围内。 (×)

正确答案： 我国 2001 年 9 月 1 日起实施的生活饮用水水质标准中，pH 值要求在 6.5~8.5 范围内。

69. 理想水环境容量并不是可利用的最大水环境容量。 (√)

70. 水环境容量是指水体所能容纳的污染物的量或自身调节净化并保持生态平衡的能力。 (×)

正确答案： 水环境容量是指在不影响水的正常用途情况下，水体所能容纳的污染物的量或自身调节净化并保持生态平衡的能力。

71. 地球上水的储量是有限的，但自然界中的水是可以新生的。 (×)

正确答案： 地球上水的储量是有限的，并且自然界中的水是不能新生的。

72. 在水的社会循环中，工业用水量大大超过农业用水量。 (×)

正确答案： 在水的社会循环中，农业用水量大大超过工业用水量。

73. 污水是指在生产与生活活动中排放的水的总称。 (√)

74. 根据来源不同，废水可分为生活污水和工业废水两大类。 (√)

75. 生产污水是指较清洁，不经处理即可排放或回用的工业废水。 (×)

正确答案： 生产废水是指较清洁、不经处理即可排放或回用的工业废水。

76. 石油化工废水中油类污染物主要是脂类和石油类。 (×)

正确答案： 石油化工废水中油类污染物主要是石油类。

77. 炼油装置一般都采用空气氧化法处理含硫污水。 (×)

正确答案： 炼油装置一般都采用单塔加压侧线抽出汽提法处理含硫污水。

78. 含二氯丙烷废水一般采用闪蒸-增稠工艺进行预处理。 (√)

79. 通常含酚浓度在 1g/L 以上的废水就应采取回收酚措施。 (√)

80. 石油炼制废水中不含有氰化物。 (×)

正确答案： 石油炼制废水中含有少量的氰化物。

81. 含氰(腈)废水主要来自丙烯腈装置和腈纶聚合装置。 (√)

82. 排入设置二级污水处理厂城镇排水系统的污水，执行三级标准。 (√)

83. 化学需氧量是指水中有机物在一定条件下被氧化时消耗的氧量。 (×)

正确答案： 化学需氧量是指水中有机物和无机还原性物质在一定条件下被氧化时消耗的氧量。

84. 挥发性悬浮固体全部可被生物降解。 (×)

正确答案： 挥发性固体中有一部分是不可被生物降解的。

85. 悬浮固体在污水处理过程中，通常用简单的沉淀法从污水中予以分离去除。 (√)

86. 水样愈浑浊，所含的悬浮物和胶体物质就愈多。 (√)

87. 清净水中溶解氧的饱和含量与空气中氧的分压、大气压力和水温有密切的关系。 (√)

88. 电导率的大小与溶于水中的物质温度无关。 (×)

正确答案：电导率的大小与溶于水中的物质浓度、活度、温度有关。

89. 在水质分析中，测定的色度一般以表色为标准。 （×）

正确答案：在水质分析中，测定色度一般以去除悬浮物后的真色为标准。

90. 工业污水中的臭味主要是有机物腐解过程中挥发出来的气味。 （×）

正确答案：工业污水中的臭味主要来自有臭味的挥发性化合物。

91. 混凝剂的投加过程中可连续向搅拌桶（贮液池）内补加生产水。 （×）

正确答案：对于连续的处理工况，为确保混凝剂投加浓度稳定，不应连续向混凝剂搅拌桶（贮液池）内补加生产水。

92. 测定污水 pH 值较为常用的方法有 pH 试纸法、比色法和玻璃电极法。 （×）

正确答案：测定污水 pH 值较为常用的方法有 pH 试纸法和玻璃电极法。

93. GBZ1—2002《工业企业设计卫生标准》中有（皮）标记为除经呼吸道吸收外，还易经皮肤吸收的有毒物质。 （√）

94. 同时具备了可燃物、助燃物、着火源三个条件，燃烧就会发生。 （×）

正确答案：着火源必须具有一定的能量，否则，即使具备了可燃物、助燃物、着火源三个条件，燃烧也不能发生。

95. 一般来说，液体燃料的比重越小，闪点越低，而自燃点越高；液体燃料的比重越大，则闪点越高，而自燃点越低。 （√）

96. 当发现现场有人急性氯中毒时，要迅速设法将中毒者转移到具有新鲜空气的地方，对呼吸困难者，应当让其吸氧，严禁进行人工呼吸。 （√）

97. 人对硫化氢的嗅觉阈为 $0.012 \sim 0.03mg/m^3$，硫化氢臭味的增加与浓度的升高成正比。 （×）

正确答案：人对硫化氢的嗅觉阈为 $0.012 \sim 0.03mg/m^3$，起初硫化氢臭味的增加与浓度的升高成正比，但当浓度超过 $10mg/m^3$ 之后，浓度继续升高而臭味反而减弱。

98. 假定净水属清净下水，水中 *COD* 值远低于国家排放标准限值。 （√）

99. 压力增加爆炸范围缩小，压力降低，爆炸范围扩大。 （×）

正确答案：压力增加爆炸范围扩大，压力降低，爆炸范围缩小。

100. 曝气沉砂池通过调节曝气量不能有效地控制水的旋流速度。 （×）

正确答案：沉砂池通过调节曝气量可以控制水的旋流速度。

101. 引入事故池的废水既要看水质，也要看水量，主要是判断其污染物总量对污水处理系统的影响程度。 （√）

102. 平流式沉淀池的泥斗设置在出水处的底部。 （×）

正确答案：平流式沉淀池的泥斗设置在进口处的底部。

103. 带折流墙的均质池主要缺点是停留时间长。 （×）

正确答案：带折流墙的均质池主要缺点是因一般不设搅拌，固悬浮物在池内产生沉淀，使均质池的有效容积会越来越小。

104. 通常通过监测二沉池出水 *COD* 指标来判断泥水分离的效果。 （×）

正确答案：一般是通过监测二沉池出水 *SS* 指标来判断泥水分离的效果。

105. 废水流经滤层时，滤料颗粒之间的间隙一定，拦截的悬浮颗粒粒径始终是一定的。（×）

正确答案：废水流经滤层时，在整个拦截过程中，滤料的间隙会越来越小，因此，滤料拦截悬浮物的颗粒也会越来越小。

106. 过滤池一般作为活性炭吸附、离子交换及膜分离等污水深度处理的预处理方法。 (√)

107. 根据活性炭的特点，水中的重金属离子会被吸附在活性炭的表面，导致活性炭的吸附性能下降。 (×)

正确答案：活性炭表面多呈碱性，水中重金属离子可能在其表面形成氢氧化物沉淀析出，导致活性炭的吸附性能下降。

108. 向水中投加药剂后，混合、凝聚、絮凝这几种作用先后综合进行，整个过程称为混凝。 (√)

109. 高分子絮凝剂都能电离。 (×)

正确答案：高分子絮凝剂也有不能电离的非电解质，称为非离子型。

110. 加药混合对速度没有特殊的要求。 (×)

正确答案：加药混合速度要求快。

111. 水跃式混合池水头差至少在 1.5m 以上。 (×)

正确答案：水跃式混合池水头差至少在 0.5m 以上。

112. 气浮池只有平流式结构。 (×)

正确答案：常见的气浮池有平流式和竖流式两种类型。

113. 污水在进入气浮池前一般先进行混凝处理。 (√)

114. 压力溶气罐可分为静态型和动态型两大类。 (√)

115. 部分回流压力溶气气浮是较为常见的一种气浮方式。 (√)

116. 布气气浮法中大多采用正压充气方式。 (×)

正确答案：布气气浮法中大多采用负压吸气方式。

117. 多级混凝沉降工艺中，第一级混凝产生的结晶体为第二级混凝提供了结晶核作用使结晶速度增快。 (√)

118. 化学沉淀法只适宜选用沉淀法进行固液分离。 (×)

正确答案：化学沉淀法可选用沉淀法和气浮法进行固液分离。

119. 某种难溶盐溶度积越大，溶解程度就越大。 (√)

120. 投加石灰中和酸性污水一般都采用干投法。 (×)

正确答案：投加石灰中和酸性污水，通常采用干投法和湿投法两种方式。

121. 当水量及 pH 值经常有变化时，一般要设置自动加药系统。 (√)

122. 使用二氧化氯消毒时往往发生的是取代反应，容易和水中的有机物生成氯代烃，对人的健康极为不利。 (×)

正确答案：使用二氧化氯消毒时发生的是纯氧化反应；使用次氯酸类消毒剂消毒时往往发生的是取代反应，容易和水中的有机物生成氯代烃，对人的健康极为不利。

123. 作为消毒剂，ClO_2 只起氧化作用而不起氯化作用。 (√)

124. 当相同的电量通过不同的是解质溶液时，在电极上析出或溶解的物质的量与其电化学当量成正比。 (√)

125. 硫化物能被空气氧化成无毒或微毒的硫代硫酸盐或硫酸盐。 (√)

126. 按热能划分湿式氧化装置可分为自燃型和外部供热型两种。 (√)

127. 提高污泥回流比是解决普通活性污泥法进水负荷升高的方法之一。 (√)

128. 吸附再生法适用于处理溶解性较多的有机工业废水。 (×)

正确答案：吸附再生法对溶解性较多的有机工业废水处理效果差。

129. 曝气池和沉淀池两者合在一起的合建式是完全混合法惟一的池型。 (×)

正确答案：完全混合法有合建式和分建式两种池型。

130. 延时曝气法由于曝气时间长，污泥增长量大，所以产生的剩余污泥多。 (×)

正确答案：延时曝气法曝气时间长，污泥龄长，剩余污泥量非常少。

131. 纯氧曝气池混合液的 *SVI* 值一般都较高。 (×)

正确答案：纯氧曝气池混合液的 *SVI* 值一般都较低。

132. AB 法两段严格分开，拥有独立污泥回流和微生物种群，不利于各自功能的发挥。 (×)

正确答案：AB 法两段严格分开，拥有独立污泥回流和微生物种群，有利于各自功能的发挥。

133. 固着在填料上的生物膜生长和脱落能自动保持平衡，因此生物接触氧化法无需设污泥回流系统。 (√)

134. 生物滤池进水无需预处理，因为滤料能较好地去除悬浮物及油脂等污染物质。 (×)

正确答案：生物滤池进水前必须通过预处理，以去除悬浮物及油脂等污染物质。

135. 生物转盘生物膜上的微生物相是均匀布置。 (×)

正确答案：生物转盘生物膜上的微生物相沿半径从外至内呈分级现象。

136. 如果 UASB 反应器内的污泥结构松散，则往往容易出现污泥流失，反应器就不能在高的容积负荷率下稳定运行。 (√)

137. UBF 反应器既可以处理含溶解性高的有机物的废水，也可以处理含 *SS* 较多的有机废水。 (×)

正确答案：UBF 反应器适于处理含溶解性有机物的废水，不适于处理含 *SS* 较多的有机废水，否则填料层易于堵塞。

138. AF 也叫厌氧滤池，是内部安装过滤填料的厌氧反应器。 (×)

正确答案：厌氧滤池(AF)是内部填充有微生物附着填料的一种厌氧反应器。

139. 废水处理中所有的细菌均能构成活性污泥絮凝体，并形成菌胶团。 (×)

正确答案：废水处理中大部分细菌能构成活性污泥絮凝体，形成菌胶团。

140. 厌氧与好氧的根本区别在于反应过程是以分子态氧作为受氢体，而不是以化合态氧、碳、硫、氮等为受氢体。 (×)

正确答案：厌氧与好氧的根本区别在于反应过程不以分子态氧作为受氢体，而以化合态氧、碳、硫、氮等为受氢体。

141. 当沉淀池水面冒出气泡时，表明池底污泥已腐败。 (√)

142. 事故池运行时应保持低液位状态。 (√)

143. 利用差流方式使不同时间、不同组分、不同浓度的废水进行混合的优点是无动力消耗，运行费用低。 (√)

144. 压力溶气气浮停车操作时应先停空压机，后停回流泵。 (×)

正确答案：压力溶气气浮停车操作时应先停回流泵，后停空压机。

145. 一般来讲，布气方法产生的气泡的粒径要比压力溶气产生的气泡粒径大。 (√)

146. 电解气浮过程同时具有电化学絮凝和氧化作用。 (√)

147. 混凝沉降工艺反应段的搅拌时间要比混合段的搅拌时间短。 (×)

正确答案：混凝沉降工艺反应段的搅拌时间要比混合段的搅拌时间长。

148. 混凝沉降工艺反应段的搅拌强度要比混合段的搅拌强度低。 (√)

149. 多介质过滤器停工后需按时向过滤器内添加阻垢剂，防止产生生物膜。 (×)

正确答案：多介质过滤器停工后需按时向过滤器内添加杀菌剂，防止产生生物膜。

150. 两次反冲洗的时间间隔称为过滤周期。 (√)

151. 无阀滤池只能进行自动反冲洗。 (×)

正确答案：无阀滤池不但能自动反冲洗，也可进行强制反冲洗。

152. 炼油污水处理过程中主要产生的污泥是剩余活性污泥和浮渣。 (×)

正确答案：炼油污水处理过程中主要产生的污泥是剩余活性污泥、浮渣和油泥。

153. 污泥中所含水分的多少称为含水量。 (√)

154. 泥饼含固量越高，表明污泥体积越大。 (×)

正确答案：泥饼含固量越高，表明污泥体积越小。

155. 普通沉砂池的缺点就是在其截留的沉砂中夹杂一些有机物。 (√)

156. 斜板、斜管沉淀池可提高对悬浮颗粒的去除率，但不能提高废水处理量。 (×)

正确答案：斜板、斜管沉淀池可提高悬浮物的去除率和废水处理量。

157. 混凝过滤形式主要适用于处理含悬浮物量较多的水。 (×)

正确答案：混凝过滤形式主要适用于处理含悬浮物量较少的水。

158. 当膜分离装置的产水能力下降时，为了恢复膜通量和膜元件的其他性能，需对膜进行化学清洗。 (√)

159. 当反渗透膜表面结垢时，将会引起反渗透装置的产水能力下降和脱盐率上升。 (×)

正确答案：当反渗透膜表面结垢时，将会引起反渗透装置的产水能力下降和脱盐率下降。

160. 污水深度处理中使用的滤池形式主要有单层均质滤料和纤维束滤池、活性炭滤池等纳污能力较大的滤池。 (√)

161. 压力溶气气浮的三种基本流程中，目前应用较广泛的是部分加压溶气工艺。 (×)

正确答案：压力溶气气浮的三种基本流程中，目前应用较广泛的是部分回流加压溶气工艺。

162. 填料式压力溶气罐中，废水从下部逆气流而上经过填料层。 (×)

正确答案：填料式压力溶气罐中，废水从上部喷淋而下经过填料层。

163. 压力溶气系统中压缩机容量的确定，只要选择产气量大于溶气消耗量即可。 (√)

164. 理论交换容量是指树脂交换基中，所有可交换离子在实际工况下的交换容量。 (×)

正确答案：理论交换容量是指树脂交换基中，所有可交换离子全部被交换的交换容量。

165. 水中溶质透过膜的过程称为渗透。 (×)

正确答案：水中溶质透过膜的过程称为渗析。

166. 根据膜分离的概念，电渗析是膜分离方法的一种。 (√)

167. 由超滤的概念可知，超滤膜允许小分子物质和溶解性固体(无机盐)等通过，但有效阻挡胶体、蛋白质、细菌、病毒和部分有机物。 (√)

168. 超滤是过滤精度介于纳滤和反渗透之间的一种过滤方法。 (×)

正确答案：超滤的过滤精度介于微滤和纳滤之间。

169. 工业上使用的膜元件主要有四种基本形式：管状膜元件、平板式膜元件、中空纤维膜元件和卷式膜元件。（√）

170. 铝系混凝剂较铁系混凝剂的优点在于：絮体密实、沉降分离性好，运用 pH 范围广，水中残留低，沉渣脱水性好。（×）

正确答案：铁系混凝剂较铝系混凝剂的优点在于：絮体密实、沉降分离性好，运用 pH 范围广，水中残留低，沉渣脱水性好。

171. 电解凝聚气浮优点在于：可去除的污染物范围广泛，反应迅速，沉渣密实，耗电省等。（×）

正确答案：电解凝聚气浮优点在于：可去除的污染物范围广泛，反应迅速，沉渣密实等。

172. 纯氧氧化法处理污水效率较高，运行成本低。（×）

正确答案：纯氧氧化法处理污水效率较高，但运行成本高。

173. 采用化学沉淀法处理污水，产生的沉淀物会形成带电荷的胶体。（×）

正确答案：采用化学沉淀法处理污水，产生的沉淀物一般不会形成带电荷的胶体。

174. 在制备 ClO_2 时，为提高氯酸钠、亚氯酸钠或次氯酸钠的转化率，通常要加入比理论值多的过量的氯或酸。（√）

175. 使用臭氧消毒时，除色、脱臭味效果好，对细菌、病毒和芽孢的去除也很有效。（√）

176. 在膜的常用化学清洗中，碱清洗液除去无机沉淀物，酸清洗液除去有机物和微生物。（×）

正确答案：在膜的常用化学清洗中，酸清洗液除去无机沉淀物，碱清洗液除去有机物和微生物。

177. 在反渗透（纳滤）装置处理水的过程中，透过膜的那部分溶液不断被稀释，浓度逐渐降低，就成为浓水。（×）

正确答案：在反渗透（纳滤）装置处理水的过程中，未透过膜的那部分溶液不断被浓缩，浓度逐渐升高，就成为浓水。

178. 对于不同废水，*MLVSS/MLSS* 比值基本相同。（×）

正确答案：对于不同废水，*MLVSS/MLSS* 比值不同。

179. 生物膜增厚后，其深层会因氧不足而发生厌气分解，积蓄 H_2S、NH_3、CO_2 和水等代谢产物。（×）

正确答案：生物膜增厚后，其深层会因氧不足而发生厌气分解，积蓄 H_2S、NH_3、有机酸等代谢产物。

180. 厌氧生物滤池（AF 反应器）内的污泥由固定生长的生物膜形态的微生物群体组成的。（×）

正确答案：厌氧生物滤池（AF 反应器）内的污泥由固定生长的生物膜形态的微生物群体和悬浮生长的厌氧活性污泥中的微生物群体所组成。

181. 好氧生物处理可以对厌氧生物处理不能降解的一些有机物进行全部或部分的降解。（×）

正确答案：厌氧生物处理可以对好氧生物处理不能降解的一些有机物进行全部或部分的降解。

182. 厌氧生物处理出水水质不能直接达到符合排放标准的要求，因此一般采用二级厌氧处理。（×）

正确答案：厌氧生物处理出水水质不能直接达到符合排放标准的要求，因此需要进一步处理，一般采用厌氧与好氧串联处理。

183. 帕斯韦尔氧化沟内仅是交替进行着硝化和反硝化过程，是专为生物脱氮而开发的新工艺。（×）

正确答案：DE 型氧化沟内仅是交替进行着硝化和反硝化过程，是专为生物脱氮而开发的新工艺。

184. 格栅井可以能过格栅前后液位差，设置自动控制清污。（√）

185. 沉砂池大多采用重力除砂的方式。（×）

正确答案：沉砂池主要采用的除砂方式有重力除砂和机械除砂两种。

186. 平流隔油池设计水力停留时间为 1.5~2.0h，斜板隔油池设计水力停留时间不超过 30min。（√）

187. 污油的组成很复杂，对合格污油的质量要求，一般只对含水率进行控制。（√）

188. 无阀滤池过滤周期短，冲洗次数增多，反冲洗水量增大。（√）

189. 离心泵叶轮分为开式叶轮和闭式叶轮两种。（×）

正确答案：离心泵叶轮分为开式叶轮、半开式叶轮和闭式叶轮三种。

190. 蝶阀靠阀板升降起启闭作用。（×）

正确答案：蝶阀靠阀板绕阀杆旋转起启闭和调节作用。

191. 蝶阀用于压力小于 1.0MPa 的场合。（√）

192. 截止阀与闸阀相比流体阻力较大。（√）

193. 安全阀结构类型有弹簧式、脉冲式、杠杆式三种，其中杠杆式代号为 3。（×）

正确答案：安全阀结构类型有弹簧式、脉冲式、杠杆式三种，其中杠杆式代号为 6。

194. 小型潜污泵在水下作业，电机产生的热量不易扩散出去。（×）

正确答案：小型潜污泵在水下作业，电机产生的热量随四周的水流连续扩散出去。

195. PN 型泥浆泵停车时不准倒转。（√）

196. 单隔膜计量泵柱塞和隔膜不接触。（√）

197. 风机按气体流动方向分径流式、轴流式、斜流式和混流式四种。（×）

正确答案：风机按气体流动方向分径流式、轴流式、斜流式三种。

198. 透平式压缩机按气体运动方式分离心式、轴流式和轴流离心混合式。（√）

199. 公称压力大于 2.5MPa 时，对焊法兰要采用光滑式密封。（×）

正确答案：公称压力大于 2.5MPa 时，对焊法兰要采用凸凹式密封。

200. 泵型号第三单元是以米为单位表示泵的扬程。（×）

正确答案：泵型号第三单元是以米水柱为单位表示泵的扬程。

201. 机械密封上的弹簧旋向应与泵轴的旋转方向相反。（√）

202. 钢和铸铁属于有色金属。（×）

正确答案：钢和铸铁属于黑色金属。

203. 管子的公称直径就是管子的内直径。（×）

正确答案：管子的公称直径就是管子的名义内直径。

204. 性能较好的释放器在较高的压力下，能将溶气量的 99%左右予以释放。 (×)

正确答案：性能较好的释放器在较低的压力下，能将溶气量的 99%左右予以释放。

205. 鲍尔环塑料填料的参数有淋水密度、工作表面、堆容量等。 (×)

正确答案：拉希瓷环填料的参数有淋水密度、工作表面、堆容量等。

206. 浮油可随时溢入集油管并沿集油管流到集油池。 (×)

正确答案：浮油达到一定高度时溢入集油管并沿集油管流到集油池。

207. 计算设备完好率时，与主机配套的电动机与主机一起按一台机组计算。 (×)

正确答案：与主机配套的功率小于 100kW 的电动机与主机一起按一台机组计算。

208. 润滑油对金属有腐蚀作用。 (×)

正确答案：润滑油对金属无腐蚀作用。

209. 机泵盘车以 180°为最好。 (×)

正确答案：机泵盘车以 540°为最好。

210. 动火的设备经动火分析合格即可动火。 (×)

正确答案：动火的设备必须与生产系统隔绝经动火分析合格才可动火。

211. 在管道使用过程中，由于受交变应力、振动等的影响，使焊接缺陷扩展，引起管道泄漏。 (√)

212. 系统内出水量小于进水量是污水漫池的主要原因。 (√)

213. 当大水量冲击污水场时要及时从源头进行清污分流或分流部分水量进入调节系统。 (√)

214. 在画设备平面布置图时，在一张图内，不可一并绘制多层平面图。 (×)

正确答案：在画设备平面布置图时，在一张图内，可以一并绘制多层平面图。

215. 管道布置图只要求完整地表示出车间内的全部管道、阀门、管件、仪表控制点、设备及建筑物的轮廓等内容。 (×)

正确答案：管道布置图除了要单独表示的部分系统外，均要完整地表示出车间内的全部管道、阀门、管件、仪表控制点、设备及建筑物的轮廓等内容。

216. 阀门在管道布置图上的表示法与其在带控制点工艺流程图上的表示法不同，主要是由于两类图样制图要求不同所致。 (×)

正确答案：阀门在管道布置图上的表示法与其在带控制点工艺流程图上的表示法不同，主要是由于两类图样作用、内容和深度不同所致。

217. 在污水处理的沉淀池中，所能去除的最大的那个颗粒的沉速正好等于沉淀池的表面负荷。 (×)

正确答案：在污水处理的沉淀池中，所能去除的最小的那个颗粒的沉速正好等于沉淀池的表面负荷。

218. 在沉淀池内表面负荷越大，所去除的颗粒就越多，沉淀效率就越高。 (×)

正确答案：在沉淀池内表面负荷越小，所去除的颗粒就越多，沉淀效率就越高。

219. 进入沉淀池的废水越新鲜，沉淀效果越差。 (×)

正确答案：进入沉淀池的废水越新鲜，沉淀效果越好。

220. 同体积的污泥含水率不同，降低相同的百分比后，污泥体积仍相同。 (×)

正确答案：同体积的污泥含水率不同，降低相同的百分比后，污泥体积不同。

221. 在好氧生化处理系统中，微生物的营养比为 $COD:N:P=100:5:1$。（×）

正确答案：在好氧生化处理系统中，微生物的营养比为 $BOD:N:P=100:5:1$。

222. 在活性污泥系统运行中，一般回流比控制在25%~150%之间。（×）

正确答案：在活性污泥系统运行中，一般回流比控制在25%~100%之间。

223. 从初次沉淀池排出的污泥，其干污泥容重一定小于1。（×）

正确答案：从初次沉淀池排出的污泥，其干污泥容重一定大于1。

224. 实际污泥浓缩池的固体回收率不可能为1。（√）

225. 污泥浓缩池的水力停留时间的计算与浓缩池的实际水深有关。（×）

正确答案：污泥浓缩池的水力停留时间的计算与浓缩池的有效水深有关。

226. 二次沉淀池的水力停留时间一般为1.5~2.5h。（√）

227. SDI_5 测定时，若滴满第一个500mL时所用时间为 t_1，加压5min后，滴满第二个500mL时所用时间为 t_2。那么 $SDI_5=(1-t_1/t_2)\times100/5$。（√）

单选题

1. 原子是由居于中心的带正电的（ D ）和核外带负电的电子构成的。

A. 质子　　B. 中子　　C. 离子　　D. 原子核

2. 元素是具有相同（ A ）的同一类原子。

A. 核电荷数　　B. 中子数　　C. 核外电子数　　D. 质量数

3. 物质的量是表示物质微粒个数的（ C ）。

A. 常量　　B. 化学量　　C. 物理量　　D. 变量

4. 22.4L 气态混合物在标准状态下的质量，称作该混合气体的（ B ）。

A. 相对分子质量　　B. 平均相对分子质量

C. 克当量　　D. 物质的量

5. 下列说法中，（ D ）是正确的。

A. 元素的化合价等于一个原子得失电子的数目

B. 铁的化合价为零

C. 水中氢气的化合价为零

D. 单质铜中铜元素化合价为零，化合物中铜元素化合价为+1或+2

6. 下列关于化合价的说法中，（ B ）是正确的。

A. H_2 中 H 的化合价为+1

B. H_2O 中氧的化合价为-2

C. 非金属元素在跟其他元素化合时，一定显负价

D. C_2H_2 中 H 的化合价是 0

7. 根据几种可溶性固态物质的溶解度随（ C ）变化不同，用结晶法或重结晶法分离，得到较纯净物质的过程叫做结晶。

A. 压力　　B. 浓度　　C. 温度　　D. 沸点

8. 4.6g 某有机物完全燃烧时，耗氧9.6g，生成8.8g 二氧化碳和5.4g 水，那么该有机物中（ B ）。

A. 只含 C、H 元素　　B. 只含 C、H、O 元素

C. 不只含 C、H、O 元素　　D. 不含氧元素

9. 把55g 50℃的硼酸饱和溶液蒸干，得到5g 硼酸固体，那么硼酸在50℃时的溶解度是(B)。

A. 5g　　B. 10g　　C. 15g　　D. 20g

10. 下列说法中，(D)是正确的。

A. 能电离出氢离子的化合物叫酸

B. 能电离出的阳离子全部是氢离子的物质叫酸

C. 能电离出酸根离子的化合物都是酸

D. 碱中必含有氢、氧元素

11. 下列叙述中，(C)是正确的。

A. 能电离出氢离子和酸根离子的化合物叫做酸

B. 盐电离时生成的阳离子只有金属离子

C. 碱电离时生成的阴离子只有 OH^- 离子

D. 酸、碱在水溶液中电离生成的阴、阳离子数目相等，所以整个溶液不显电性

12. 下列(B)不属于盐。

A. $NaHSO_4$　　B. H_2SiO_3　　C. $CaCO_3$　　D. NaCl

13. 不可以使 NaCl 饱和溶液变成不饱和溶液的方法是(B)。

A. 升温　　B. 降温　　C. 升压　　D. 降压

14. 过滤主要是用于分离(A)的混合物。

A. 一种物质可溶、一种物质难溶　　B. 两种物质都难溶

C. 两种物质都可溶　　D. 溶解度不同

15. 下列混合物中，(B)适合用过滤的方法进行分离。

A. 糖中混有少量食盐　　B. 食盐和碳酸钙的混合物

C. 食盐中混有少量硝酸钾　　D. 食用油和汽油的混合物

16. 液-液萃取是利用欲分离溶液(B)的性质，使组分在两相中分配不同，从而得到分离的过程。

A. 与溶质不相溶或部分互溶　　B. 与溶剂不相溶或部分互溶

C. 与溶质的完全不相溶　　D. 与溶剂的完全不相溶

17. 判断体系能否用萃取的方法分离的依据是(C)。

A. 选择性系数小于 1　　B. 选择性系数等于 1

C. 选择性系数大于 1　　D. 选择性系数不等于 1

18. 蒸馏是利用互溶液体混合物中各组分(B)不同而分离成较纯组分的一种操作。

A. 露点　　B. 沸点　　C. 溶解度　　D. 泡点

19. 下列关于电离平衡的说法中，(B)是正确的。

A. 某一化合物，在任何情况下，其电离平衡不会移动

B. 电离平衡是一种动态的平衡

C. 在达到电离平衡时，应马上停止

D. 任何化合物在水中都存在着电离平衡

20. 在固体和气体或固体和溶液组成的两相体系中，在相界面上出现的气相组分或溶质组分浓度升高的现象称为(A)。

A. 固体吸附　　B. 干燥　　C. 萃取　　D. 蒸发

21. 如果某分解反应属于氧化还原反应，则其中的氧化剂(C)。

A. 有氧化性　　B. 有还原性

C. 既有氧化性又有还原性　　D. 既没有氧化性也没有还原性

22. 下列反应中不存在还原剂的是(B)。

A. $2KClO_3 \xrightarrow[\triangle]{MnO_2} 2KCl+3O_2\uparrow$　　B. $CaCO_3 \overset{\triangle}{=\!=\!=} CaO+CO_2\uparrow$

C. $Zn+2HCl =\!=\!= ZnCl_2+H_2\uparrow$　　D. $2Na+Cl_2 =\!=\!= 2NaCl$

23. 10℃时，3.6g NaCl 溶解到 10g 水里并达到饱和，那么 NaCl 在 10℃时的溶解度为(B)g。

A. 3.6　　B. 36　　C. 7.2　　D. 72

24. 10℃时，3.3g NH_4Cl 在 5g 水中达到饱和后还有剩余，又加入 5g 水后溶液刚好达到饱和，那么 NH_4Cl 在 10℃时的溶解度为(D)g。

A. 1.65　　B. 16.5　　C. 3.3　　D. 33

25. 下列关于烃的说法(B)是正确的。

A. 乙醇属于烃类　　B. 烃仅由碳和氢两种元素组成

C. 芳香烃不属于烃类化合物　　D. 橡胶属于烃类

26. 水溶液中的 H^+ 浓度和 OH^- 浓度是互相制约的，它们两者的乘积，在 25℃时应恒等于(D)。

A. 1　　B. 10　　C. 10^{14}　　D. 10^{-14}

27. 生产中，经过驯化的微生物通过(C)使有机物无机化，有毒物质无害化。

A. 合成代谢　　B. 分解代谢　　C. 新陈代谢　　D. 降解作用

28. 细菌有(B)种基本形态。

A. 2　　B. 3　　C. 4　　D. 5

29. 微生物生长不可或缺的营养物质中，(B)的主要作用是构成细胞的组成成分；作为酶的组成部分，维持酶的作用；调节细胞渗透压，氢离子浓度，氧化还原电位等。

A. 有机氮化合物　　B. 无机物

C. 微量元素　　D. 有机碳化合物

30. 真菌的菌体为(C)。

A. 多细胞的分枝丝状体　　B. 单细胞个体

C. 多细胞的分枝丝状体或单细胞个体　　D. 单细胞群体

31. 活性污泥污水处理中，一般条件下，(A)较多时，说明污泥曝气池运转正常。

A. 普通钟虫与群体钟虫　　B. 肉足虫

C. 后生动物　　D. 草履虫

32. 后生动物中(D)以细菌和藻类为食，又是鱼类的重要食料，在污染明显的水体中不会存在。

A. 轮虫　　B. 钟虫　　C. 线虫　　D. 甲壳类

33. 高等细菌中，(B)一般是自养型丝状细菌，能将硫化氢、硫磺和其他硫化物氧化成为硫酸，并从中得到能量。

A. 草酸菌　　B. 硫磺细菌　　C. 酵母菌　　D. 霉菌

34. 原油的表观性质不仅与非烃组分的含量有关，还与原油的(B)有关。

A. 产量　　B. 类型

C. 开采方式　　D. 开采上来后的储存时间

35. 下列各元素中，(C)不是石油组成的主要元素。

A. 硫　　B. 氮　　C. 磷　　D. 氢

36. 烷烃在加氢裂化的条件下，发生的主要化学反应中不包括(C)。

A. 裂化反应　　B. 裂化产物的加氢反应

C. 加成反应　　D. 裂化产物的异构化反应

37. 非烃类的硫、氮、氧通过加氢反应，其生成物中不包括(B)。

A. 硫化氢　　B. 硫醇　　C. 水　　D. 氨

38. 常减压蒸馏装置一般包括三部分，其中没有(A)装置。

A. 预蒸馏　　B. 常压蒸馏　　C. 减压蒸馏　　D. 初馏

39. 石油中(A)对有色金属具有很高的反应性，由它所造成的金属腐蚀现象是人们非常关注的问题。

A. 元素硫　　B. 硫化氢　　C. 硫醇　　D. 硫醚

40. 一般来说，原油中碱性氮的量占总氮的(B)左右。

A. 10%　　B. 30%　　C. 50%　　D. 70%

41. 石油馏分中的环烷酸，沸程在(B)范围时，含量最高。

A. 120~250℃　　B. 250~400℃　　C. 400~550℃　　D. 550℃以上

42. 对于同一流体，其体积流量(V_s)与质量流量(W_s)的关系为(C)。(设 ρ 为流体密度)

A. $V_s=\rho W_s$　　B. $V_s=\rho/W_s$　　C. $W_s=\rho V_s$　　D. $W_s=\rho/(V_s^{1/2})$

43. 已知某一流体的密度为 0.8kg/m^3，体积流量为 5m^3/s，那么它的质量流量是(B)kg/s。

A. 6.25　　B. 4　　C. 2　　D. 0.16

44. 下列说法中，(B)是错误的。

A. 以绝对零压作起点计算的压强称为绝对压强，是流体的真实压强

B. 设备内流体的绝对压强愈低，那么它的真空度就愈低

C. 真空度是表压强的负值

D. 真空表是用来测量流体的绝对压强小于外界大气压强的仪表

45. 已知某地大气压力为 722mmHg，等于(A)atm(标准大气压)。

A. 0.95　　B. 1.052　　C. 0.85　　D. 1.022

46. 对于管内流体 $V_s=uA$，其中 V_s 是体积流量，A 表示与流动方向相垂直的管道截面积，那么 u 为(C)。

A. 流体的最大速度　　B. 流体的最小速度

C. 流体的平均速度　　D. 管道截面上截面中心处的速度

47. 对于理想溶液，平衡时溶液上方组分的蒸气压 p 与溶液中组分的摩尔分数 x 的关系是(C)。

A. p 与 x 成反比　　B. p 与 x 的平方成正比

C. p 与 x 成正比　　D. p 与 x 的平方成反比

48. 理想溶液的蒸气应服从(D)。

A. 拉乌尔定律　B. 牛顿第二定律　C. 牛顿第一定律　D. 道尔顿定律

49. 下列各项有关导热基本概念的说法(D)是错误的。

A. 由热传导方式引起的热传递速率称导热速率

B. 温度场就是任一瞬间物体式系统内各点的温度分布总和

C. 温度场中同一时刻下，相同温度各点所组成的面称为等温面

D. 导热系数的数值与物质的组成、结构有关，与密度、温度及压强无关

50. 关于导热系数的说法(B)是正确的。

A. 纯金属的导热系数一般随温度升高而升高

B. 在所有固体中，金属是最好的导热体

C. 合金的导热系数一般比纯金属要高

D. 非金属导热系数通常随温度升高而减小

51. 已知，由 A、B 两种流体组成的混合物，混合前后 A、B 体积不变，A 的密度为 ρ_A，质量为 W_A，B 的密度为 ρ_B，质量为 W_B，那么混合液的密度为(D)。

A. $\rho_A+\rho_B$　B. $\dfrac{\rho_A+\rho_B}{2}$　C. $\dfrac{W_A+W_B}{\rho_A+\rho_B}$　D. $\dfrac{\rho_A\rho_B(W_A+W_B)}{\rho_A W_B+\rho_B W_A}$

52. 下列说法中，(B)是错误的。

A. 对流分为自然对流和强制对流　B. 对流就是对流传热

C. 对流是一种基本的传热方式　D. 在热对流过程中总伴随着热传导

53. 当电路处于断路状态时，(A)是正确的。

A. $R\to\infty$，$I=0$，$V_{内}=0$，$V_{外}=E$　B. $R\to\infty$，$I=0$，$V_{内}=E$，$V_{外}=0$

C. $R\to 0$，I 很大，$V_{内}=E$，$V_{外}=0$　D. $R\to 0$，I 很大，$V_{内}=0$，$V_{外}=E$

54. 下列关于串联电路说法中，(C)是错误的。

A. 用几个电阻串联，可以获得阻值较大的电阻

B. 采用几个电阻构成分压器，可使同一电源能供给几种不同的电压

C. 当负载的额定电压高于电源电压时，可用串联负载的办法来满足负载接入电源使用的需要

D. 利用串联电阻的方法可以限制和调节电路中电流的大小

55. 已知右图中，$R_1=R_2=R_3=R_4=R_5=1\Omega$，则 AB 间的等效电阻 R_{AB} 为(D)Ω。

A. 5　B. 3/2　C. 2/3　D. 5/8

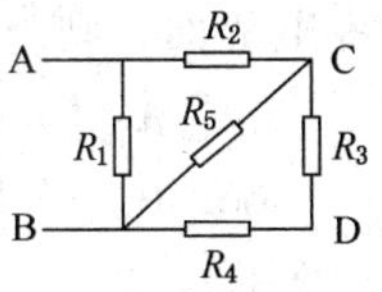

56. 电动势是在电源内部、外力将单位(A)所做的功。

A. 正电荷从电源的负极移到电源正极

B. 正电荷从电源的正极移到负极

C. 负电荷从电源的负极移到电源正极

D. 负电荷从电源的正极移到负极

57. 下列关于交流电的说法正确的是(A)。

A. 大小和方向都随时间作周期性变化

B. 大小和方向不随时间作周期性变化

C. 大小随时间作周期性变化　D. 方向随时间作周期性变化

58. 交流电是(A)的总称。

A. 交变电动势、交变电压和交变电流　B. 交变电压和交变电流

C. 交变电压、交变电流和交变电阻　D. 交变电动势和交变电阻

59. 对于液体负载，电动机的转矩与(D)。

A. 转速成正比　B. 转速成反比

C. 转速的平方成反比　D. 转速的平方成正比

60. 电流强度的单位有安培(A)、千安(kA)、毫安(mA)和微安(μA)，对于它们之间的关系(D)是正确的。

A. $1A=10^{-6}\mu A$　B. $1kA=10^{-3}mA$　C. $1kA=10^{-3}\mu A$　D. $1A=10^{3}mA$

61. 有三个相同的金属小球A、B和C，其中A、B两球带电情况相同，C球不带电。将A、B两球相隔一定距离固定起来，两球间的库仑力是F，若使C球先和A接触，再与B接触，移去C，则A、B间的库仑力变为(A)。

A. $3F/8$　B. $F/2$　C. $F/4$　D. $F/10$

62. 关于电场强度的定义$E=F/q$，下列说法中(B)是正确的。

A. 该式只适用于点电荷产生的电场

B. F是试探电荷所受到的力，q试探电荷的电量

C. 场强的方向与F的方向相同

D. 场强的大小与该点放置的试探电荷所受到的力成正比

63. 关于电势差和电场力做功的说法中，(B)是正确的。

A. 电势差是矢量，电场力做的功是标量

B. 在两点间移动电荷，电场力不做功，则两点间的电势差为零

C. 在两点间被移动的电荷的电荷量越少，则两点间的电势差越大

D. 在两点间移动电荷时，电场力做正功，则两点间的电势差大于零

64. 一个点电荷，从静电场中的a点移到b点，其电势能的变化为零，则(D)。

A. a、b两点的场强一定相等　B. 该点一定沿等势面移动

C. 作用于该点电荷的电场力与其移动方向总是垂直的

D. a、b两点的电势一定相等

65. 如图所示，实线为电场线，虚线为等势面，已知相邻两等势面的电势差相等，有一正电荷在等势面L_1处由静止释放，到达L_3时动能为10J，若取L_2为零电势面，则当此电荷的动能为7J时，它的电势能为(C)J。

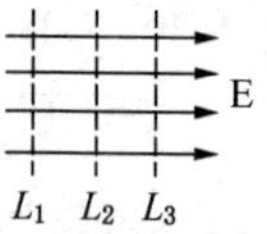

A. 10　B. 3　C. −2　D. −5

66. 在一个导体球壳内放一个电量为$+Q$的点电荷，用E_p表示球壳外任一点的场强，则(D)。

A. 当$+Q$在球壳中央时，$E_p=0$

B. 不论$+Q$在球壳内何处，E_p一定为零

C. 只有当$+Q$在球心且球壳接地时，$E_p=0$

D. 只要球壳接地，不论$+Q$在球壳内何处，E_p一定为零

67. 用压力法测量开口容器液位时，液位的高低取决于(B)。

A. 点的位置和容器的横截面　B. 点的位置和介质密度

C. 介质密度和横截面　　D. 测量点的位置

68. 压阻式压力传感器具有(B)的特点。

A. 精度低　B. 频率响应高　C. 迟滞较大　D. 结构复杂

69. 压力式温度计中感温物质的体膨胀系数越大，则仪表越(A)。

A. 灵敏　B. 不灵敏　C. 准度高　D. 精度高

70. 为了提高水银温度计的测温上限，通常在毛细管内感温液上部填充一定压力的(B)。

A. 空气　B. 惰性气体　C. 氧气　D. 氮气

71. 热电偶产生热电势的条件是(A)。

A. 两热电极材料相异且两接点的温度相异

B. 两接点的温度相异

C. 两热电极材料相同

D. 两热电极材料相同且两接点的温度相异

72. 热电偶温度计是基于(B)原理测量温度的。

A. 光电效应　B. 热电效应　C. 热阻效应　D. 牛顿第一定律

73. 测量流体(A)的仪表叫流量计。

A. 流量　B. 总量　C. 压力　D. 温度

74. 弹簧式压力计在使用时，最大工作压力不应超过量程的(B)。

A. 1/2　B. 2/3　C. 3/4　D. 4/5

75. 以下测量压力的仪表，(D)测压时不受重力随高度变化即重力加速度的影响。

A. 单管压力计　B. 浮力式压力计　C. 环称式压差计　D. 弹簧管压力计

76. 不是国际单位制中的基本单位的是(C)。

A. 长度的单位米(m)　　B. 质量的单位千克(kg)

C. 时间的单位小时(h)　　D. 电流的单位安培(A)

77. 国际单位制中基本单位的表示符号(D)是正确的。

A. 米的表示符号 M　　B. 秒的表示符号 S

C. 安培的表示符号 a　　D. 千克的表示符号 kg

78. 下列单位中，(A)是国际单位制的导出单位。

A. 赫兹、摄氏度、欧姆　　B. 库仑、法拉、开尔文

C. 帕斯卡、焦耳、摩尔　　D. 坎德拉、伏特、亨利

79. 当分别用摄氏度、开尔文表示两个物体温度之差时，用摄氏度表示的温差差值与用开尔文表示的温差差值之间的关系为(C)。

A. 用摄氏度表示的温差差值小于用开尔文表示的温差差值

B. 用摄氏度表示的温差差值大于用开尔文表示的温差差值

C. 用摄氏度表示的温差差值等于用开尔文表示的温差差值

D. 用摄氏度表示的温差差值等于用开尔文表示的温差差值减去 273

80. 球面度是一立体角，其顶点位于球心面，它在球面上所截取的面积等于(A)的面积。

A. 以球半径为边长的正方形　　B. 以球半径为边长的等边三角形

C. 以球直径为边长的正方形　　D. 以球直径为边长的等边三角形

81. 我国的法定计量单位是以(D)为基础的。

A. 国际单位的基本单位　　B. 国际单位的导出单位

C. 国际单位的辅助单位　　D. 国际单位制单位

82. 纯净的水是(C)。

A. 没有颜色、有点甜味的液体　　B. 单质

C. 化合物　　D. 混合物

83. 我国 2001 年 9 月 1 日起实施的生活饮用水水质标准，要求色度不超过(A)度，并不得呈现其他异色。

A. 15　　B. 20　　C. 25　　D. 30

84. 下列选项中，对水质要求较高的有(A)。

A. 电子工业元件清洗　　B. 作为传送动力用水

C. 石油开采中，油田注水　　D. 冲刷输送废料用水

85. 在工业用水中，冷却用水占工业用水的(C)以上。

A. 30%　　B. 50%　　C. 70%　　D. 90%

86. 准确定量(D)是科学管理制定水污染控制规划的基础，也是校核水功能区划分的依据。

A. 水体自净能力　　B. 水体纳污能力

C. 水环境容量　　D. 水环境容量与水体纳污能力

87. 会使水体严重缺氧、发黑发臭，破坏水生物体系，甚至使水生物灭绝的是(C)有机污染。

A. 氮源　　B. 磷源　　C. 碳源　　D. 硫源

88. 维系良好水循环的必由之路是(D)。

A. 污水深度处理与减少污水排放　　B. 再生水利用与节约用水

C. 污水深度处理与再生水利用　　D. 减少污水排放量与节约用水

89. 自然界中，人类能够直接利用的淡水占地球总水量的(B)。

A. 0.01%　　B. 0.8%　　C. 5%　　D. 10%

90. 在水的自然循环中，使水流动的动力是(C)。

A. 惯性　　B. 向心力　　C. 重力　　D. 万有引力

91. 由(B)的因素促成的水循环称为水的社会循环。

A. 自然力　　B. 人　　C. 社会生产活动　　D. 水的自身

92. 污水包括(D)及有污染地区的初期雨水和冲洗水等。

A. 生活污水、生产污水　　B. 生产废水、工业废水

C. 生活污水、生产废水　　D. 生活污水、工业废水

93. 废水中能通过生物化学和化学作用而消耗水中溶解氧的物质统称为(C)。

A. 化学需氧量　　B. 总需氧量　　C. 需氧污染物　　D. 营养性污染物

94. 天然水由于流经岩层溶解了许多矿物质，通常含量较多的(B)。

A. Na^+、Fe^{2+}、Ca^{2+}、Mg^{2+}　　B. Na^+、K^+、Ca^{2+}、Mg^{2+}

C. Na^+、K^+、Fe^{2+}、Ca^{2+}　　D. Na^+、K^+、Ca^{2+}、Cu^{2+}

95. 下列离子中，(B)是水中最常见的阴离子，是引起水质腐蚀性的催化剂，能强烈地推动和促进金属表面电子的交换反应。

A. HCO_3^-　B. Cl^-　C. $HSiO_3^-$　D. SO_4^{2-}

96. 废水中油类污染物有多种存在形式，其中含油粒粒径最小的是(D)。

A. 分散油　B. 浮油　C. 乳化油　D. 溶解油

97. 含苯废水不但含苯浓度高，含(A)量也较高。

A. 油　B. 碱　C. 酸　D. 硫

98. 石油炼制含硫污水中一般含有高浓度的硫化物和(C)。

A. 酚　B. 氰化物　C. 氨　D. COD

99. 采用氯醇法生产环氧丙烷时，废水中主要含有的氯代烃污染物是(A)。

A. 二氯丙烷　B. 氯乙烷　C. 氯乙烯　D. 氯丙烷

100. 不适合处理高浓度含酚废水的方法是(B)。

A. 萃取法　B. 生物法　C. 蒸馏法　D. 氧化法

101. 下列对氰化物浓度有严格限制的污水处理方法是(A)。

A. 生物法　B. 加压水解法　C. 碱性氯化法　D. 焚烧法

102. 下列属于第二类污染物的是(D)。

A. 总铬　B. 总铅　C. 总砷　D. 总锌

103. 国标规定废水化学需氧量测定方法采用(B)作为氧化剂。

A. 高锰酸钾　B. 重铬酸钾　C. 双氧水　D. 二氧化氯

104. 表示化学需氧量的英文缩写是(A)。

A. *COD*　B. *BOD*　C. *TOC*　D. *TOD*

105. 灰分是指(B)。

A. 挥发性悬浮固体　B. 非挥发性悬浮固体

C. 悬浮物　D. 总固体

106. 污水中与浊度指标不直接相关的物质是(C)。

A. 二氧化硅　B. 悬浮物　C. 盐　D. 胶体

107. 好氧生物处理中，溶解氧过高将会导致(D)。

A. 丝状菌大量繁殖　B. 厌氧微生物大量繁殖

C. 好氧微生物的活性受到影响　D. 污泥(或生物膜)老化

108. 污水物理指标不包含(A)。

A. pH 值　B. 温度　C. 色度　D. 臭味

109. 各种水中由于含有不同的杂质，常显现出各种颜色，水中显色的杂质主要包括(B)。

A. 悬浮物、胶体　B. 悬浮物、胶体、溶解物质

C. 溶解物质　D. 胶体、溶解物质

110. 水体中由(D)造成的颜色称为真色。

A. 溶解物质　B. 胶体　C. 悬浮物、胶体　D. 胶体、溶解物质

111. BOD_5 的测定一般采用(C)方法。

A. 稀释法　B. 接种法　C. 稀释与接种法　D. 稀释培养法

112. 在 BOD_5 测定过程中，接种过多，BOD_5 测定值过高；接种过少，测定值偏低。稀释水样中的微生物浓度一般以(C)为宜。

A. 10^3 个/mL　B. 10^4 个/mL　C. 10^3 ~ 10^4 个/mL　D. 10^5 个/mL

113. 下列不属于感官污染物指标的是(D)。

A. 恶臭　B. 颜色　C. 泡沫　D. 温度

114. 臭味的测定方法是(B)。

A. 气相色谱法　B. 人的嗅觉器官判断

C. 稀释法　D. 吸附-气相色谱法

115. 采用机械法配制混凝剂，下列操作步骤不正确的选项是(C)。

A. 投药前，向搅拌桶内投加 50%~70%体积的水

B. 投药后，再补加生产水到规定的位置

C. 投药前开启搅拌机

D. 待药剂溶解后，检测配制浓度

116. 采用压缩空气法配制磷盐，下列操作方法不正确的选项是(C)。

A. 向搅拌桶内投加 50%~70%体积的水

B. 加药前打开压缩风阀

C. 要快速地将磷盐投入搅拌桶内　D. 待药液溶解后，进行投加

117. 常用的引水设备中，(A)适合应用小流量水泵。

A. 密闭水箱　B. 真空泵　C. 水射器　D. 真空罐

118. 下列与排水泵房开工条件不直接相关的事项是(D)。

A. 检查格栅、集水池　B. 检查水泵、管线、阀门

C. 检查显示仪表　D. 检查起重设备

119. 用 pH 试纸测定污水 pH 值，正常情况下，(D)不影响测定结果。

A. 水的颜色　B. 水的浊度

C. 水中氧化剂、还原剂　D. 水温

120. 用 pH 试纸测定污水 pH 值，正确的方法是(B)。

A. 将 pH 试纸扔进水中　B. 将 pH 试纸部分浸入水中 0.5s

C. 将水倒到 pH 试纸上　D. 用过量的水浸 pH 试纸

121. GB Z1—2002《工业企业卫生设计标准》中，短时间接触容许浓度中的短时间是指(D)min。

A. 60　B. 40　C. 30　D. 15

122. GBZ1—2002《工业企业设计卫生标准》中规定工作场所空气中有毒物质容许浓度分为三种类别，下列不属于三种类别的选项是(B)。

A. 最高容许浓度　B. 最高允许浓度

C. 短时间接触容许浓度　D. 时间加权平均容许浓度

123. 下列物质中不属于助燃物的是(A)。

A. 石油气　B. 空气　C. 氯气　D. 高锰酸钾

124. 加氯间的底部必须安装强制排风设施，进气孔要设在(C)。

A. 低处　B. 中部　C. 高处　D. 顶部

125. 加氯间要靠近加氯点，两者距离不超过(A)m。

A. 30　　B. 35　　C. 40　　D. 50

126. 对硫化氢急性中毒者应采取的急救措施中，下列叙述不正确的是(C)。

A. 迅速将患者移至新鲜空气处，吸氧，保持安静，卧床休息

B. 对呼吸、心跳骤停者，立即进行心、肺复苏

C. 对呼吸、心跳骤停者，立即实施口对口的人工呼吸

D. 对呼吸、心跳骤停者，立即实施府卧压背法或仰臣压胸法人工呼吸

127. 在含硫化氢场所作业时，下列错误的做法是(A)。

A. 出现中毒事故，个人先独自处理　　B. 作业过程有专人监护

C. 佩戴有效的防毒器具　　D. 进入受限空间作业前进行采样分析

128. 炼油假定净水中含有的主要污染物是(B)。

A. COD　　B. 油　　C. BOD_5　　D. SS

129. 假定净水一般不需要经过(A)。

A. 化学处理　　B. 沉砂处理　　C. 隔油处理　　D. 格栅截留漂浮物

130. 下列不属于化学性爆炸类型的是(B)。

A. 乙炔分解爆炸　B. 压缩气瓶爆炸　　C. 粉尘爆炸　　D. 梯恩梯爆炸

131. 爆炸性混合物遇火源不可能发生爆炸的条件是(C)。

A. 可燃气体浓度高于爆炸下限　　B. 可燃气体浓度低于爆炸上限

C. 可燃气体浓度低于爆炸下限　　D. 可燃气体浓度在爆炸下限和上限之间

132. 在污水处理过程中，污水中的塑料制品、纤维、草木等物质的主要破坏作用是(A)。

A. 堵塞设备及管线　　B. 影响生化充氧

C. 增加污泥量　　D. 影响污油的质量

133. 格栅拦截固体物的大小主要与(D)有关。

A. 过栅水头损失 B. 结构形式　　C. 清渣方式　　D. 栅间距

134. 沉砂池的作用主要是去除(A)。

A. 密度大于 1.5，粒径为 0.2mm 以上的颗粒物

B. 密度大于 1.0，粒径为 0.2mm 以上的颗粒物

C. 有机物颗粒

D. 悬浮物

135. 下列与污水处理场设置事故池目的不相符的解释是(A)。

A. 处理一定量的 COD　　B. 均匀污水处理水质

C. 保护生化池不受冲击　　D. 储存高浓度废水

136. 为提高事故池的使用效率，事故池正常运行时，应避免(B)。

A. 连续或间断小流量出水　　B. 保持高液位

C. 保持低液位　　D. 事故池进水与水质在线分析仪联锁

137. 平流式沉淀池由进水区、沉淀区、出水区和(C)及缓冲层五部分组成。

A. 机械区　　B. 浮渣区　　C. 污泥区　　D. 沉砂区

138. 粗粒化(聚结)除油是利用油和水对(B)表面亲和力相差悬殊的特性工作的。

A. 填料　　B. 聚结材料　　C. 粒状材料　　D. 纤维材料

139. 下列不符合除油装置选择聚结材料要求的选项是(D)。
A. 耐油性能好　B. 亲油疏水
C. 具有一定的机械强度　D. 粒径 30mm 左右
140. 均质罐除了有均匀水质均匀水量的功能以外，主要还有(B)功能。
A. 去 COD　B. 除油　C. 调 pH 值　D. 除泥
141. 均质罐的水质混合是靠(D)来实现的。
A. 空气搅拌　B. 机械搅拌　C. 水泵强制循环　D. 差流方式
142. 初沉池在污水处理工艺中的主要作用是(B)。
A. 沉泥砂　B. 沉降有机悬浮颗粒
C. 均匀水质　D. 去除密度大于 1.5 的固体颗粒
143. 初沉池的停留时间一般为(D)h。
A. 1.5~2.5　B. 1.0~2.0　C. 1.0~2.5　D. 1.5~2.0
144. 二沉池的固体负荷一般为(B)kg/(m^2 · d)。
A. >150　B. 120　C. 100　D. ≥50
145. 重力滤池的主要作用是(B)。
A. 去除细菌　B. 去除细小的悬浮物
C. 去除 COD　D. 去除 BOD_5
146. 根据多介质过滤器的特点，其滤料组成形式可以是(B)。
A. 石英砂和陶粒　B. 无烟煤和石英砂
C. 纤维球和树脂球　D. 纤维球和陶粒
147. 下列除(D)之外，均属于多介质过滤器的特点。
A. 截留杂质能力强　B. 杂质穿透深
C. 产水能力大　D. 占地面积小
148. 根据活性炭过滤的特点，在废水吸附处理过程中，起主要作用的是(B)。
A. 大孔　B. 中孔　C. 小孔　D. 微孔
149. 无机类混凝剂中使用最广的是铝盐和(B)。
A. 碱类　B. 铁盐　C. 活性硅酸　D. 聚丙烯酰胺
150. 在污水处理过程中应用最多的有机高分子混凝剂是(C)。
A. 聚乙烯吡啶盐　B. 聚丙烯酸钠　C. 聚丙烯酰胺　D. 聚乙烯亚胺
151. 下列与泡沫形成的条件不相关的选项是(A)。
A. 水中的悬浮杂质　B. 存在一定浓度的起泡剂
C. 一定数量的气泡　D. 水中的表面活性物质
152. 常用消泡剂按成分不同可分为硅(树脂)类、表面活性剂类、链烷烃类和(B)。
A. 酸碱类　B. 矿物油类　C. 黏土类　D. 氧化剂类
153. 下列与混凝混合阶段相适应的选项是(A)。
A. 快速搅拌　B. 慢速搅拌　C. 静止　D. 排泥
154. 在下列管式混合器中，在管道内设置阻流物以产生局部阻力，使水流发生湍流，从而使水体和药剂得到混合的管式混合器是(D)。
A. 管道混合器　B. 管道零件混合器
C. 孔板或文氏管式混合器　D. 静态混合器

155. 目前采用较多的机械混合器的桨板形式是(A)。
A. 桨式　B. 推进式　C. 涡流式　D. 侧向式

156. 澄清池主要是去除悬浮物和(B)。
A. BOD_5　B. 胶体颗粒　C. COD　D. 氨氮

157. 澄清池是一种集多功能为一体的水处理设施，其工艺过程不包括(C)。
A. 沉淀　B. 化学反应　C. 化学沉淀　D. 混合

158. 加压溶气气浮操作过程中，一般是通过调节(D)来使溶气罐压力保持稳定。
A. 压力表　B. 溶气水加压泵　C. 空压机　D. 减压阀

159. 下列与部分回流压力溶气工艺特点不符合的选项是(A)。
A. 动力消耗相对较低　B. 不增加废水的乳化程度
C. 气浮池体积较大　D. 溶气水不需要加药

160. 部分回流加压溶气气浮与全加压溶气气浮在加药混凝方面的不同点是(B)。
A. 混凝剂投加方式　B. 加药混合方式
C. 混凝剂投加量　D. 投加混凝剂类别

161. 压力溶气气浮的供气方式中不包括(D)。
A. 水力喷射器吸气　B. 系统风供气
C. 专用空压机供气　D. 旋转叶轮吸气

162. 絮体沉降的速度与沉降时间之间的关系是(D)。
A. 沉降时间与沉降速度成正比　B. 一段时间后，沉降速度一定
C. 沉降速度一定　D. 沉降时间与沉降速度成反比

163. 下列不可能存在的化学沉淀法是(C)。
A. 氢氧化物沉淀法　B. 碳酸盐沉淀法
C. 硫酸盐沉淀法　D. 钡盐沉淀法

164. 下列与酸碱污水相互中和不相关的选项是(B)。
A. 调节酸碱污水比例　B. 投加破乳剂
C. 稀释处理　D. 混合调节

165. 在碱性污水的中和方法中，没有(D)。
A. 利用酸性污水中和法　B. 投酸中和法
C. 用烟道气中和法　D. 清水中和法

166. 下列不属于消毒剂的是(A)。
A. 聚合氯化铝　B. 次氯酸钠　C. 漂白粉　D. 臭氧

167. 在氧化过程中不产生余氯的氧化剂是(D)。
A. 液氯　B. 二氧化氯　C. 漂白粉　D. 臭氧

168. 电解气浮气泡主要来源于(C)。
A. 阳极产生氢气泡　B. 阳极产生氢气泡和阴极产生氧气泡
C. 阳极产生氧气泡和阴极产生氢气泡
D. 阴极产生氧气泡

169. 就电解凝聚气浮的优点，下列陈述正确的是(D)。
A. 金属耗量小　B. 耗电量低

C. 电极不易钝化　　D. 胶体脱稳和氧化作用同时进行

170. 在常温常压条件下，不能被空气氧化的物质是(B)。

A. 硫化物　B. 氰化物　C. 硫醇　D. 硫的钠盐和铵盐

171. 催化湿式氧化是在高温高压条件下，借助催化剂并利用(C)对污水或污泥进行氧化分解的处理技术。

A. 次氯酸钠　B. 双氧水　C. 空气　D. 液氯

172. WAO(湿式氧化)反应机理比较复杂，一般认为，主要属于(A)。

A. 自由基反应　B. 局部氧化　C. 完全氧化　D. 热分解

173. 新生菌胶团(A)，有旺盛的生命力，氧化分解污染物能力强。

A. 颜色较浅，透明度好　B. 颜色较深，透明度差

C. 颜色较浅，透明度差　D. 颜色较深，透明度好

174. 在生物氧化作用不断消耗氧气的情况下，通过曝气保持水中的一定的(D)。

A. pH　B. *BOD* 浓度　C. 污泥浓度　D. 溶解氧浓度

175. 下列构筑物属于生化池的是(C)。

A. 澄清池　B. 沉砂池　C. A/O 池　D. 中和池

176. 对于普通活性污泥法的特点，下列表述不正确的是(B)。

A. 曝气池容积较大　B. 曝气池容积负荷一般较高

C. 动力消耗较大　D. 对冲击负荷适应能力差

177. 以下不属于吸附再生法工艺特点的选项是(A)。

A. 氧利用率不高，能耗较大　B. 吸附再生池占地面积小

C. 处理溶解性有机物效果不显著　D. 具有一定冲击负荷适应能力

178. 完全混合法主要特点在于(D)。

A. 不易发生污泥膨胀　B. 污泥负荷率较其他活性污泥法低

C. 产生短流现象少

D. 有效均化波动的进水水质，能较好地承受冲击负荷

179. 以下属于延时曝气法的选项是(B)。

A. 浮选池　B. 氧化渠　C. 吸附再生池　D. 表面加速曝气池

180. 纯氧曝气系统氧利用率可达(A)。

A. 80%~90%　B. 60%~80%　C. 40%~60%　D. 20%~30%

181. 采用前置反硝化系统，其主要优点有(B)。

A. 方便加药　B. 利用入水碳源较完全

C. 便于曝气调整　D. 益于污泥增长

182. A^2/O 工艺指的是(D)。

A. 厌氧-厌氧-缺氧　B. 缺氧-缺氧-厌氧

C. 缺氧-好氧-缺氧　D. 厌氧-缺氧-好氧

183. SBR 法工艺最典型特点是(B)。

A. 强度曝气　B. 间歇式运行　C. 泥水混合　D. 无剩余污泥

184. SBR 法五个工序分别为(D)。

A. 进水、反应、沉淀、回流、排放　B. 进水、静置、反应、沉淀、待机

C. 回流、反应、沉淀、排放、待机　D. 进水、反应、沉淀、排放、待机

185. 与传统的连续流活性污泥法相比，SBR 法是通过(A)实现污水处理过程的。

A. 时间上的交替 B. 空间上的移动　C. 池型的不同　D. 流程的变化

186. AB 法中 A 段主要作用为(D)。

A. 生物降解　B. 沉淀排水　C. 均匀水质　D. 吸附

187. AB 法中 B 段主要作用为(D)。

A. 均匀水质　B. 沉淀排水　C. 吸附氧化　D. 生物降解

188. 氧化沟经常采用延时曝气，因此(B)。

A. 污泥浓度高　B. 泥龄长　C. 污泥指数大　D. 污泥沉降比大

189. 氧化沟采用多点而非全池曝气可使沟内(C)。

A. 水质更加均匀　B. 污泥快速增长

C. 溶解氧浓度易形成梯度　D. 污泥不易沉积

190. 生物接触氧化法在实际运行中，往往暴露出的主要缺点是(D)。

A. 易产生污泥膨胀　B. 溶解氧不足

C. 生物膜中生物相单一　D. 填料易堵塞

191. 关于塔式生物滤池在构造和净化功能方面主要特征描述不正确的是(C)。

A. 水力负荷大　B. 可处理有毒物质

C. 只单级进水　D. 通风良好，有冷却效果

192. 生物转盘在运行时，污水主要在(C)不断被搅动，从而被生物有效降解。

A. 盘片　B. 转轴　C. 氧化槽　D. 驱动装置

193. 对于升流式厌氧污泥床(UASB)反应器的缺点，下列解释不正确性的是(C)。

A. 反应器内有短流现象　B. 对水质和负荷突然变化比较敏感

C. 能量消耗大　D. 运行启动时间长

194. 影响厌氧复合床(UBF)反应器工作性能的主要因素有(C)。

A. VFA　B. 颗粒污泥　C. 有机负荷率　D. SLR

195. 需要用曝气设备给塘水充氧的氧化塘叫(D)。

A. 好氧塘　B. 兼性塘　C. 厌氧塘　D. 曝气塘

196. 兼性氧化塘的水深一般为(B)m。

A. 0.2~0.4　B. 0.6~1.5　C. 2.4~3.0　D. 3.0 以上

197. 污水中有机物的性质决定活性污泥中某些种属细菌占优势，如烃类污水有利于(D)。

A. 产碱杆菌属　B. 芽孢杆菌属　C. 无色杆菌属　D. 假单胞菌属

198. 采用膜片微孔曝气器供氧属于(C)。

A. 机械曝气　B. 纯氧曝气　C. 鼓风曝气　D. 穿孔管曝气

199. 常用的曝气方法指的是(D)

A. 浅层曝气和深井曝气　B. 鼓风曝气和深水曝气

C. 底层曝气和深水曝气　D. 鼓风曝气和机械曝气

200. 表面曝气叶轮旋转时，曝气池内液体不断循环流动，使(A)，得以不断吸氧。

A. 气液接触面不断更新　B. 液面空气氧纯度提高

C. 微生物活性加强　　D. 水蒸发

201. 用氧气代替空气，通过提高供氧能力，使废水处理效能增强的曝气方式为(D)。

A. 表面曝气　B. 机械曝气　C. 鼓风曝气　D. 纯氧曝气

202. 下列最能直接反映曝气池中活性污泥的松散或凝聚等沉降性能的是(C)。

A. 污泥沉降比　B. 污泥浓度　C. 污泥指数　D. 挥发性污泥浓度

203. 下列最能直接反映曝气池混合液中生物量的是(D)。

A. 污泥沉降比　B. 污泥浓度　C. 污泥指数　D. 挥发性污泥浓度

204. 与好氧生物处理相比，厌氧生物处理的有机负荷是好氧工艺的(B)倍。

A. 3~5　B. 5~10　C. 10~15　D. 15~20

205. 与好氧生物处理相比，厌氧生物处理合成的生物量仅为好氧工艺的(A)。

A. 5%~20%　B. 10%~20%　C. 15%~30%　D. 20%~40%

206. 沉砂池停车操作中，应防止出现的事项是(A)。

A. 单间池运行水量超过设计流量　B. 打开排砂阀之前要将进水阀关闭

C. 曝气沉砂池应关闭曝气阀　D. 平流式沉砂池应一间一间地停

207. 沉砂池最常见的机械除砂方式是(B)。

A. 重力排砂　B. 链条式刮砂机除砂

C. 人工排砂　D. 空气提升器排渣

208. 一般采用连续性排泥的沉淀池是(C)。

A. 平流式　B. 竖流式　C. 辐流式　D. 涡流式

209. 炼油污水处理装置中的事故池停车应安排在(C)。

A. 生化池停车后　B. 气浮停车后

C. 均质调节系统停车前　D. 隔油池停车后

210. 均质池(均质罐)停车过程中，错误的做法是(D)。

A. 均质池停止搅拌　B. 均质池(均质罐)内液位尽量降低

C. 炼油污水均质罐先进行收油　D. 均质池(均质罐)停车时集中排水

211. 隔油池停车操作中，不正确的做法是(D)。

A. 停止进水前先将油收干净　B. 手动操作是先收油，后排泥

C. 刮油刮泥机操作是收油排泥同时进行

D. 停止进水后进行收油

212. 布气气浮停车操作顺序不正确的是(B)。

A. 先停进水，后停加药　B. 先停各加药点，后停配药系统

C. 先排渣，后停布气动力设备　D. 先停加药，后停布气动力设备

213. 电解絮凝工艺中，电解槽阳极应用较多的材质为(D)。

A. 铝　B. 铂　C. 石墨　D. 铁

214. 混凝沉降工艺停车过程中，不正确的操作是(B)。

A. 停配药系统后再停加药点　B. 停反应搅拌后再停混合搅拌

C. 停反应系统后再排泥　D. 停加药后再停混合搅拌

215. 化学沉淀工艺停车过程中，不正确的操作是(A)。

A. 先停混合反应搅拌，后停止投加沉淀剂

B. 先停进水，后停沉淀剂

C. 先停止投加沉淀剂，后停混合反应搅拌

D. 停止进水后，进行排泥

216. 多介质过滤器停工时间超过(B)天，需打开人孔。

A. 5　　B. 7　　C. 15　　D. 30

217. 连续式重力浓缩池停车操作步骤有：①停刮泥机；②关闭排泥阀；③关闭进泥阀。下列排序正确的是(C)。

A. ②③①　　B. ②①③　　C. ③①②　　D. ①③②

218. 普通快滤池停车步骤中，错误的做法是(D)。

A. 逐渐减少滤池运行的间数　　B. 选择合适的反冲洗强度

C. 一间一间进行反冲洗　　D. 停运前未进行有效的反冲洗

219. 无阀滤池在停车过程中，不正确的操作是(B)。

A. 关进水阀　　B. 停运后无需反冲洗

C. 停运后强制反冲洗　　D. 将反冲洗水送至系统处理

220. 污泥按来源可分为多种，其中须经消化处理的污泥在消化前称为(D)。

A. 剩余活性污泥　B. 化学污泥　　C. 熟污泥　　D. 生污泥

221. 下列属于无机污泥的是(C)。

A. 油泥　　B. 生物膜　　C. 化学沉淀泥　　D. 剩余活性污泥

222. 污泥含水率即(B)之比的百分数。

A. 污泥含水分的质量与脱水后的干污量

B. 污泥中脱出的水的质量与污泥总质量

C. 污泥中所含水分的质量与污泥总质量

D. 污泥中所含水分的体积与污泥总体积

223. 污泥因含水率不同而呈现不同的形态，污泥含水率低于60%时则呈(A)。

A. 固态　　B. 流态　　C. 可塑态　　D. 液态

224. 污泥脱水效果的评价指标通常用泥饼的含固量和(C)来表示。

A. 脱水量　　B. 脱水率　　C. 固体回收率　　D. 固体流失率

225. 在常见格栅栅条断面形式中，(C)断面栅条的水流阻力小。

A. 正方形　　B. 带半圆的矩形　C. 圆形　　D. 矩形

226. 格栅按形状可分为平面格栅和(D)。

A. 固定式平面格栅　　B. 固定式曲面格栅

C. 回转式平面格栅　　D. 曲面格栅

227. 转筒式筛网根据进水方式不同可分为内进水式和(D)。

A. 中进水式　　B. 侧进水式　　C. 表面进水式　　D. 外进水式

228. 适用于从低浓度悬浮液中去除固体杂质的筛网过滤装置是(C)。

A. 转鼓式　　B. 转盘式　　C. 水力筛　　D. 内进水转筒式

229. 筛网的主要作用是去除(B)。

A. 胶体　　B. 纤维状悬浮物　C. 污油　　D. 活性污泥

230. 按池内水流动方向的不同分类，其中水流呈螺旋状的是(D)沉砂池。

A. 平流式 B. 涡流式 C. 竖流式 D. 曝气式

231. 曝气沉砂池排除的沉砂一般只含约(A)的有机物。

A. 5% B. 10% C. 15% D. 20%

232. 下列与斜板(管)沉淀池的基本要求不相符的选项是(D)。

A. 斜板(管)倾斜安装 B. 设置布水整流装置

C. 采用集泥斗收集污泥 D. 斜板(管)水平安装

233. 竖流式沉淀池沉淀时间一般为(A)h。

A. 1~2 B. 2~4 C. 3~5 D. 3~7

234. 过滤器的运行是周期性的，每个周期可分为(D)、反洗和正洗三个步骤。

A. 进水 B. 配水 C. 截污 D. 过滤

235. 絮凝过滤是将(B)添加到原水(污水)中，随即进行快速搅拌，当它形成微小的絮体时便引入滤池。

A. 破乳剂 B. 混凝剂 C. 助凝剂 D. 化学试剂

236. 当反渗透膜有损伤时，可采用修复溶液对膜进行修补，以恢复其(D)。

A. 透水流量 B. 阻垢力 C. 系统压差 D. 脱盐率

237. 通常采用深床过滤的滤池是指(A)。

A. 单层均质滤料滤池 B. 活性生物陶粒滤池

C. 高效纤维束滤池 D. 活性炭滤池

238. 均质调节池目前应用较多的形式是对角线出水调节池和(C)调节池。

A. 辐流式 B. 直流式 C. 折流式 D. 竖流式

239. 调节池的容积计算，最常用的方法是(D)。

A. 平均流量法 B. 平均浓度法 C. 最大流量法 D. 停留时间法

240. 常见的三种压力溶气气浮工艺中没有(B)。

A. 部分加压法 B. 全回流加压法 C. 全部加压法 D. 部分回流加压法

241. 部分回流法的压力溶气系统主要组成为水泵、空压机和(C)。

A. 稳压罐 B. 储水罐 C. 压力溶气罐 D. 水气分离罐

242. 溶气罐的形式可分为静态型和动态型两大类，下列不属于静态型的溶气罐是(A)。

A. 填充式 B. 横隔板式 C. 纵横式 D. 花板式

243. 布气气浮一般可分四种，其中，空气扩散装置的微孔易于堵塞的是(C)。

A. 水泵吸入管吸气气浮 B. 射流气浮

C. 扩散板曝气气浮 D. 叶轮气浮

244. 树脂的交换容量，通常指(C)干树脂所能交换的离子的物质的量。

A. 每吨 B. 每千克 C. 每克 D. 每毫克

245. 离子交换树脂的交换容量有三种：理论交换容量、平衡交换容量和(C)。

A. 全交换容量 B. 部分交换容量

C. 工作交换容量 D. 最低交换容量

246. 膜分离法是利用特殊结构的薄膜对污水中的某些成分进行(D)的一类方法的总称。

A. 选择性分离 B. 选择性去除 C. 选择性拦截 D. 选择性透过

247. 下列物质中，利用超滤膜分离法不能截留的是(C)。

A. 细菌　B. 微生物　C. 无机盐　D. 病毒

248. 从运行方式上，(C)膜元件可分为压力式和浸没式两种。

A. 管式　B. 平板式　C. 中空纤维式　D. 卷式

249. 根据胶体粒子聚集过程的不同阶段，将起胶粒表面改性作用的药品称凝聚剂，使胶粒粘连的药品称为(B)，兼有上述两种功能的药品称混凝剂。

A. 助凝剂　B. 絮凝剂　C. 无机混凝剂　D. 有机混凝剂

250. 根据混凝剂的化学成分，可分为无机絮凝剂、有机絮凝剂和(C)三大类。

A. 有机高分子絮凝剂　B. 复合型混凝剂

C. 微生物絮凝剂　D. 无机高分子混凝剂

251. 电解气浮过程具有电化学絮凝和(A)作用。

A. 氧化　B. 溶气　C. 凝聚　D. 络合

252. 下列物质中，(B)的氧化性很强，对水中有机物有强烈的氧化降解作用，但其本身性质不稳定。

A. 纯氧　B. 臭氧　C. 氯气　D. 高锰酸钾

253. 常见的化学沉淀方法中，(D)沉淀较为困难，常常需要投加凝聚剂以促进沉淀。

A. 氢氧化物沉淀法　B. 卤化物沉淀法

C. 碳酸盐沉淀法　D. 硫化物沉淀法

254. 氢氧化物沉淀法中，氢氧化物的沉淀与(C)有很大关系。

A. 重金属含量　B. 水的硬度　C. pH 值　D. 溶解度

255. 化学法制备的二氧化氯溶液浓度一般在(B)左右。

A. 1%　B. 2%　C. 3%　D. 4%

256. 下列物质中，(B)对于溶解严重污染的硅垢是有效的。

A. EDTA　B. 二氯化铵　C. 过氧化氢　D. 甲醛

257. 在反渗透装置的浓缩液中，与含盐量基本同步浓缩的指标是(B)。

A. pH 值　B. *COD*　C. CO_2 含量　D. 碱度

258. 下列选项中，(D)不能直接通过实验确定。

A. *SV*　B. 生物相　C. *MLSS*　D. *MLVSS*

259. 生物滤池按结构分多类，其中(D)容积负荷和水力负荷为最高。

A. 普通生物滤池　B. 滴滤池

C. 高负荷生物滤池　D. 塔式生物滤池

260. 生物接触氧化法兼有(A)与生物滤池法的特点。

A. 活性污泥法　B. 厌养生物处理法

C. 隔膜电解法　D. 生物流化床

261. 生物膜在有充足氧的条件下，对有机物进行氧化分解，将其转化为(B)。

A. CO_2 和水　B. 无机盐和 CO_2　C. 胶体　D. 低分子有机物

262. 厌氧生物反应器按出水方式可分为泥水分离型和(B)。

A. 出水回流型　B. 直排型　C. 升流型　D. 降流型

263. 半交替工作式氧化沟兼有连续工作式和交替工作式氧化沟特点，特别利于(B)。
A. 除磷　B. 脱氮　C. 除重金属　D. 除腈

264. 厌氧反应产生的沼气中甲烷的含量为(C)。
A. 25%~35%　B. 45%~70%　C. 55%~73%　D. 65%~83%

265. 甲烷气的爆炸极限(体积分数)为(B)。
A. 5%~10%　B. 5%~15%　C. 10%~20%　D. 15%~20%

266. 在国内污泥焚烧炉种类主要有四种，其中利用硅砂为热载体的是(A)。
A. 流化床焚烧炉　B. 立式多段焚烧炉
C. 立式焚烧炉　D. 固转窑焚烧炉

267. 污泥焚烧过程分为四个阶段，当污泥温度升高至300~400℃时，应处在(C)阶段。
A. 蒸发污泥外部结合水　B. 蒸发污泥内部结合水
C. 污泥分解　D. 污泥燃烧

268. 对格栅流速的控制，下列做法错误的是(A)。
A. 以确保过水为原则　B. 均匀每组格栅的配水
C. 定时对格栅进行清理　D. 及时调整格栅的台数

269. 沉砂池运行管理的内容中，仅适应于曝气沉砂池的选项是(D)。
A. 调节各间沉砂池的水平流速　B. 定期进行清砂
C. 定期清除浮渣　D. 调节风量

270. 调节隔油池水平流速的操作有：①均匀各池水量；②改变运行池数；③调节进水量。下列排序正确的是(D)。
A. ③②①　B. ②①③　C. ②③①　D. ①③②

271. 污油罐加温温度是(B)的主要影响因素。
A. 收污油进罐　B. 污油脱水效果　C. 送出合格的油　D. 油泵的维护

272. 无阀滤池运行及反洗是处在自动状态，下列与延长滤池反洗周期不相关的选项是(D)。
A. 均匀各池进水水量　B. 调节单间池进水量
C. 控制进水悬浮物含量　D. 强制反冲洗

273. 在药液投加流量不变的条件下，与药液投加量相关的是(B)。
A. 配制药液量　B. 药液投加浓度
C. 检查各投药点　D. 计量泵的维护

274. 药液投加量调整步骤：①检查药液浓度；②检查加药点投药量；③调整投药量；④检查溶液池药液储存量。下列排序正确的是(C)。
A. ③①②④　B. ③②①④　C. ②①④③　D. ①②③④

275. 螺杆泵属于(B)。
A. 叶轮式泵　B. 容积式泵　C. 喷射泵　D. 往复泵

276. 按闸板的结构特点，可分为(B)。
A. 明杆式和暗杆式　B. 楔式和平行式
C. 单闸板和双闸板　D. 弹性和刚性

277. 适宜于易结焦介质的闸阀为(B)。
A. 弹性闸阀　B. 楔式单闸板　C. 楔式双闸板　D. 刚性闸板

278. 截止阀不宜作放空阀是因为(B)。

A. 调节性能好　B. 密封性能差　C. 结构简单　D. 流体阻力较大

279. 止回阀按结构可分为(B)两种。

A. 立式和卧式　B. 升降式和旋启式

C. 明杆式和暗杆式　D. 楔式和平行式

280. 与旋启式止回阀比较，升降式止回阀(A)。

A. 密封性能好　B. 流体阻力小

C. 能装在倾斜的管线上　D. 不能制成小口径阀门

281. 下列与球阀的特点不相符的是(D)。

A. 结构简单　B. 开关迅速　C. 操作方便　D. 流体阻力大

282. 球阀不适应的范围是(C)。

A. 低温　B. 高压

C. 流量调节精度要求高　D. 流体黏度大的介质

283. 管段是能独立进行加工的(A)。

A. 管子　B. 管线　C. 管道　D. 管体

284. 高压管道是公称压力为(C)MPa 的工业管道。

A. <2.5　B. 4~6.4　C. 10~100　D. >100

285. 止回阀的类型代号是(B)。

A. Z　B. H　C. ZH　D. HZ

286. 阀门法兰连接代号是(D)。

A. 1　B. 2　C. 3　D. 4

287. 阀门电动代号为(D)。

A. 6　B. 7　C. 8　D. 9

288. 设备“十字操作法”不包括(C)。

A. 调整　B. 清洗　C. 保温　D. 防腐

289. 汽蚀对材料的纯机械破坏经常伴随着(C)腐蚀。

A. 化学腐蚀　B. 应力腐蚀　C. 电化学腐蚀　D. 大气腐蚀

290. 汽蚀使材料产生破坏的原因是空腔在继续流动的过程中由于(B)升高而突然崩溃。

A. 温度　B. 压力　C. 体积　D. 流量

291. PN 型泥浆泵过流部分承磨件采用了(B)使用寿命长。

A. 铸钢　B. 耐磨铸铁　C. 陶瓷　D. 塑料

292. 下列各项中，(A)计量泵通常称隔膜计量泵。

A. 液压隔膜式　B. 气压隔膜式　C. 机械隔膜式　D. 自动隔膜式

293. 风机按作用原理分为(A)。

A. 容积式和透平式　B. 叶轮式和容积式

C. 叶轮式和透平式　D. 叶轮式和往复式

294. 小型压缩机轴功率为(B)kW。

A. <10　B. 10~100　C. 100~500　D. >500

295. 当管道公称压力为(B)MPa时，采用普通平焊法兰。

A. <0.25　B. 0.25~1.0　C. 1.6~2.5　D. >2.5

296. 单级悬臂式离心水泵用字母(B)表示。

A. D　B. B　C. DB　D. BD

297. JGB是(A)搅拌机型号。

A. 带罐框架式　B. 推进式　C. 管式　D. 框式双桨

298. 推进式搅拌机型号是(B)。

A. JBK　B. JBT　C. JJB　D. JTJ

299. 下列各项中，(B)是填料密封主要采用的填料形式。

A. 绞合填料　B. 编织填料　C. 柔性石墨填料　D. 油浸石棉填料

300. 填料不具备的特性是(D)。

A. 有一定的弹塑性　B. 化学稳定性

C. 不渗透性　D. 有一定的机械强度和刚度

301. 下列与泵用轴封填料要求不相符的是(C)。

A. 填料能耐介质腐蚀　B. 填料具有一定的强度

C. 填料不具有弹性和塑性　D. 填料能适应介质的温度

302. 离心泵并联时共同输送的体积流量(C)。

A. 等于每台泵在管路中单独工作时所给出的体积流量之和

B. 大于每台泵在管路中单独工作时所给出的体积流量之和

C. 小于每台泵在管路中单独工作时所给出的体积流量之和

D. 等于在管路中单独工作时给出体积流量较大的泵的体积流量

303. 离心泵并联时的扬程(D)。

A. 等于每台泵在管路中单独工作时所给出的扬程之和

B. 大于每台泵在管路中单独工作时所给出的扬程之和

C. 大于每台泵在管路中单独工作时所给出的扬程较大泵的扬程

D. 大于每台泵在管路中单独工作时所给出的扬程较小泵的扬程

304. 下列各项中，(D)不属于格栅除渣机运行控制方式。

A. 人工控制　B. 自动定时控制　C. 水位差控制　D. 温度差控制

305. 格栅除渣机最为先进和合理的控制方式是(C)。

A. 人工控制　B. 自动定时控制　C. 水位差控制　D. 温度差控制

306. 下列污泥脱水设备中，不是以多孔性物质为过滤介质的脱水设备是(A)。

A. 离心脱水机　B. 转鼓真空过滤机

C. 带式压滤机　D. 板框压滤机

307. 转鼓真空过滤机脱水是以(B)作为推动力，强制污泥中的水分通过过滤介质。

A. 离心力　B. 过滤介质两侧的压力差

C. 绝对压力　D. 重力

308. 金属材料分为(B)两大类。

A. 黑色金属和白色金属　B. 黑色金属和有色金属

C. 白色金属和有色金属　D. 有色金属和无色金属

309. 对铸铁管管径应采用(A)标注。

A. 公称直径　　B. 公称压力

C. 公称直径和公称压力　　D. 外径×壁厚

310. 下列不属于常用微孔曝气器的是(D)。

A. 平板式　　B. 钟罩式　　C. 管式　　D. 射流式

311. 下列与散流曝气器组成不相关的是(A)。

A. 布气板　　B. 带锯齿的散流罩

C. 导流隔板　　D. 锯齿形曝气头

312. 为防止水流冲击，保证微气泡与颗粒的黏附条件，溶气释放器前管道流速要低于(A)m/s。

A. 1　　B. 2　　C. 3　　D. 4

313. M 型 73 花环型填料材质为(B)。

A. 聚乙烯　　B. 聚丙烯　　C. 聚氯乙烯　　D. ABS

314. 接触氧化法所用填料按材质分为(B)。

A. 弹性填料、软性填料、硬性填料　　B. 弹性填料、软性填料、半软性填料

C. 硬性填料、软性填料、半软性填料　　D. 弹性填料、半软性填料、硬性填料

315. 接触氧化法所用填料按安装方式分为(B)。

A. 固定式、悬浮式　　B. 固定式、悬浮自由式

C. 固定式、自由式　　D. 悬浮式、自由式

316. 固定式集油管转动范围不超过(A)。

A. 40°　　B. 50°　　C. 60°　　D. 70°

317. 滗水器正常运行的主要部件是(C)。

A. 收水装置　　B. 连接装置　　C. 传动装置　　D. 升降装置

318. 下列各项中，(A)滗水器只有自动式一种传动方式。

A. 虹吸式　　B. 浮筒式　　C. 套筒式　　D. 旋转式

319. 主要设备完好率是指(B)。

A. 主要设备完好台数与在用设备总台数比值

B. 主要设备完好台数与主要设备总台数比值

C. 在用设备总台数与主要设备完好台数比值

D. 主要设备总台数与主要设备完好台数比值

320. 下列流量调节功能较好的阀门是(D)。

A. 闸阀　　B. 蝶阀　　C. 球阀　　D. 截止阀

321. 下列各项中，(C)不是摩擦表面间形成的压力油膜能够承受外载荷的基本条件。

A. 相对运动表面间必须形成油楔

B. 被油膜分开的两表面间必须有一定的相对滑动速度

C. 润滑油必须有一定的氧化稳定性

D. 润滑油必须有一定的黏性

322. 不属于润滑“五定”内容的是(B)。

A. 定时　　B. 定温　　C. 定质　　D. 定量

323. 机械油一级过滤网为(B)目。

A. 40　　B. 60　　C. 80　　D. 100

324. 机泵盘车的目的不是(C)。

A. 防止轴弯曲变形　　B. 防止转子卡阻

C. 防止电机烧坏　　D. 冬季防止转子冻凝

325. 凡在易燃易爆岗位，设备、管道、仓库及其附近 15m 以内地区动火，属(A)。

A. 一类动火　　B. 二类动火　　C. 特殊动火　　D. 带压不置换动火

326. 下列表述中，(D)不符合用火监护人的职责要求。

A. 有岗位操作合格证　　B. 当用火出现异常情况时有权停止用火

C. 监火时应佩带明显标志　　D. 两个动火点可一人监护

327. 用火作业实行"三不用火"，即没有经批准的用火作业许可证不用火、(A)不在现场不用火、防火措施不落实不用火。

A. 用火监护人　　B. 申请用火单位安全员

C. 用火单位负责人　　D. 用火作业许可证签发人

328. 由于管材、输送介质、接触环境因素不一样，腐蚀机理不同，造成管道泄漏的主要腐蚀形式是(C)。

A. 均匀腐蚀　　B. 局部腐蚀　　C. 点腐蚀　　D. 晶格间腐蚀

329. 埋地管道因受外力作用会引起管道泄漏，所受外力通常是指(D)。

A. 振动　　B. 冲刷　　C. 外部静负荷　　D. 外部冲击负荷

330. 下列与污水漫池不相关的选项是(D)。

A. 进水量大于出水量　　B. 构筑物出水受阻

C. 进水量超过池子的容量　　D. 处理水量达设计水量

331. 原油及油品中相对密度较小的是(B)。

A. 原油　　B. 汽油　　C. 煤油　　D. 柴油

332. 污水管道出现泄漏时，处理方法不正确的是(D)。

A. 确认泄漏的位置及泄漏量　　B. 更改流程或停运相关的运行泵

C. 采用有效的方法恢复管道的密封性能

D. 使泄漏出的污水直排环境水体

333. 对于易燃易爆及有毒介质的管道的堵漏，通常采用的带压堵漏方法是(C)。

A. 带压焊接　　B. 更换管道

C. 注剂式带压密封　　D. 夹具堵漏

334. 隔油池漫油时，下列不正确的处理方法是(C)。

A. 迅速启动收油系统　　B. 减少隔油池进水量

C. 增加隔油池液位的保护高度　　D. 增加隔油池的出水量

335. 自动收油罩出现漫油时，下列不正确的处理方法是(B)。

A. 减小含油污水进水量　　B. 增大出水量

C. 消除出油受阻的因素　　D. 打开各池收油线连通阀

336. 设备平面布置图的布局按(A)的顺序排列。

A. 由下而上，从左至右　　B. 由上到下，从左到右

C. 由下而上，从右至左　　　　D. 由上到下，从右到左

337. 下图(C)表示止回阀的图例。

A. 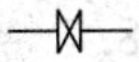　　B. 　　C. 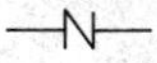　　D. 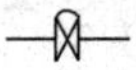

338. 格栅的过栅水流速度一般为(B)。

A. 0.5m/s 以下　B. 0.6~1.0m/s　　C. 1.0~1.5m/s　　D. 1.5~2.0m/s

339. 下面(A)是计算格栅栅条间隙数 n 的公式(其中 Q_{max} 表示最大设计流量，b 表示栅条间隙宽度，h 表示栅前水深，α 表示格栅倾角，V 表示过栅水流速度)。

A. $n=\dfrac{Q_{max}\sqrt{\sin\alpha}}{bhV}$　　　　B. $n=\dfrac{Q_{max}V\sqrt{\sin\alpha}}{bh}$

C. $n=\dfrac{Q_{max}V}{bh\sqrt{\sin\alpha}}$　　　　D. $n=\dfrac{bh\sqrt{\sin\alpha}}{Q\max V}$

340. 已知含悬浮固体为 420mg/L，COD 为 2200mg/L 的废水从沉淀池出来后，水中含 COD 为 1800mg/L，悬浮固体为 200mg/L，则沉淀池的沉淀效率约为(B)。

A. 81.82%　　B. 52.38%　　C. 47.62%　　D. 18.18%

341. 平流式沉砂池的水平流速可以用下列哪项式子计算(B)。(A 表示沉砂池水面面积，u 表示砂粒平均沉淀速度，h 表示设计有效水深，L 表示沉砂池长，B 表示沉砂池的总宽度，b 表示每个沉砂池分格的宽度，n 表示沉砂池的分格数)

A. $V=\dfrac{uBA}{h}$　　B. $V=\dfrac{uL}{h}$　　C. $V=\dfrac{ubnA}{h}$　　D. $V=\dfrac{h}{uL}$

342. 已知废水最大设计流量为 $0.2m^3/s$，在平流沉砂池中过水断面积为 $1m^2$，则平流沉砂池的水平流速为(B)m/s。

A. 0.1　　B. 0.2　　C. 1　　D. 2

343. 在污泥脱水的处理过程中 $500m^3$ 含水率为 97%的污泥，去除了 $250m^3$ 的水后，污泥的含水率变为(C)。

A. 50%　　B. 52%　　C. 94%　　D. 96%

344. 在好氧生化处理系统中，为维持微生物的营养平衡，在缺少磷元素的废水中通常加(D)，来弥补磷的不足。

A. 红磷　　B. 白磷　　C. 磷酸　　D. 磷盐

345. 已知曝气池废水入流量为 $80m^3/h$，回流污泥量为 $40m^3/h$，则污泥回流比为(B)。

A. 100%　　B. 50%　　C. 33.4%　　D. 20%

346. 关于干污泥容重(r_s)的计算公式，正确的是(D)。(其中 P_v 表示干污泥中，挥发性固体所占百分数)

A. $r_s=\dfrac{100}{250+1.5P_v}$　　　　B. $r_s=\dfrac{1.5P_v}{250}$

C. $r_s=\dfrac{1.5P_v}{350}$　　　　D. $r_s=\dfrac{250}{100+1.5P_v}$

347. 污泥脱水的固体回收率 η=(C)。(其中 C_u：泥饼的含固量，C_e：滤液中的含固量，C_o：脱水机进泥的含固量)

A. $\dfrac{C_u(C_u-C_e)}{C_o(C_o-C_e)}$　B. $\dfrac{C_o(C_o-C_e)}{C_u(C_u-C_e)}$　C. $\dfrac{C_u(C_o-C_e)}{C_o(C_u-C_e)}$　D. $\dfrac{C_u(C_u-C_o)}{C_o(C_o-C_e)}$

348. 已知污泥量为550m^3/d，污泥的固体浓度为8kg/m^3，污泥固体负荷为60kg/m^2·d，污泥在浓缩池内的水力停留时间为(B)。

A. 10.3　　B. 12.8　　C. 15.6　　D. 18.7

349. 已知二次沉淀池的有效水为4.0m，直径为28m，废水的平均入流量为1500m^3/h，那么二次沉淀池的水力停留时间为(C)h。

A. 0.83　　B. 2.38　　C. 1.64　　D. 2.49

三、技能操作鉴定要素细目表

鉴定范围						鉴定点	
一级		二级		三级		代码	名称
代码	名称	代码	名称	代码	名称		
A	技能要求	A	工艺操作	A	开车准备	001	回流压力溶气气浮开车前检查
						002	塔式生物滤池开车前检查
						003	普通快滤池开车前检查
						004	污油回收系统开车前检查
				B	正常操作	001	收油操作
						002	污油罐加温脱水操作
						003	气浮池排渣操作
						004	混凝沉淀池排泥操作
						005	生化池溶解氧调整
						006	二沉池排泥操作
				C	开车操作	001	隔油池开车操作
						002	均质、调节池开车操作
						003	回流压力溶气气浮开车操作
						004	布气气浮开车操作
						005	混凝沉淀池开车操作
						006	加药系统开车操作
						007	消毒系统投用操作
						008	完全混合法开车操作
						009	吸附再生法开车操作
						010	生物接触氧化法开车操作
				D	停车操作	001	隔油池停车操作
						002	均质、调节池停车操作
						003	回流压力溶气气浮池停车操作
						004	布气气浮池停车操作
						005	混凝沉淀池停车操作
						006	加药系统的停车操作
						007	消毒剂系统停车操作
						008	完全混合法停车操作
						009	吸附再生法停车操作
						010	生物接触氧化法停车操作

续表

鉴定范围						鉴定点	
一级		二级		三级		代码	名称
代码	名称	代码	名称	代码	名称		
		B	设备使用与维护	A	使用设备	001	离心泵开停操作
						002	水环真空泵开停操作
						003	潜污泵开停操作
						004	计量泵开停操作
						005	表曝机开停操作
				B	维护设备	001	填料密封维护
						002	空压机加油操作
						003	离心泵日常维护
						004	水环真空泵日常维护
						005	潜污泵日常维护
						006	计量泵日常维护
		C	异常情况判断与处理	A	判断异常情况	001	阀门常见故障判断
						002	机泵泄漏原因判断
						003	离心泵常见故障判断
				B	处理异常情况	001	离心泵抽空的处理
						002	离心泵输送流量逐渐减小的处理
		D	绘图与计算	A	绘图	001	绘制溶气气浮工艺流程图
						002	绘制 A/O 工艺流程图
						003	绘制生物吸附再生工艺流程图

四、技能操作试题

试题 1：部分回流压力溶气气浮开车前检查

（考核时间：25min）

序号	考核内容	考核要点	配分	评分标准	检测结果	扣分	得分	备注
1	准备工作	穿戴劳保用品	3	未穿戴整齐扣 3 分				
		工具、用具准备	2	工具选择不正确扣 2 分				
2	开车准备	检查气浮池内是否有杂物，挡水板是否好用	10	未检查池内杂物扣 5 分				
				未检查挡水板扣 5 分				
3		检查刮渣机是否处在备用状态，排渣管线(槽)、阀门是否完好	10	未按规范进行检查刮渣机，每少一项扣 5 分				
				未检查管线、阀门扣 5 分				
4		检查药剂品种，检查药剂配制设施是否完好	10	未检查药剂品种扣 5 分				
				未检查药液配制设施扣 5 分				

续表

序号	考核内容	考核要点	配分	评分标准	检测结果	扣分	得分	备注
5		检查加药计量泵、加药管线、阀门及搅拌机是否完好	10	未按规程检查加药计量泵，每少一项扣2分				
				未检查加药搅拌机扣5分				
				未检查管线、阀门扣5分				
6		检查溶气罐体及附件是否完好	15	未检查溶气罐体扣10分				
				未检查温度计扣5分				
				未检查液位计扣5分				
7		检查溶气释放器是否完好	5	未检查扣5分				
8		检查空压机是否处在备用状态	10	未按规范进行检查，每少一项扣3分				
9		回流泵是否处在备用状态	10	未按规范进行检查，每少一项扣3分				
10		检查生产水压力是否正常	5	未检查扣5分				
11		确认电器、仪表系统条件	5	未检查扣5分				
12	使用工具	正确使用工具	2	工具使用不正确扣2分				
		正确维护工具	3	工具乱摆乱放扣3分				
13	安全及其他	按国家法规或企业规定		违规一次总分扣5分；严重违规停止操作			—	
		在规定时间内完成操作		每超时1min总分扣5分，超时3min停止操作			—	
	合　计		100					

试题2：塔式生物滤池开车前检查

（考核时间：30min）

序号	考核内容	考核要点	配分	评分标准	检测结果	扣分	得分	备注
1	准备工作	穿戴劳保用品	3	未穿戴整齐扣3分				
		工具、用具准备	2	工具选择不正确扣2分				
2	开车准备	检查集水池内是否有杂物	5	未检查扣5分				
3		检查进水泵是否处在备用状态	10	未检查扣10分				
4		检查塔式生物滤池内有无杂物、塔身结构是否完好、每层支座是否牢固	10	未检查清除杂物扣5分				
				未检查塔身结构扣5分				
				未检查支座扣5分				
5		检查滤料是否合乎要求，安装是否规范	10	未检查滤料粒径扣5分				
				未检查安装情况扣5分				
6		检查布水装置是否堵塞、灵活好用	10	未检查进水泵扣5分				
				未检查堵塞情况扣5分				
				未检查旋转情况扣5分				

续表

序号	考核内容	考核要点	配分	评分标准	检测结果	扣分	得分	备注
7		检查通风孔是否完好，通风设备是否备用	10	未检查通风孔扣5分				
				未检查通风设备扣5分				
8		检查废气洗涤设施内填料及洗涤设施是否完好	10	未检查废气洗涤设施内填料等扣5分				
				未检查废气洗涤水系统扣5分				
9		检查集水槽有无杂物、腐泥，排水渠道是否畅通	10	未检查集水槽扣5分				
				未检查排水渠道扣5分				
10		检查阀门是否安装齐全，灵活好用	10	每少检查一只扣2分				
11		确认电气、仪表及联锁系统是否符合要求	5	未确认扣5分				
12	使用工具	正确使用工具	2	工具使用不正确扣2分				
		正确维护工具	3	工具乱摆乱放扣3分				
13	安全及其他	按国家法规或企业规定		违规一次总分扣5分；严重违规停止操作			—	
		在规定时间内完成操作		每超时1min总分扣5分，超时3min停止操作			—	
		合　计	100					

试题3：普通快滤池开车前检查

（考核时间：20min）

序号	考核内容	考核要点	配分	评分标准	检测结果	扣分	得分	备注
1	准备工作	穿戴劳保用品	3	未穿戴整齐扣3分				
		工具、用具准备	2	工具选择不正确扣2分				
2	开车准备	检查滤池内是否有杂物，检查滤池进出水阀、反冲洗进出水阀、压缩风阀是否完好	10	未检查池内杂物扣2分				
				未检查进出水阀扣5分				
				未检查反冲洗进出水阀扣5分				
				未检查压缩风阀扣5分				
3		检查滤料装填情况	5	未检查扣5分				
4		检查空压机或系统供风是否具备条件	10	未按规范进行检查，每少一项扣3分				
5		检查反冲洗供水泵是否处在备用状态	10	未按规范进行检查，每少一项扣3分				
6		检查反冲洗排水泵是否处在备用状态	10	未按规范进行检查，每少一项扣3分				
7		反冲洗出水池是否备用	5	未检查扣8分				
8		检查反冲洗水贮罐结构及附件是否完好	15	未检查贮罐结构扣5分				
				未检查温度计扣5分				
				未检查液位计扣5分				

续表

序号	考核内容	考核要点	配分	评分标准	检测结果	扣分	得分	备注
9		检查过滤出水池是否备用	5	未检查扣5分				
10		检查滤出水提升泵是否处在备用状态	10	未按规范进行检查，每少一项扣3分				
11		检查蒸汽、生产水压力	5	未检查扣5分				
12		确认电气、仪表系统条件	5	未确认扣5分				
13	使用工具	正确使用工具	2	工具使用不正确扣2分				
		正确维护工具	3	工具乱摆乱放扣3分				
14	安全及其他	按国家法规或企业规定		违规一次总分扣5分；严重违规停止操作			—	
		在规定时间内完成操作		每超时1min总分扣5分，超时3min停止操作			—	
		合　计	100					

试题4：污油回收系统开车前检查

（考核时间：25min）

序号	考核内容	考核要点	配分	评分标准	检测结果	扣分	得分	备注
1	准备工作	穿戴劳保用品	3	未穿戴整齐扣3分				
		工具、用具准备	2	工具选择不正确扣2分				
2	开车准备	检查隔油池池内是否有杂物，检查池内排泥管线及阀门是否完好，检查斜板隔油池斜板体安装情况	15	未检查池内杂物扣5分				
				未检查排泥设施扣5分				
				未检查斜板扣5分				
3		检查隔油池收油设备是否处在备用状态，收油管线及阀门是否完好	15	未检查收油机扣5分				
				未检查集油槽开口位置扣5分				
				未检查收油管线及阀门扣5分				
4		检查集油井内是否有杂物，液位是否符合要求	10	未检查油井内杂物扣5分				
				未检查油井液位扣5分				
5		油泵是否处在备用状态	10	未按规范进行检查，每少一项扣5分				
6		检查油罐及附件、进出口管线及阀门是否完好	15	未检查罐体扣10分				
				未检查液位计扣5分				
				未检查进出口管线、阀门扣5分				
7		检查加温脱水设施是否完好	10	未检查加温设施扣5分				
				未检查脱水设施扣5分				
8		检查蒸汽压力，检查蒸汽管线、阀门是否完好	10	未检查蒸汽压力扣5分				
				未检查管线、阀门扣5分				
9		确认电气、仪表系统条件	5	未确认扣5分				

续表

序号	考核内容	考核要点	配分	评分标准	检测结果	扣分	得分	备注
10	使用工具	正确使用工具	2	工具使用不正确扣2分				
		正确维护工具	3	工具乱摆乱放扣3分				
11	安全及其他	按国家法规或企业规定		违规一次总分扣5分；严重违规停止操作			—	
		在规定时间内完成操作		每超时1min总分扣5分，超时3min停止操作			—	
		合　计	100					

试题5：收油操作

（考核时间：25min）

序号	考核内容	考核要点	配分	评分标准	检测结果	扣分	得分	备注
1	准备工作	穿戴劳保用品	3	未穿戴整齐扣3分				
		工具、用具准备	2	工具选择不正确扣2分				
2	操作程序	检查隔油池池内油层厚度	5	未检查扣5分				
3		确认收油设施、油泵、污油贮罐等是否备用	5	每少检查一项扣5分				
4		观察集油井液位	5	液位不符合要求扣5分				
5		清理油泵进口滤网	10	未进行清理扣5分				
6		确定罐区收油工艺流程，打开收油罐进油阀，关闭出油阀、脱水阀	15	未确定流程扣5分				
				未打开收油罐的进油阀扣5分				
				未关闭出油阀扣3分				
				未关闭脱水阀扣3分				
7		打开隔油池收油阀	5	未操作扣5分				
8		调节集油管角度	5	操作不当扣5分				
9		按操作规程启运刮油刮泥机	5	未按规程进行操作，少或错一项扣2分				
10		待集油井液位满足开泵条件时按操作规程启运油泵	5	未按规程进行操作，少或错一项扣2分				
11		检查隔油池收油情况	3	未及时检查扣5分				
12		控制油井液位	2	未及时调节扣5分				
13		检查收油罐液位	5	未及时检查扣5分				
14		收油结束后停运刮油刮泥机	5	未按规程进行操作，少或错一步扣2分				
15		调节集油管开口朝上	5	操作不正确扣5分				
16		关闭收油阀	2	未操作扣2分				
17		待油井液位下降到一定的位置，停运油泵	5	未按规程进行操作，少或错一步扣2分				
18		关闭污油罐进油阀	3	未操作或操作次序错扣3分				

续表

序号	考核内容	考核要点	配分	评分标准	检测结果	扣分	得分	备注
19	使用工具	正确使用工具	2	工具使用不正确扣2分				
		正确维护工具	3	工具乱摆乱放扣3分				
20	安全及其他	按国家法规或企业规定		违规一次总分扣5分；严重违规停止操作				—
		在规定时间内完成操作		每超时1min总分扣5分，超时3min停止操作				—
		合　计	100					

试题6：污油罐加温操作

（考核时间：20min）

序号	考核内容	考核要点	配分	评分标准	检测结果	扣分	得分	备注
1	准备工作	穿戴劳保用品	3	未穿戴整齐扣3分				
		工具、用具准备	2	工具选择不正确扣2分				
2	操作程序	检查待加温油罐液位、蒸气压力等情况	10	每少检查一项扣5分				
3		使该油罐液位符合要求，记录加温前温度	15	液位不符合要求扣10分				
				未记录加温前温度扣10分				
4		关闭加温罐进出口阀门	10	未操作扣10分				
5		打开脱水阀观察是否有分层水，必要时先脱水一次	15	未检查或未操作扣10分				
				必要时未进行脱水操作扣10分				
6		打开蒸汽加温阀	10	未打开蒸汽加温阀扣10分				
7		记录加温温度的变化情况	10	未记录扣10分				
8		观察油罐在加温过程中是否有异常现象	10	未观察扣10分				
9		待油罐加温温度达到规定值时，关闭蒸汽加温阀	10	未操作扣10分				
10	使用工具	正确使用工具	2	工具使用不正确扣2分				
		正确维护工具	3	工具乱摆乱放扣3分				
11	安全及其他	按国家法规或企业规定		违规一次总分扣5分；严重违规停止操作				—
		在规定时间内完成操作		每超时1min总分扣5分，超时3min停止操作				—
		合　计	100					

试题7：污油罐加温后脱水操作

（考核时间：20min）

序号	考核内容	考核要点	配分	评分标准	检测结果	扣分	得分	备注
1	准备工作	穿戴劳保用品	3	未穿戴整齐扣3分				
		工具、用具准备	2	工具选择不正确扣2分				

续表

序号	考核内容	考核要点	配分	评分标准	检测结果	扣分	得分	备注
2	操作程序	检查油罐液位、脱水前的温度等情况	15	未检查液位扣10分				
				未检查温度扣10分				
3		关闭油罐进出口阀	10	未操作扣10分				
4		确定切水流程	10	未操作扣10分				
5		待油罐加温温度降至规定值时，缓慢打开切水阀，并控制一定的开度	15	未等温度降至规定值进行切水操作扣10分				
				未观察切水含油量，阀门开度过大扣10分				
6		在脱水过程中，检查切水含油量情况	10	未及时检查扣10分				
7		当切水明显含油时，关闭切水阀	10	未操作或操作不及时扣10分				
8		再沉降分离24h以上，重复切水、切油泥操作	10	未操作或操作不当扣10分				
9		重复切水、切油泥操作直至使污油含水率符合指标要求	10	重复操作多次，每出现一次错误扣5分				
10	使用工具	正确使用工具	2	工具使用不正确扣2分				
		正确维护工具	3	工具乱摆乱放扣3分				
11	安全及其他	按国家法规或企业规定		违规一次总分扣5分；严重违规停止操作			—	
		在规定时间内完成操作		每超时1min总分扣5分，超时3min停止操作			—	
		合　计	100					

试题8：气浮池排渣操作

（考核时间：25min）

序号	考核内容	考核要点	配分	评分标准	检测结果	扣分	得分	备注
1	准备工作	穿戴劳保用品	3	未穿戴整齐扣3分				
		工具、用具准备	2	工具选择不正确扣2分				
2	操作程序	确认刮渣机、集渣池、排渣泵等是否备用	10	每少检查一项扣5分				
3		观察渣层厚度	5	未检查渣量扣5分				
4		确定排渣流程	10	未确定排渣流程扣10分				
5		观察集渣井液位	5	液位不符合要求5分				
6		打开排渣阀	5	未操作扣5分				
7		提升排渣挡水板	5	未操作扣5分				
8		启运刮渣机	5	未按规程进行操作，每少或错一步扣2分				
9		启运排渣泵	10	未按规程进行操作，每少或错一步扣3分				

续表

序号	考核内容	考核要点	配分	评分标准	检测结果	扣分	得分	备注
10		观察集渣井液位变化情况，调节排渣量或调节泵流量	10	未及时检查液位扣5分				
				未及时调节排渣量或调节泵流量扣5分				
11		停运刮渣机	5	未按规程操作，每少或错一步扣2分				
12		放下排渣挡水板	5	未操作或次序错扣5分				
13		排渣结束，关闭排渣阀	5	未操作或操作次序错扣5分				
14		待集渣池液位下降到规定位置时，停排渣泵	10	停泵时间不合适扣5分				
				未按规程进行停泵，每少或错一步扣3分				
15	使用工具	正确使用工具	2	工具使用不正确扣2分				
		正确维护工具	3	工具乱摆乱放扣3分				
16	安全及其他	按国家法规或企业规定		违规一次总分扣5分；严重违规停止操作			—	
		在规定时间内完成操作		每超时1min总分扣5分，超时3min停止操作			—	
		合　计	100					

试题9：混凝沉淀池排泥操作

（考核时间：20min）

序号	考核内容	考核要点	配分	评分标准	检测结果	扣分	得分	备注
1	准备工作	穿戴劳保用品	3	未穿戴整齐扣3分				
		工具、用具准备	2	工具选择不正确扣2分				
2	操作程序	确认排泥泵是否备用	5	未确认扣5分				
3		检查沉淀池泥层厚度	10	未检查扣10分				
4		确定排泥流程	10	未操作扣10分				
5		打开沉淀池排泥阀	10	未操作扣10分				
6		启运排泥泵	15	未按规程进行开泵，每少或错一步扣3分				
7		检查沉淀池液位变化情况，调节排泥量	20	未检查沉淀池液位扣10分				
				未及时调节流量扣10分				
8		排泥结束，停运排泥泵	10	未按规程进行操作，每少或错一步扣3分				
9		关闭沉淀池排泥阀	10	未操作扣10分				
10	使用工具	正确使用工具	2	工具使用不正确扣2分				
		正确维护工具	3	工具乱摆乱放扣3分				
11	安全及其他	按国家法规或企业规定		违规一次总分扣5分；严重违规停止操作			—	
		在规定时间内完成操作		每超时1min总分扣5分，超时3min停止操作			—	
		合　计	100					

试题 10：生化池溶解氧调整

（考核时间：25min）

序号	考核内容	考核要点	配分	评分标准	检测结果	扣分	得分	备注
1	准备工作	穿戴劳保用品	3	未穿戴整齐扣 3 分				
		工具、用具准备	2	工具选择不正确扣 2 分				
2	操作程序	观察生化池布气情况，并作必要的分布调节	10	未检查布气情况扣 5 分				
				未调节扣 5 分				
3		*DO* 浓度低时，增开备用鼓风机	10	未增开鼓风机扣 10 分				
				鼓风机启动操作不当每步扣 3 分				
4		*DO* 浓度低时，适当降低生化池进水有机物浓度	10	操作不当扣 10 分				
5		*DO* 浓度低时，适当减小生化处理水量	10	操作不当扣 10 分				
6		*DO* 浓度低时，适当调低生化池内的污泥浓度	10	操作不当扣 10 分				
7		*DO* 浓度高时，停运鼓风机	10	未停运鼓风机扣 10 分				
				鼓风机停运操作不当每步扣 3 分				
8		*DO* 浓度高时，适当提高生化池进水有机物浓度	10	操作不当扣 10 分				
9		*DO* 浓度高时，适当加大生化处理水量	10	操作不当扣 10 分				
10		通过改变单台或多台鼓风机的供气量，调节生化池供氧量	10	未操作扣 10 分				
				调节不当扣 5 分				
11	使用工具	正确使用工具	2	工具使用不正确扣 2 分				
		正确维护工具	3	工具乱摆乱放扣 3 分				
12	安全及其他	按国家法规或企业规定		违规一次总分扣 5 分；严重违规停止操作			—	
		在规定时间内完成操作		每超时 1min 总分扣 5 分，超时 3min 停止操作			—	
		合　计	100					

试题 11：辐流式二沉池排泥操作

（考核时间：20min）

序号	考核内容	考核要点	配分	评分标准	检测结果	扣分	得分	备注
1	准备工作	穿戴劳保用品	3	未穿戴整齐扣 3 分				
		工具、用具准备	2	工具选择不正确扣 2 分				
2	操作程序	检查排泥泵是否处在备用状态，流程是否畅通	15	未检查排泥泵扣 5 分				
				未检查流程扣 10 分				
3		根据生化池污泥性能指标及泥龄的长短，确定二沉池排泥量	15	未分析污泥性能指标及泥龄的长短扣5 分				
				未确定排泥量扣 10 分				

续表

序号	考核内容	考核要点	配分	评分标准	检测结果	扣分	得分	备注
4		开、关相关阀门，调整相应工艺流程(回流污泥)	10	调整不当扣10分				
5		打开二沉池排泥阀(手动或自动)	10	操作不当扣10分				
6		启运排泥泵	10	启运排泥泵操作不当每步扣4分				
7		观察二沉池液位、排泥浓度的变化	10	未检查二沉池液位的变化扣5分				
				未检查排泥浓度的变化扣5分				
8		停运排泥泵，排泥结束	10	停运排泥泵操作不当每步扣4分				
9		恢复排泥前原流程	10	未恢复原流程扣10分				
10	使用工具	正确使用工具	2	工具使用不正确扣2分				
		正确维护工具	3	工具乱摆乱放扣3分				
11	安全及其他	按国家法规或企业规定		违规一次总分扣5分；严重违规停止操作			—	
		在规定时间内完成操作		每超时1min总分扣5分，超时3min停止操作			—	
		合　计	100					

试题12：隔油池开车操作

（考核时间：20min）

序号	考核内容	考核要点	配分	评分标准	检测结果	扣分	得分	备注
1	准备工作	穿戴劳保用品	3	未穿戴整齐扣3分				
		工具、用具准备	2	工具选择不正确扣2分				
2	操作程序	确认隔油池、收油设施、集油池、收油泵、油罐等是否备用	20	每少检查一项扣5分				
3		观察来水水质、水量	10	未观察扣10分				
4		关闭各池排泥阀	10	未操作扣10分				
5		调节各池集油管使开口朝上	10	未调节扣10分				
6		关闭收油阀	10	未操作扣10分				
7		先后打开各隔油池出水阀和进水阀	10	未操作扣10分				
8		隔油池进水到运行液位时，均衡各运行池进水量，使运行参数符合工艺指标要求	20	未进行均衡水量操作扣10分				
				不符合工艺指标控制要求扣10分				
9	使用工具	正确使用工具	2	工具使用不正确扣2分				
		正确维护工具	3	工具乱摆乱放扣3分				
10	安全及其他	按国家法规或企业规定		违规一次总分扣5分；严重违规停止操作			—	
		在规定时间内完成操作		每超时1min总分扣5分，超时3min停止操作			—	
		合　计	100					

试题 13：均质池开车操作

（考核时间：20min）

序号	考核内容	考核要点	配分	评分标准	检测结果	扣分	得分	备注
1	准备工作	穿戴劳保用品	3	未穿戴整齐扣 3 分				
		工具、用具准备	2	工具选择不正确扣 2 分				
2	操作程序	确认均质池、集水井、提升泵等是否备用	15	每少检查一项扣 5 分				
3		观察来水水质、水量	10	未检查扣 10 分				
4		打开均质池出口管线上阀门	10	未操作扣 10 分				
5		打开均质池进口阀	10	未操作扣 10 分				
6		引水进入集水井，启运提升泵	10	未按规程进行操作，每少或错一步扣 3 分				
7		池内进水液位到一半位置时，打开风阀搅拌或启动机械搅拌设备，并控制一定的搅拌强度	20	未启动搅拌操作扣 10 分				
				操作不当扣 10 分				
8		检查集水井液位，并调节提升泵流量	15	未检查扣 10 分				
				未及时调节扣 10 分				
9	使用工具	正确使用工具	2	工具使用不正确扣 2 分				
		正确维护工具	3	工具乱摆乱放扣 3 分				
10	安全及其他	按国家法规或企业规定		违规一次总分扣 5 分；严重违规停止操作			—	
		在规定时间内完成操作		每超时 1min 总分扣 5 分，超时 3min 停止操作			—	
		合　计	100					

试题 14：部分回流压力溶气气浮开车操作

（考核时间：30min）

序号	考核内容	考核要点	配分	评分标准	检测结果	扣分	得分	备注
1	准备工作	穿戴劳保用品	3	未穿戴整齐扣 3 分				
		工具、用具准备	2	工具选择不正确扣 2 分				
2	操作程序	确认气浮池、刮渣机、集渣池、排渣泵、加药设施等是否备用	10	每少检查一项扣 5 分				
3		检查来水水质、水量	5	未检查扣 5 分				
4		按规程配制混凝剂	5	未按规程进行操作，少或错一步扣 2 分				
5		关阀各池放空阀、排渣阀	5	未操作扣 5 分				
6		打开各池进出水阀	5	未操作扣 5 分				
7		待池内进水达到 2/3 以上液位时，启运各池加药混合搅拌设备	5	未按时启运扣 2 分				
				未按规程启运扣 3 分				

续表

序号	考核内容	考核要点	配分	评分标准	检测结果	扣分	得分	备注
8		打开各池加药阀	5	未操作扣5分				
9		启运加药泵或打开溶液池(罐)出口阀采用重力投加	5	未按规程进行操作，少或错一步扣2分				
10		打开各溶气罐进水阀、减压阀、风阀	10	未打开溶气罐进口阀扣5分				
				未打开风阀扣5分				
				未打开减压阀扣5分				
11		等气浮池进水快溢流时，启运空压机	5	未按规程操作，每少或错一步扣2分				
12		待气浮池出水后，启运回流泵，并控制一定的流量	5	未按规程操作，每少或错一步扣2分				
13		通过调节各溶气罐进水阀、进风阀和减压阀来调节溶气罐压力	10	未按规范操作扣5分				
				未调节扣5分				
14		观察溶气释放情况	5	未观察扣5分				
15		均衡各池处理水量，调节各池投药量	5	未调节扣5分				
16		检查处理效果，并确认是否满足工艺指标的要求	5	未检查确认扣5分				
17	使用工具	正确使用工具	2	工具使用不正确扣2分				
		正确维护工具	3	工具乱摆乱放扣3分				
18	安全及其他	按国家法规或企业规定		违规一次总分扣5分；严重违规停止操作			—	
		在规定时间内完成操作		每超时1min总分扣5分，超时3min停止操作			—	
		合　计	100					

试题15：CAF涡凹气浮开车操作

（考核时间：25min）

序号	考核内容	考核要点	配分	评分标准	检测结果	扣分	得分	备注
1	准备工作	穿戴劳保用品	3	未穿戴整齐扣3分				
		工具、用具准备	2	工具选择不正确扣2分				
2	操作程序	确认气浮池、刮渣机、集渣池、排渣泵、加药设施等是否备用	15	每少检查一项扣5分				
3		检查来水水质、水量	5	未检查扣5分				
4		按规程配制混凝剂	5	未按规程进行操作，少或错一步扣2分				
5		关闭各池放空阀、排渣阀	10	未关放空阀扣5分				
				未关排渣阀扣5分				
6		打开各池进水阀	5	未操作扣5分				

续表

序号	考核内容	考核要点	配分	评分标准	检测结果	扣分	得分	备注
7		待池内进水达到 2/3 以上液位时，启运各池加药混合搅拌设备	10	未按时启运扣 5 分 未按规程启运扣 5 分				
8		打开各池加药阀	5	未操作扣 5 分				
9		启运加药计量泵或打开溶液池出口阀采用重力投加	10	未按规程操作，每少或错一步扣 3 分				
10		按规程启运叶轮曝气机	10	未按规程操作，每少或错一步扣3 分				
11		均衡各池处理水量，调节各池加药量	10	未调节投药量扣 5 分 未均衡水量扣 5 分				
12		检查处理效果，并确认是否满足工艺指标的要求	5	未检查确认扣 5 分				
13	使用工具	正确使用工具	2	工具使用不正确扣 2 分				
		正确维护工具	3	工具乱摆乱放扣 3 分				
14	安全及其他	按国家法规或企业规定		违规一次总分扣 5 分；严重违规停止操作			—	
		在规定时间内完成操作		每超时 1min 总分扣 5 分，超时 3min 停止操作			—	
		合　计	100					

试题 16：混凝沉淀池开车操作

（考核时间：25min）

序号	考核内容	考核要点	配分	评分标准	检测结果	扣分	得分	备注
1	准备工作	穿戴劳保用品	3	未穿戴整齐扣 3 分				
		工具、用具准备	2	工具选择不正确扣 2 分				
2	操作程序	确认混凝沉淀池、排泥泵、加药设施等是否备用	15	每少检查一项扣 5 分				
3		检查来水水质、水量	5	未检查扣 5 分				
4		按规程配制混凝剂	5	未按规程进行操作，少或错一步扣3 分				
5		关闭各池排泥阀	10	未关放空阀扣 5 分 未关排渣阀扣 5 分				
6		打开各池进水阀	5	未操作扣 5 分				
7		待池内进水达到 2/3 以上液位时，先后启运各池加药混合、反应搅拌设备	20	未按时启运扣 10 分 未按规程启运扣 10 分				
8		打开各池加药阀	5	未操作扣 5 分				
9		启运加药计量泵或打开溶液池出口阀采用重力投加	10	未按规程操作，每少或错一步扣 3 分				
10		均衡各池处理水量，调节各池加药量	10	未调节投药量扣 5 分 未均衡水量扣 5 分				
11		检查处理效果，并确认是否满足工艺指标的要求	5	未检查确认扣 5 分				

续表

序号	考核内容	考核要点	配分	评分标准	检测结果	扣分	得分	备注
12	使用工具	正确使用工具	2	工具使用不正确扣2分				
		正确维护工具	3	工具乱摆乱放扣3分				
13	安全及其他	按国家法规或企业规定		违规一次总分扣5分；严重违规停止操作			—	
		在规定时间内完成操作		每超时1min总分扣5分，超时3min停止操作			—	
		合　计	100					

试题17：混凝剂投加系统开车操作

（考核时间：20min）

序号	考核内容	考核要点	配分	评分标准	检测结果	扣分	得分	备注
1	准备工作	穿戴劳保用品	3	未穿戴整齐扣3分				
		工具、用具准备	2	工具选择不正确扣2分				
2	操作程序	检查混凝剂品种及数量	5	未检查品种扣3分				
				未检查数量扣2分				
3		检查溶解池、溶液池是否处在备用状态，关闭溶解池及溶液池放空阀	10	未检查溶解、溶液池扣5分				
				未关闭放空阀扣5分				
4		打开溶液池进口阀，关闭出口阀	5	未打开进液阀扣3分				
				未关闭出液阀扣3分				
5		检查生产水压力是否正常	2	未检查生产水压力扣2分				
6		确定药液配制浓度及配制量(配制浓度要略高于投加溶液浓度)	5	未确定药液配制浓度及配制量扣5分				
7		打开生产水阀，向溶解池放入一定量的生产水，随后关闭生产水阀门	5	未投加生产水扣3分				
				未关生产水阀扣2分				
8		打开风阀进行搅拌	3	未实施搅拌操作扣3分				
9		投加一定量的固体混凝剂	5	未操作扣5分				
10		药剂基本溶解后，通过水力提升器或提升泵提升到(高位)药液池	10	未操作或操作不规范扣10分				
11		溶解池药剂提升完成后，关闭水力提升器或停运提升泵	10	未操作或操作不规范扣10分				
12		关闭溶解池风阀，打开溶液池搅拌用风阀	5	未关闭溶解池风阀扣2分				
				未打开溶液池风阀扣3分				
13		检查(高位)溶液池药液浓度及药液配制量，并通过投加生产水作必要的调整	5	未检查浓度扣2分				
				未作必要的调整扣3分				
14		启运各药液投加点混合搅拌机	5	未操作扣5分				

续表

序号	考核内容	考核要点	配分	评分标准	检测结果	扣分	得分	备注
15		打开各投加点加药阀门	5	未操作扣5分				
16		按规程启运加药计量泵(或打开高位池出口阀采用重力流投加)	5	未按规程操作或操作不当扣5分				
17		检查各加药点药液投加量，并作必要的调节	5	未检查或未作必要的调节扣5分				
18	使用工具	正确使用工具	2	工具使用不正确扣2分				
		正确维护工具	3	工具乱摆乱放扣3分				
19	安全及其他	按国家法规或企业规定		违规一次总分扣5分；严重违规停止操作			—	
		在规定时间内完成操作		每超时1min总分扣5分，超时3min停止操作			—	
		合　计	100					

试题18：二氧化氯发生器的启动操作

（考核时间：25min）

序号	考核内容	考核要点	配分	评分标准	检测结果	扣分	得分	备注
1	准备工作	穿戴劳保用品	3	未穿戴整齐扣3分				
		工具、用具准备	2	工具选择不正确扣2分				
2	操作程序	确认二氧化氯发生器及计量泵是否备用	5	少检查一项扣3分				
3		打开加氯间的排风扇	5	未操作扣5分				
4		确认两个药液投加罐中有足够的药剂，打开出口阀门	5	未确认扣2分				
				未操作扣3分				
5		关闭系统排放阀	5	未操作扣5分				
6		按要求设定计量泵的冲程和投加频率	10	未设定扣5分				
				操作不当扣5分				
7		打开自来水管路阀门，并检查供水压力	5	未检查供水压力扣2分				
				未操作扣5分				
8		打开酸、碱流量计管路上的阀门	10	未操作扣10分				
9		打开二氧化氯发生器酸、碱管线控制阀门	10	未操作扣10分				
				操作不到位扣5分				
10		将控制旋钮置于“启动”状态	10	未操作扣10分				
11		让计量泵动作，直至吸液管和泵头内气泡全部排空并充满液体	10	未操作扣10分				
				操作不当扣5分				
12		待稳定后，将控制旋钮置于“工作”状态，设备运行	5	未操作扣5分				

续表

序号	考核内容	考核要点	配分	评分标准	检测结果	扣分	得分	备注
13		根据实际余氯情况，调整投加量	10	未检查余氯情况扣5分				
				未调节扣5分				
14	使用工具	正确使用工具	2	工具使用不正确扣2分				
		正确维护工具	3	工具乱摆乱放扣3分				
15	安全及其他	按国家法规或企业规定		违规一次总分扣5分；严重违规停止操作			—	
		在规定时间内完成操作		每超时1min总分扣5分，超时3min停止操作			—	
		合　计	100					

试题19：合建式表曝池开车操作

（考核时间：35min）

序号	考核内容	考核要点	配分	评分标准	检测结果	扣分	得分	备注
1	准备工作	穿戴劳保用品	3	未穿戴整齐扣3分				
		工具、用具准备	2	工具选择不正确扣2分				
2	操作程序	检查表曝机备用状态，阀门开闭及流程畅通(仪表投用)情况	10	未检查表曝机扣4分				
				未检查阀门开启扣4分				
				未检查流程扣4分				
3		观察表曝池液位是否符合要求，调节叶轮浸没深度	10	未确认液位扣4分				
				未调节叶轮浸没深度扣6分				
4		启运表曝机，向池内充氧	5	启运表曝机操作不当每步扣3分				
5		调节各回流窗的开度	10	未调节扣10分				
6		检查表曝池内活性污泥浓度和污泥活性恢复情况	10	未检查污泥浓度扣5分				
				未检查污泥活性扣5分				
7		观察来水水质、水量，打开表曝池进水阀，启运污水提升泵	10	未观察水质水量扣3分				
				未打开进水阀扣3分				
				启运提升泵操作不当每步扣3分				
8		调节进水水质水量	10	未调节水质扣5分				
				未调节水量扣5分				
9		调节表曝机的转速，调整充氧量	10	未调节扣10分				
				调节不当扣5分				
10		向池内投加氮、磷营养物质	10	未投加N、P盐扣10分				
				投加量不正确扣5分				
11		检查表曝池出水情况	5	未检查扣5分				
12	使用工具	正确使用工具	2	工具使用不正确扣2分				
		正确维护工具	3	工具乱摆乱放扣3分				

续表

序号	考核内容	考核要点	配分	评分标准	检测结果	扣分	得分	备注
13	安全及其他	按国家法规或企业规定		违规一次总分扣5分；严重违规停止操作			—	
		在规定时间内完成操作		每超时1min总分扣5分，超时3min停止操作			—	
合　计			100					

试题20：吸附再生池开车操作

（考核时间：35min）

序号	考核内容	考核要点	配分	评分标准	检测结果	扣分	得分	备注
1	准备工作	穿戴劳保用品	3	未穿戴整齐扣3分				
		工具、用具准备	2	工具选择不正确扣2分				
2	操作程序	检查提升泵、鼓风机等设备备用状态，检查阀门开闭及流程畅通(仪表投用)情况	10	未检查设备扣4分				
				未检查阀门扣4分				
				未检查流程扣4分				
3		启运鼓风机向吸附池、再生池内同时充氧，调整池面布气状况	10	启运鼓风机操作不当每步扣3分				
				布气调整不当扣5分				
4		检查吸附再生池内污泥浓度及污泥活性恢复情况	10	未检查污泥浓度扣5分				
				未检查污泥活性扣5分				
5		观察来水水质、水量，打开吸附池进水阀，启运污水提升泵	10	未观察水质、水量扣3分				
				未打开进水阀扣3分				
				启运提升泵操作不当每步扣3分				
6		调节进水水质水量	10	水质调节不当扣5分				
				水量调节不当扣5分				
7		启运污泥回流泵，向再生池进行污泥回流，调节回流比	10	启运污泥回流泵操作不当每步扣4分				
				回流比调节不对扣5分				
8		启运二沉池刮泥刮渣机	5	启运刮泥刮渣机操作不当每步扣3分				
9		调节吸附池及再生池充氧量	10	吸附池充氧量调节不当扣5分				
				再生池充氧量调节不当扣5分				
10		向再生池投加氮、磷营养物质	10	未投加N、P盐扣10分				
				投加量不正确扣5分				
11		检查二沉池出水情况	5	未检查扣5分				
12	使用工具	正确使用工具	2	工具使用不正确扣2分				
		正确维护工具	3	工具乱摆乱放扣3分				

续表

序号	考核内容	考核要点	配分	评分标准	检测结果	扣分	得分	备注
13	安全及其他	按国家法规或企业规定		违规一次总分扣5分；严重违规停止操作			—	
		在规定时间内完成操作		每超时1min总分扣5分，超时3min停止操作			—	
		合　计	100					

试题21：生物接触氧化法开车操作

（考核时间：35min）

序号	考核内容	考核要点	配分	评分标准	检测结果	扣分	得分	备注
1	准备工作	穿戴劳保用品	3	未穿戴整齐扣3分				
		工具、用具准备	2	工具选择不正确扣2分				
2	操作程序	检查提升泵、鼓风机、污泥泵备用状态，检查阀门开闭及流程畅通（仪表投用）情况	10	未检查设备扣5分				
				未检查阀门扣5分				
				未检查流程扣5分				
3		启运鼓风机向接触氧化池内充氧，调节池面布气状况	10	起运鼓风机操作不当，每步扣3分				
				布气调整不当扣5分				
4		检查吸接触氧化池内生物膜厚度及活性恢复情况	10	未检查生物膜扣5分				
				未检查生物活性扣5分				
5		观察来水水质、水量，打开接触氧化池进水阀，启运污水提升泵	10	未观察水质、水量扣3分				
				未打开进水阀扣3分				
				启运提升泵操作不当每步扣3分				
6		调节进水水质、水量	10	水质调节不当扣5分				
				水量调节不当扣5分				
7		启运污泥回流泵，向再生池进行污泥回流，调节回流比（必要时）	10	启运污泥回流泵操作不当每步扣4分				
				回流比调节不对扣5分				
8		启运二沉池刮泥刮渣机	5	启运刮泥刮渣机操作不当每步扣3分				
9		调节接触氧化池充氧量	10	调节不当扣10分				
10		向再生池投加氮、磷营养物质	10	未投加N、P盐扣10分				
				投加量不正确扣5分				
11		检查二沉池出水情况	5	未检查扣5分				
12	使用工具	正确使用工具	2	工具使用不正确扣2分				
		正确维护工具	3	工具乱摆乱放扣3分				
13	安全及其他	按国家法规或企业规定		违规一次总分扣5分；严重违规停止操作			—	
		在规定时间内完成操作		每超时1min总分扣5分，超时3min停止操作			—	
		合　计	100					

试题22：隔油池停车操作

（考核时间：20min）

序号	考核内容	考核要点	配分	评分标准	检测结果	扣分	得分	备注
1	准备工作	穿戴劳保用品	3	未穿戴整齐扣3分				
		工具、用具准备	2	工具选择不正确扣2分				
2	操作程序	检查隔油池内的油层厚度	10	未检查扣10分				
3		降低油井液位	10	未操作扣10分				
4		打开收油阀，按收油的操作步骤收油一次	10	未打开收油阀扣10分				
				未按规程进行操作，每少或错一步扣3分				
5		关闭收油阀	10	未关收油阀扣10分				
6		改流程或切断隔油池进水	10	未操作扣10分				
7		关闭隔油池进水阀	10	未操作扣5分				
8		关闭隔油池出水阀（必要时）	5	必要时未操作扣5分				
9		降低泥井液位	5	未检查扣5分				
10		打开排泥阀，按排泥的操作步骤排泥一次	10	未打开排泥阀扣10分				
				未按规程进行操作，每少或错一步扣5分				
11		关闭排泥阀	10	未关排泥阀扣10分				
12	使用工具	正确使用工具	2	工具使用不正确扣2分				
		正确维护工具	3	工具乱摆乱放扣3分				
13	安全及其他	按国家法规或企业规定		违规一次总分扣5分；严重违规停止操作			—	
		在规定时间内完成操作		每超时1min总分扣5分，超时3min停止操作			—	
合计			100					

试题23：均质池停车操作

（考核时间：20min）

序号	考核内容	考核要点	配分	评分标准	检测结果	扣分	得分	备注
1	准备工作	穿戴劳保用品	3	未穿戴整齐扣3分				
		工具、用具准备	2	工具选择不正确扣2分				
2	操作程序	降低事故池液位，通过均质池处理事故池或调节池存水	20	未及时处理事故池存水扣10分				
				存水未进行有效地处理扣10分				
3		改流程或切断集水池进水	10	未操作扣10分				
4		停运均质池进水提升泵	20	未按规程进行操作，每少或错一步扣5分				
5		关闭均质池进水阀	10	未操作扣10分				
6		关闭均质池出水阀（必要时）	10	未操作扣10分				

续表

序号	考核内容	考核要点	配分	评分标准	检测结果	扣分	得分	备注
7		关闭供风阀门或停运搅拌设备	20	未及时操作扣10分				
				操作不到位扣10分				
8	使用工具	正确使用工具	2	工具使用不正确扣2分				
		正确维护工具	3	工具乱摆乱放扣3分				
9	安全及其他	按国家法规或企业规定		违规一次总分扣5分；严重违规停止操作			—	
		在规定时间内完成操作		每超时1min总分扣5分，超时3min停止操作			—	
		合　计	100					

试题24：部分回流压力溶气气浮停车操作

（考核时间：30min）

序号	考核内容	考核要点	配分	评分标准	检测结果	扣分	得分	备注
1	准备工作	穿戴劳保用品	3	未穿戴整齐扣3分				
		工具、用具准备	2	工具选择不正确扣2分				
2	操作程序	检查气浮池面渣层厚度	5	未检查扣5分				
3		降低集渣池液位	5	未确认扣5分				
4		按照排渣操作规程的步骤排渣一次	10	未按规程进行操作，少或错一步扣3分				
5		关闭各池排渣阀	5	未操作扣5分				
6		停运加药系统，并关闭各池加药阀	10	未按规程操作，每少或错一步扣3分				
				未关闭加药阀扣5分				
7		停运各池加药混合搅拌机	10	未按规程进行操作，少或错一步扣3分				
8		关闭各池进水阀	10	未操作扣10分				
9		停运回流泵	10	未按规程进行操作，少或错一步扣3分				
10		停运空压机	10	未按规程进行操作，少或错一步扣3分				
11		关闭各溶气罐进水阀和压缩空气阀	10	未关闭溶气罐进水阀扣5分				
				未关闭溶气罐进风阀扣5分				
12		打开空压机气液分离罐放空阀	5	未操作扣5分				
13	使用工具	正确使用工具	2	工具使用不正确扣2分				
		正确维护工具	3	工具乱摆乱放扣3分				
14	安全及其他	按国家法规或企业规定		违规一次总分扣5分；严重违规停止操作			—	
		在规定时间内完成操作		每超时1min总分扣5分，超时3min停止操作			—	
		合　计	100					

试题 25：CAF 涡凹气浮停车操作

（考核时间：25min）

序号	考核内容	考核要点	配分	评分标准	检测结果	扣分	得分	备注
1	准备工作	穿戴劳保用品	3	未穿戴整齐扣 3 分				
		工具、用具准备	2	工具选择不正确扣 2 分				
2	操作程序	检查气浮池面渣层厚度	10	未检查扣 5 分				
3		降低集渣池液位	10	未确认扣 10 分				
4		按照排渣操作步骤进行排渣一次	20	未按规程进行操作，少或错一步扣 5 分				
5		关闭各池排渣阀	10	未操作扣 5 分				
6		停运加药系统，并关闭各池加药阀	10	未按规程进行操作，每少或错一步扣 3 分				
				未关闭加药阀扣 5 分				
7		停运各池加药搅拌机	10	未按规程进行操作，少或错一步扣3 分				
8		关闭各气浮池进水阀	10	未操作扣 5 分				
9		停运叶轮曝气机	10	未按规程进行操作，少或错一步扣3 分				
10	使用工具	正确使用工具	2	工具使用不正确扣 2 分				
		正确维护工具	3	工具乱摆乱放扣 3 分				
11	安全及其他	按国家法规或企业规定		违规一次总分扣 5 分；严重违规停止操作			—	
		在规定时间内完成操作		每超时 1min 总分扣 5 分，超时 3min 停止操作			—	
		合　计	100					

试题 26：混凝沉淀池停车操作

（考核时间：25min）

序号	考核内容	考核要点	配分	评分标准	检测结果	扣分	得分	备注
1	准备工作	穿戴劳保用品	3	未穿戴整齐扣 3 分				
		工具、用具准备	2	工具选择不正确扣 2 分				
2	操作程序	检查混凝沉淀池内泥层厚度	10	未检查扣 10 分				
3		按规程停运加药系统，并关闭各池加药阀	20	未按规程进行操作，少或错一步扣 5 分				
				未关闭加药阀扣 10 分				
4		关闭各池进水阀	10	未关闭进水阀扣 10 分				
5		按规程停运各池加药搅拌机	10	未按规程进行操作，少或错一步扣 5 分				
6		打开排泥阀	10	未操作扣 10 分				
7		按排泥操作规程的步骤进行排泥一次	20	未按规范进行检查每少一项扣 5 分				
8		排泥结束，关闭排泥阀	10	未操作扣 10 分				

续表

序号	考核内容	考核要点	配分	评分标准	检测结果	扣分	得分	备注
9	使用工具	正确使用工具	2	工具使用不正确扣2分				
		正确维护工具	3	工具乱摆乱放扣3分				
10	安全及其他	按国家法规或企业规定		违规一次总分扣5分；严重违规停止操作			—	
		在规定时间内完成操作		每超时1min总分扣5分，超时3min停止操作			—	
		合　计	100					

试题27：混凝剂投加系统停车操作

（考核时间：20min）

序号	考核内容	考核要点	配分	评分标准	检测结果	扣分	得分	备注
1	准备工作	穿戴劳保用品	3	未穿戴整齐扣3分				
		工具、用具准备	2	工具选择不正确扣2分				
2	操作程序	检查溶液池的液位，使药液池内药液尽可能地用完	20	未检查液位扣10分				
				必要时未将药液用完扣10分				
3		关闭药液池风阀或按规程停运搅拌设施	15	未关闭风阀或未停运搅拌设施扣10分				
				操作不当扣10分				
4		关闭高位药液池出口阀或按规程停运药计量泵	15	未关闭出口阀或未停运加药计量泵扣10分				
				操作不当扣10分				
5		关闭计量泵进口阀	10	未操作扣10分				
6		关闭各加药点加药阀	10	未操作扣10分				
7		停运加药混合搅拌机	20	未按规程进行操作，少或错一步扣5分				
8	使用工具	正确使用工具	2	工具使用不正确扣2分				
		正确维护工具	3	工具乱摆乱放扣3分				
9	安全及其他	按国家法规或企业规定		违规一次总分扣5分；严重违规停止操作			—	
		在规定时间内完成操作		每超时1min总分扣5分，超时3min停止操作			—	
		合　计	100					

试题28：二氧化氯发生器停车操作

（考核时间：25min）

序号	考核内容	考核要点	配分	评分标准	检测结果	扣分	得分	备注
1	准备工作	穿戴劳保用品	3	未穿戴整齐扣3分				
		工具、用具准备	2	工具选择不正确扣2分				

续表

序号	考核内容	考核要点	配分	评分标准	检测结果	扣分	得分	备注
2	停车操作	将控制旋钮置于“关闭”状态	15	不操作扣15分				
				操作不到位扣5分				
3		关闭酸、碱流量计管路上的阀门	15	未关闭酸阀门扣5分				
				未关闭碱阀门扣5分				
4		将控制旋钮置于“排放”状态	15	不操作扣15分				
				操作不到位扣5分				
5		打开系统排放阀	15	不操作扣15分				
				操作不到位扣5分				
6		清除反应器内排出的废液	15	不操作扣15分				
				操作不到位扣5分				
7		关闭生产水管路阀门	15	不操作扣15分				
				操作不到位扣5分				
8	使用工具	正确使用工具	2	工具使用不正确扣2分				
		正确维护工具	3	工具乱摆乱放扣3分				
9	安全及其他	按国家法规或企业规定		违规一次总分扣5分；严重违规停止操作			—	
		在规定时间内完成操作		每超时1min总分扣5分，超时3min停止操作			—	
		合　计	100					

试题29：合建式表面曝气池停车操作

（考核时间：20min）

序号	考核内容	考核要点	配分	评分标准	检测结果	扣分	得分	备注
1	准备工作	穿戴劳保用品	3	未穿戴整齐扣3分				
		工具、用具准备	2	工具选择不正确扣2分				
2	操作程序	检查上游来水已改流程或已被切断	10	未检查扣10分				
3		停运提升泵	20	操作不当每步扣5分				
4		关闭曝气池进水阀	10	操作不当扣10分				
5		停加氮、磷盐，关闭磷盐投加点阀门	20	未停加氮扣10分				
				未停加磷扣10分				
				未关闭投药点阀门扣10分				
6		停运表面曝气机	20	操作不当每步扣5分				
7		确认电气、仪表系统相关事项	10	未确认电气事项扣5分				
				未确认仪表事项扣5分				

续表

序号	考核内容	考核要点	配分	评分标准	检测结果	扣分	得分	备注
8	使用工具	正确使用工具	2	工具使用不正确扣2分				
		正确维护工具	3	工具乱摆乱放扣3分				
9	安全及其他	按国家法规或企业规定		违规一次总分扣5分；严重违规停止操作			—	
		在规定时间内完成操作		每超时1min总分扣5分，超时3min停止操作			—	
	合　计		100					

试题30：吸附再生池停车操作

（考核时间：20min）

序号	考核内容	考核要点	配分	评分标准	检测结果	扣分	得分	备注
1	准备工作	穿戴劳保用品	3	未穿戴整齐扣3分				
		工具、用具准备	2	工具选择不正确扣2分				
2	操作程序	检查上游来水已改流程或已被切断	10	未检查扣10分				
3		停运提升泵	10	操作不当每步扣5分				
4		关闭吸附池进水阀	10	操作不当扣10分				
5		停加氮、磷盐，关闭药剂投加点阀门	15	未停加氮扣8分				
				未停加磷扣8分				
				未关闭投药点阀门扣8分				
6		停二沉池污泥回流泵	10	操作不当每步扣5分				
7		停运刮泥刮渣机	10	操作不当扣10分				
8		停鼓风机，关闭吸附再生池供风阀门	15	停鼓风机操作不当每步扣5分				
				未关闭供风阀扣5分				
9		确认电气、仪表系统相关事项	10	未确认电气事项扣5分				
				未确认仪表事项扣5分				
10	使用工具	正确使用工具	2	工具使用不正确扣2分				
		正确维护工具	3	工具乱摆乱放扣3分				
11	安全及其他	按国家法规或企业规定		违规一次总分扣5分；严重违规停止操作			—	
		在规定时间内完成操作		每超时1min总分扣5分，超时3min停止操作			—	
	合　计		100					

试题 31：生物接触氧化池停车操作

（考核时间：20min）

序号	考核内容	考核要点	配分	评分标准	检测结果	扣分	得分	备注
1	准备工作	穿戴劳保用品	3	未穿戴整齐扣 3 分				
		工具、用具准备	2	工具选择不正确扣 2 分				
2	操作程序	检查上游来水已改流程或已被切断	10	未检查扣 10 分				
3		停运提升泵	10	操作不当每步扣 5 分				
4		关闭接触氧化池进水阀	10	操作不当扣 10 分				
5		停加氮、磷盐，关闭药剂投加点阀门	15	未停加氮扣 8 分				
				未停加磷扣 8 分				
				未关闭投药点阀门扣 8 分				
6		停二沉池污泥回流泵(无回流可忽略)	10	操作不当每步扣 5 分				
7		停运刮泥刮渣机	10	操作不当每步扣 5 分				
8		停鼓风机，关闭各供风阀门	15	停鼓风机操作不当每步扣 5 分				
				未关闭供风阀扣 5 分				
9		确认电气、仪表系统相关事项	10	未确认电气事项扣 5 分				
				未确认仪表事项扣 5 分				
10	使用工具	正确使用工具	2	工具使用不正确扣 2 分				
		正确维护工具	3	工具乱摆乱放扣 3 分				
11	安全及其他	按国家法规或企业规定		违规一次总分扣 5 分；严重违规停止操作			—	
		在规定时间内完成操作		每超时 1min 总分扣 5 分，超时 3min 停止操作			—	
		合　计	100					

试题 32：离心泵开停操作

（考核时间：30min）

序号	考核内容	考核要点	配分	评分标准	检测结果	扣分	得分	备注
1	准备工作	穿戴劳保用品	3	未穿戴整齐扣 3 分				
		工具、用具准备	2	工具选择不正确扣 2 分				
2	开泵操作	确认泵、电机零附件完好备用	10	未确认连接部件扣 3 分				
				未确认压力表扣 3 分				
				未确认进口阀扣 3 分				
				未确认出口阀扣 3 分				
				未确认电机扣 3 分				
3		确认润滑油位、油质合格	5	未确认油位扣 3 分				
				未确认油质扣 3 分				

续表

序号	考核内容	考核要点	配分	评分标准	检测结果	扣分	得分	备注
4		全开进口阀	5	操作不当扣5分				
				未全开扣3分				
5		排气	5	未操作扣5分				
				操作不到位扣3分				
6		盘车	5	未操作扣5分				
				未按要求操作扣3分				
7		打开冷却水阀	5	未操作扣5分				
8		按下启动按钮，观察转向是否正确	10	操作不当扣6分				
				未观察扣6分				
9		泵出口压力达到额定值时，缓缓打开出口阀	10	未按要求操作扣6分				
				开出口阀过快扣6分				
10		按操作指标调整泵出口压力、流量	10	未按要求操作扣10分				
11		检查电流、声音、振动、温度、泄漏是否正常	10	未检查电流扣3分				
				未检查声音扣3分				
				未检查振动扣3分				
				未检查温度扣3分				
				未检查泄漏扣3分				
12	停泵操作	关闭出口阀，按下停泵按钮，观察泵随走时间	10	未按顺序操作扣5分				
				未观察扣5分				
13		关闭进口阀、冷却水阀	5	未关进口阀扣3分				
				未关冷却水阀扣3分				
14	使用工具	正确使用工具	2	工具使用不正确扣2分				
		正确维护工具	3	工具乱摆乱放扣3分				
15	安全及其他	按国家法规或企业规定		违规一次总分扣5分；严重违规停止操作			—	
		在规定时间内完成操作		每超时1min总分扣5分，超时3min停止操作			—	
		合　计	100					

试题33：水环真空泵的开停操作

（考核时间：30min）

序号	考核内容	考核要点	配分	评分标准	检测结果	扣分	得分	备注
1	准备工作	穿戴劳保用品	3	未穿戴整齐扣3分				
		工具、用具准备	2	工具选择不正确扣2分				

续表

序号	考核内容	考核要点	配分	评分标准	检测结果	扣分	得分	备注
2	开泵操作	确认泵、电机零附件完好备用	10	未确认连接部件扣3分				
				未确认真空表扣3分				
				未确认电机扣3分				
				未确认阀门扣3分				
3		确认轴承箱油质、油位符合要求	5	未确认油位扣3分				
				未确认油质扣3分				
4		盘车	10	未操作扣10分				
5		向水封罐内灌水至规定位置	10	未按要求操作扣10分				
6		打开水封罐进出口阀门	10	未开进口阀扣5分				
				未开出口阀扣5分				
7		启动开泵按钮	5	操作不当扣5分				
8		打开与虹吸管连通阀门	10	操作不当扣10分				
9		检查泵声音、振动、温度是否正常	15	未检查声音扣6分				
				未检查振动扣6分				
				未检查温度扣6分				
10	停泵操作	关闭与虹吸管连通阀门	10	未关闭扣10分				
11		按下停泵按钮	5	操作不当扣5分				
12	使用工具	正确使用工具	2	工具使用不正确扣2分				
		正确维护工具	3	工具乱摆乱放扣3分				
13	安全及其他	按国家法规或企业规定		违规一次总分扣5分；严重违规停止操作			—	
		在规定时间内完成操作		每超时1min总分扣5分，超时3min停止操作			—	
合计			100					

试题34：潜污泵的开停操作

（考核时间：30min）

序号	考核内容	考核要点	配分	评分标准	检测结果	扣分	得分	备注
1	准备工作	穿戴劳保用品	3	未穿戴整齐扣3分				
		工具、用具准备	2	工具选择不正确扣2分				
2	操作程序	确认泵、电机零附件完好备用	15	未确认电机扣4分				
				未确认出口阀扣4分				
				未确认压力表扣4分				
				未确认电流表扣4分				

续表

序号	考核内容	考核要点	配分	评分标准	检测结果	扣分	得分	备注
3		确认吸水池吸水位保证泵开启运行	5	未确认扣5分				
4		按下启动按钮	10	操作不当扣10分				
5		观察启动声音是否正常	10	未观察扣10分				
6		待出口压力达到额定值后缓缓打开出口阀	10	未按要求操作扣6分				
				出口阀打开过快扣6分				
7		根据工艺要求调节出口流量	10	未按要求操作扣10分				
8		检查电机电流是否在额定值以内	10	未检查扣10分				
9	停泵操作	关闭出口阀	10	未操作扣10分				
10		按下停泵按钮	10	操作不当扣10分				
11	使用工具	正确使用工具	2	工具使用不正确扣2分				
		正确维护工具	3	工具乱摆乱放扣3分				
12	安全及其他	按国家法规或企业规定		违规一次总分扣5分；严重违规停止操作			—	
		在规定时间内完成操作		每超时1min总分扣5分，超时3min停止操作			—	
		合　计	100					

试题35：柱塞计量泵的开停操作

（考核时间：30min）

序号	考核内容	考核要点	配分	评分标准	检测结果	扣分	得分	备注
1	准备工作	穿戴劳保用品	3	未穿戴整齐扣3分				
		工具、用具准备	2	工具选择不正确扣2分				
2	开泵操作	确认泵和电机零附件完好备用	10	未确认连接部件扣3分				
				未确认进出口阀扣3分				
				未确认安全阀扣3分				
				未确认电机已送电扣3分				
3		确认传动箱内润滑油油位和油质是否合格	5	未确认油位扣3分				
				未确认油质扣3分				
4		盘车	5	未操作扣5分				
5		调整泵行程零位和调量表零位相对应	10	未调整扣10分				
6		打开泵的进出口阀	10	未打开进口阀扣6分				
				未打开出口阀扣6分				
7		启动电机	5	操作不当扣5分				
8		观察电机转向与泵要求转向是否一致	5	未观察扣5分				

续表

序号	考核内容	考核要点	配分	评分标准	检测结果	扣分	得分	备注
9		观察安全阀是否正常工作	5	未观察扣5分				
10		依据工艺需要，把调量表指针转到指定刻度	10	未操作扣10分				
11		检查泵的振动情况、有无杂音、压力是否正常	10	未检查振动扣5分				
				未检查声音扣5分				
				未检查压力扣5分				
12	停泵操作	切断电源，停止电机运行	5	操作不当扣5分				
13		关闭进出口阀门	10	未操作扣10分				
14	使用工具	正确使用工具	2	工具使用不正确扣2分				
		正确维护工具	3	工具乱摆乱放扣3分				
15	安全及其他	按国家法规或企业规定		违规一次总分扣5分；严重违规停止操作			—	
		在规定时间内完成操作		每超时1min总分扣5分，超时3min停止操作			—	
		合　计	100					

试题36：表曝机开停操作

（考核时间：30min）

序号	考核内容	考核要点	配分	评分标准	检测结果	扣分	得分	备注
1	准备工作	穿戴劳保用品	3	未穿戴整齐扣3分				
		工具、用具准备	2	工具选择不正确扣2分				
2	开机操作	确认零附件完好备用	5	未确认扣5分				
3		确认传动箱内润滑油油位和油质合格	5	未确认油位扣3分				
				未确认油质扣3分				
4		确认叶轮内是否有杂物	5	未确认扣5分				
5		调整池内液位处在正常位置	5	未操作扣10分				
6		调整叶轮的浸没深度	10	未调整扣10分				
7		启运曝气机	5	操作不当扣5分				
8		调节叶轮转速	10	未操作扣10分				
9		检查变速箱内有无异常声音	10	未检查扣10分				
10		检查叶轮旋转时形成水跃是否正常	10	未检查扣10分				
11		检查电流是否正常	10	未检查扣10分				
12	停机操作	关闭曝气池进水阀	5	操作不当扣5分				
13		切断电源，停运曝气机	10	操作不当扣10分				
14	使用工具	正确使用工具	2	工具使用不正确扣2分				
		正确维护工具	3	工具乱摆乱放扣3分				

续表

序号	考核内容	考核要点	配分	评分标准	检测结果	扣分	得分	备注
15	安全及其他	按国家法规或企业规定		违规一次总分扣5分；严重违规停止操作			—	
		在规定时间内完成操作		每超时1min总分扣5分，超时3min停止操作			—	
		合　计	100					

试题37：填料密封维护

（考核时间：20min）

序号	考核内容	考核要点	配分	评分标准	检测结果	扣分	得分	备注
1	准备工作	穿戴劳保用品	3	未穿戴整齐扣3分				
		工具、用具准备	2	工具选择不正确扣2分				
2	操作程序	检查填料是否压得过紧	10	未检查扣10分				
3		检查泄漏量是否符合要求	10	未检查扣10分				
4		检查填料压盖是否水平	10	未检查扣10分				
5		检查填料函与填料压盖之间有无调整空间	10	未检查扣10分				
6		检查填料是否老化	10	未检查扣10分				
7		检查填料函表面是否过热	10	未检查扣10分				
8		定期更换填料	10	未操作扣10分				
9		检查轴套磨损情况	10	未检查扣10分				
10		检查轴承振动情况	10	未检查扣10分				
11	使用工具	正确使用工具	2	工具使用不正确扣2分				
		正确维护工具	3	工具乱摆乱放扣3分				
12	安全及其他	按国家法规或企业规定		违规一次总分扣5分；严重违规停止操作			—	
		在规定时间内完成操作		每超时1min总分扣5分，超时3min停止操作			—	
		合　计	100					

试题38：空压机加油操作

（考核时间：20min）

序号	考核内容	考核要点	配分	评分标准	检测结果	扣分	得分	备注
1	准备工作	穿戴劳保用品	3	未穿戴整齐扣3分				
		工具、用具准备	2	工具选择不正确扣2分				
2	操作程序	选用空压机油	10	选用不对扣10分				
3		润滑油进行第一、二级过滤	15	未进行第一级过滤扣10分				
				未进行第二级过滤扣10分				

续表

序号	考核内容	考核要点	配分	评分标准	检测结果	扣分	得分	备注
4		拧开加油丝堵	10	操作不当扣10分				
5		将筛子插入平放在加油孔上	10	操作不当扣10分				
6		将油加入油箱	10	操作不当扣10分				
7		加油的同时盘车	10	未操作扣10分				
8		加油至1/2~2/3处，停止加油	10	未按要求操作扣10分				
9		取下筛子	5	操作不当扣5分				
10		关加油口，并清理	10	操作不当扣10分				
11	使用工具	正确使用工具	2	工具使用不正确扣2分				
		正确维护工具	3	工具乱摆乱放扣3分				
12	安全及其他	按国家法规或企业规定		违规一次总分扣5分；严重违规停止操作			—	
		在规定时间内完成操作		每超时1min总分扣5分，超时3min停止操作			—	
		合　　计	100					

试题39：离心泵日常维护

（考核时间：30min）

序号	考核内容	考核要点	配分	评分标准	检测结果	扣分	得分	备注
1	准备工作	穿戴劳保用品	3	未穿戴整齐扣3分				
		工具、用具准备	2	工具选择不正确扣2分				
2	操作程序	检查机泵的压力、电流是否平稳	10	未检查压力扣5分				
				未检查电流扣5分				
3		检查声音、振动情况是否正常	10	未检查声音扣5分				
				未检查振动扣5分				
4		检查轴承温度是否正常	10	未检查扣10分				
5		检查动、静密封点是否泄漏	10	未检查动密封点扣5分				
				未检查静密封点扣5分				
6		检查润滑油是否变质，油位是否在1/2~2/3处	10	未检查油质扣5分				
				未检查油位扣5分				
7		检查冷却水是否正常	10	未检查扣10分				
8		检查连接部件是否松动	10	未检查扣10分				
9		备用泵定时盘车	10	未操作扣10分				
10		进出口阀门润滑保养	10	进口阀未润滑扣5分				
				出口阀未润滑扣5分				

续表

序号	考核内容	考核要点	配分	评分标准	检测结果	扣分	得分	备注
11	使用工具	正确使用工具	2	工具使用不正确扣2分				
		正确维护工具	3	工具乱摆乱放扣3分				
12	安全及其他	按国家法规或企业规定		违规一次总分扣5分；严重违规停止操作			—	
		在规定时间内完成操作		每超时1min总分扣5分，超时3min停止操作			—	
		合　计	100					

试题40：水环真空泵日常维护

（考核时间：20min）

序号	考核内容	考核要点	配分	评分标准	检测结果	扣分	得分	备注
1	准备工作	穿戴劳保用品	3	未穿戴整齐扣3分				
		工具、用具准备	2	工具选择不正确扣2分				
2	操作程序	检查连接部件是否松动	10	未检查扣10分				
3		检查泵的真空度是否正常	10	未检查扣10分				
4		检查泵的电流是否正常	10	未检查扣10分				
5		检查泵声音、振动是否正常	10	未检查声音扣5分				
				未检查振动扣5分				
6		检查轴承温度是否正常	10	未检查扣10分				
7		检查润滑油油位是否保持在1/2~2/3处	10	未检查扣10分				
8		检查润滑油是否变质	10	未检查扣10分				
9		检查轴封泄漏是否超标	10	未检查扣10分				
10		备用泵定时盘车	10	未操作扣10分				
11	使用工具	正确使用工具	2	工具使用不正确扣2分				
		正确维护工具	3	工具乱摆乱放扣3分				
12	安全及其他	按国家法规或企业规定		违规一次总分扣5分；严重违规停止操作			—	
		在规定时间内完成操作		每超时1min总分扣5分，超时3min停止操作			—	
		合　计	100					

试题41：潜污泵日常维护

（考核时间：20min）

序号	考核内容	考核要点	配分	评分标准	检测结果	扣分	得分	备注
1	准备工作	穿戴劳保用品	3	未穿戴整齐扣3分				
		工具、用具准备	2	工具选择不正确扣2分				

续表

序号	考核内容	考核要点	配分	评分标准	检测结果	扣分	得分	备注
2	操作程序	潜污泵不得在电机外露时长时间运转	10	未按要求操作扣10分				
3		检查吸水池液位	10	未检查扣10分				
4		定期检查并清除泵吸入口杂物	10	未定期检查扣5分				
				未定期清除杂物扣5分				
5		停机后，在电机完全停止运转前，不能重新启动	10	未按要求操作扣10分				
6		新泵使用前或长期放置的备用泵启动之前，检查定子对外壳绝缘	10	未联系电工检查扣10分				
7		当湿度传感器或温度传感器报警时，立即联系检修	15	湿度报警未联系扣10分				
				温度报警未联系扣10分				
8		泵体运转时振动、噪音出现异常，输出水量水压下降，立即联系检修	15	振动异常未联系检修扣5分				
				声音异常未联系检修扣5分				
				输出水量下降未立即联系检修扣5分				
				输出水压下降未立即联系检修5分				
9		电能消耗显著上升时，立即联系检修	10	未联系检修扣10分				
10	使用工具	正确使用工具	2	工具使用不正确扣2分				
		正确维护工具	3	工具乱摆乱放扣3分				
11	安全及其他	按国家法规或企业规定		违规一次总分扣5分；严重违规停止操作			—	
		在规定时间内完成操作		每超时1min总分扣5分，超时3min停止操作			—	
		合　计	100					

试题42：柱塞计量泵日常维护

（考核时间：20min）

序号	考核内容	考核要点	配分	评分标准	检测结果	扣分	得分	备注
1	准备工作	穿戴劳保用品	3	未穿戴整齐扣3分				
		工具、用具准备	2	工具选择不正确扣2分				
2	操作程序	检查传动箱油质是否符合要求	10	未检查扣10分				
3		检查传动箱油位是否符合要求	10	未检查扣10分				
4		检查连接部件是否松动	10	未检查扣10分				
5		检查填料密封处漏损量是否超标	10	未检查扣10分				
6		检查泵主要部位温度是否符合要求	10	未检查扣10分				

续表

序号	考核内容	考核要点	配分	评分标准	检测结果	扣分	得分	备注
7		调量时不得过快，按要求调量	10	操作不当扣10分				
8		检查泵压力、振动、声音是否正常	10	未检查压力扣5分				
				未检查振动扣5分				
				未检查声音扣5分				
9		备用泵定期盘车	10	未操作扣10分				
10		长期停用，应将泵内介质放干，进行保养处理	10	未操作扣10分				
11	使用工具	正确使用工具	2	工具使用不正确扣2分				
		正确维护工具	3	工具乱摆乱放扣3分				
12	安全及其他	按国家法规或企业规定		违规一次总分扣5分；严重违规停止操作			—	
		在规定时间内完成操作		每超时1min总分扣5分，超时3min停止操作			—	
		合　　计	100					

试题43：闸阀操作不灵活原因判断

（考核时间：20min）

序号	考核内容	考核要点	配分	评分标准	检测结果	扣分	得分	备注
1	准备工作	穿戴劳保用品	3	未穿戴整齐扣3分				
		工具、用具准备	2	工具选择不正确扣2分				
2	操作程序	检查填料是否压得过紧，抱死阀杆	10	未检查扣10分				
3		检查转动部位润滑是否良好	10	未检查扣10分				
4		检查阀杆与相配合件配合是否良好	10	未检查扣10分				
5		检查阀门各部件轴线是否同心	10	未检查扣10分				
6		检查阀杆是否弯曲	10	未检查扣10分				
7		检查是否操作不当	10	未检查扣10分				
8		检查阀杆是否被顶死或关闭件被卡死	10	未检查扣10分				
9		检查是否螺母松脱，螺纹滑丝	10	未检查扣10分				
10		检查转向是否正确	10	未检查扣10分				
11	使用工具	正确使用工具	2	工具使用不正确扣2分				
		正确维护工具	3	工具乱摆乱放扣3分				
12	安全及其他	按国家法规或企业规定		违规一次总分扣5分；严重违规停止操作			—	
		在规定时间内完成操作		每超时1min总分扣5分，超时3min停止操作			—	
		合　　计	100					

试题44：离心泵泄漏原因判断

（考核时间：20min）

序号	考核内容	考核要点	配分	评分标准	检测结果	扣分	得分	备注
1	准备工作	穿戴劳保用品	3	未穿戴整齐扣3分				
		工具、用具准备	2	工具选择不正确扣2分				
2	操作程序	检查法兰垫片是否损坏	10	未检查扣10分				
3		检查法兰连接部件是否松动	10	未检查扣10分				
4		检查填料压盖螺栓是否松动	10	未检查扣10分				
5		检查机封是否失效	10	未检查扣10分				
6		检查O形圈是否损坏	10	未检查扣10分				
7		检查填料磨损是否过多	10	未检查扣10分				
8		检查轴套磨损是否过多	10	未检查扣10分				
9		检查螺纹连接件是否松动	10	未检查扣10分				
10		检查泵体是否有裂纹或穿孔	10	未检查扣10分				
11	使用工具	正确使用工具	2	工具使用不正确扣2分				
		正确维护工具	3	工具乱摆乱放扣3分				
12	安全及其他	按国家法规或企业规定		违规一次总分扣5分；严重违规停止操作			—	
		在规定时间内完成操作		每超时1min总分扣5分，超时3min停止操作			—	
		合　计	100					

试题45：离心泵密封发热原因判断

（考核时间：20min）

序号	考核内容	考核要点	配分	评分标准	检测结果	扣分	得分	备注
1	准备工作	穿戴劳保用品	3	未穿戴整齐扣3分				
		工具、用具准备	2	工具选择不正确扣2分				
2	操作程序	检查摩擦副是否严重磨损	10	未检查扣10分				
3		检查动静环是否混合不均	10	未检查扣10分				
4		检查摩擦副是否过大，静环破裂	10	未检查扣10分				
5		检查O形圈是否损坏	10	未检查扣10分				
6		检查填料是否压得过紧或过松	10	未检查扣10分				
7		检查水封环装置是否正确	10	未检查扣10分				
8		检查填料或轴套是否磨损过多	10	未检查扣10分				
9		检查泵振动是否正常	10	未检查扣10分				
10		检查冷却水是否中断	10	未检查扣10分				

续表

序号	考核内容	考核要点	配分	评分标准	检测结果	扣分	得分	备注
11	使用工具	正确使用工具	2	工具使用不正确扣 2 分				
		正确维护工具	3	工具乱摆乱放扣 3 分				
12	安全及其他	按国家法规或企业规定		违规一次总分扣 5 分；严重违规停止操作			—	
		在规定时间内完成操作		每超时 1min 总分扣 5 分，超时 3min 停止操作			—	
		合　计	100					

试题 46：离心泵抽空的原因判断和处理

（考核时间：20min）

序号	考核内容	考核要点	配分	评分标准	检测结果	扣分	得分	备注
1	准备工作	穿戴劳保用品	3	未穿戴整齐扣 3 分				
		工具、用具准备	2	工具选择不正确扣 2 分				
2	原因	检查进口液位是否太低	10	未检查扣 10 分				
3		检查进口液位指示是否失灵	10	未检查扣 10 分				
4		检查机封是否泄漏	10	未检查扣 10 分				
5		检查轴套是否泄漏严重	10	未检查扣 10 分				
6		检查出口阀开度是否过大	10	未检查扣 10 分				
7	处理	若进口液位低，调整	10	未调整扣 10 分				
8		若进口液位指示失灵，联系检修	5	未联系扣 5 分				
9		若机封泄漏，联系检修	5	未联系扣 5 分				
10		若轴套泄漏严重，联系检修	10	未联系扣 10 分				
11		若出口阀开度过大，关小	10	未操作扣 10 分				
12	使用工具	正确使用工具	2	工具使用不正确扣 2 分				
		正确维护工具	3	工具乱摆乱放扣 3 分				
13	安全及其他	按国家法规或企业规定		违规一次总分扣 5 分；严重违规停止操作			—	
		在规定时间内完成操作		每超时 1min 总分扣 5 分，超时 3min 停止操作			—	
		合　计	100					

试题 47：离心泵输送流量逐渐减小的原因判断和处理

（考核时间：20min）

序号	考核内容	考核要点	配分	评分标准	检测结果	扣分	得分	备注
1	准备工作	穿戴劳保用品	3	未穿戴整齐扣 3 分				
		工具、用具准备	2	工具选择不正确扣 2 分				

续表

序号	考核内容	考核要点	配分	评分标准	检测结果	扣分	得分	备注
2	原因	检查进口液位是否过低	5	未检查扣5分				
3		检查轴封是否泄漏严重	5	未检查扣5分				
4		检查叶轮是否脱落	5	未检查扣5分				
5		检查进出口阀阀板是否脱落	5	未检查扣5分				
6		检查电机转速是否降低	5	未检查扣5分				
7		检查电机是否缺相	5	未检查扣5分				
8		检查泵吸口有无杂物	5	未检查扣5分				
9		检查泵吸口管是否漏气	5	未检查扣5分				
10	处理	若泵吸口有杂物，清除	10	未清除扣10分				
11		泵吸口漏气，消除	10	未消除扣10分				
12		若进口液位降低，补足液位	5	未操作扣5分				
13		若轴封泄漏，联系检修	5	未联系扣5分				
14		若叶轮脱落，联系检修	5	未联系扣5分				
15		若阀门阀板脱落，联系检修	5	未联系扣5分				
16		若电机转速降低，联系电工调整	5	未联系扣5分				
17		若电机失电，联系电工送电	5	未联系扣5分				
18	使用工具	正确使用工具	2	工具使用不正确扣2分				
		正确维护工具	3	工具乱摆乱放扣3分				
19	安全及其他	按国家法规或企业规定		违规一次总分扣5分；严重违规停止操作			—	
		在规定时间内完成操作		每超时1min总分扣5分，超时3min停止操作			—	
		合　计	100					

试题48：绘制部分回流加压溶气气浮工艺流程图

（考核时间：30min）

序号	考核内容	考核要点	配分	评分标准	检测结果	扣分	得分	备注
1	绘图程序	气浮池分为混凝段和分离段两部分	5	缺少一部分扣3分				
2		刮渣机位于气浮池液面上	10	位置不正确扣5分				
				缺少刮渣机扣10分				
3		气浮池上部排渣，底部出水	10	位置画错扣10分				
4		气浮池出水一部分外排，一部分流至回流集水井	10	缺少外排出水线扣5分				
				缺少集水井扣5分				
5		空压机位于溶气罐和集水井之间	10	缺少空压机扣10分				
				空压机位置错扣5分				

续表

序号	考核内容	考核要点	配分	评分标准	检测结果	扣分	得分	备注
6		加压泵位于溶气罐和集水井之间	10	缺少加压泵扣10分				
				加压泵位置错扣5分				
7		在溶气罐进口处的回流水线上通入压缩空气	10	缺少通入压缩空气点扣10分				
				位置不正确扣8分				
8		溶气罐位于气浮池进水端	10	缺少溶气罐扣10分				
				溶气罐位置不正确扣5分				
9		溶气罐进水线位于溶气罐的底部位置，出水线位于溶气罐上部的位置	10	进水位置不正确扣5分				
				出水位置不正确扣5分				
10		减压阀安装在溶气罐出水线上，并位于气浮池液面上方的位置	10	缺少减压阀扣10分				
				位置不正确扣5分				
11	绘图要求	画出的线条要求直，并画出流向箭头	2	线条不直或未标箭头扣2分				
		标明设备或构筑物名称	3	未标明名称扣3分				
		合　计	100					

试题 49：绘制 A/O 工艺流程图

（考核时间：30min）

序号	考核内容	考核要点	配分	评分标准	检测结果	扣分	得分	备注
1	绘图程序	污水自流进入集水井	5	未画来水线扣2分				
				未画集水井扣3分				
2		污水进入集水井后，通过提升泵提升至均质池	5	未画提升泵扣2分				
				未画流程扣3分				
3		均质池表明利用差流方式使废水自行混合	3	未表明差流方式混合扣2分				
				未画均质池扣2分				
4		均质池出水自流进入A池前端	2	流程未画扣2分				
5		A池设有液下搅拌机使进水、回流混合液、回流污泥充分混合	10	未画液下搅拌机扣5分				
				液下搅拌机位置不准确扣5分				
6		A池出水自流进入O池	2	未画扣2分				
7		O池采用推流曝气形式，长宽比例为5∶1	5	未选择适当的长宽比例画推流式曝气池扣5分				
8		O池采用鼓风曝气，画一台鼓风机及风线	10	未画鼓风机扣5分				
				未画风线扣5分				
9		画pH调节剂投加流程，投加至A池进水口处	10	未画投加流程扣5分				
				投加位置错扣5分				

续表

序号	考核内容	考核要点	配分	评分标准	检测结果	扣分	得分	备注
10		画投磷盐投加流程，投加至A池进水口处	10	未画投加流程扣5分				
				投加位置错扣5分				
11		O池出水自流进入二沉池，二沉池设有刮泥刮渣机	8	未画二沉池扣3分				
				未画刮泥机扣5分				
12		O池出水部分混合液通过提升泵回流至A池前端	5	未画混合液提升泵扣2分				
				未画或画错回流线扣3分				
13		二沉池污泥通过污泥泵回流至A池前端	5	未画污泥泵扣2分				
				未画或画错回流线扣3分				
14		二沉池剩余活性污泥通过排泥泵排至污泥脱水系统	5	未画污泥泵扣2分				
				未画或画错流程扣3分				
15		污泥脱水系统分离液自流至O池前端，泥饼外运或焚烧	5	未画污泥分离液流程扣3分				
				未标明泥饼处置方式扣2分				
16		二沉池出水自流至集水井，再通过加压泵外排	5	未画集水井扣2分				
				未画外排加压泵扣3分				
17	绘图要求	线条要求直，并用箭头表示流体流动方向	2	线条不直或未标箭头扣2分				
		标明设备或构筑物名称	3	未标明名称扣3分				
		合　　计	100					

试题50：绘制生物吸附再生工艺流程图

（考核时间：30min）

序号	考核内容	考核要点	配分	评分标准	检测结果	扣分	得分	备注
1	绘图程序	污水自流进入集水井	5	未画来水线扣2分				
				未画集水井扣3分				
2		污水进入集水井后，通过提升泵提升至吸附池	10	未画提升泵扣5分				
				未画流程扣5分				
3		吸附和再生池采用推流曝气形式，长宽比取5∶1	5	未选择适当的长宽比例画推流式曝气池扣5分				
4		标明再生污泥进入吸附池流程	5	未标明扣5分				
5		吸附池各再生池采用鼓风曝气，画一台鼓风机及风线原则流程图	10	未画鼓风机扣5分				
				未画风线原则流程扣5分				
6		画磷盐投加流程，投加点位于污泥再生池的回流污泥入口处	10	未画或画错投加流程扣5分				
				磷盐投加点不准确扣5分				
7		吸附池出水自流进入二沉池，二沉池液面上设有刮泥刮渣机	10	未画二沉池扣5分				
				未画刮泥机扣5分				

续表

序号	考核内容	考核要点	配分	评分标准	检测结果	扣分	得分	备注
8		二沉池污泥通过污泥泵回流至再生池前端	10	未画污泥泵扣5分				
				未画或画错回流流程扣5分				
9		二沉池剩余活性污泥通过排泥泵排至污泥脱水系统	10	未画污泥泵扣5分				
				未画或画错流程扣5分				
10		污泥脱水系统分离液自流至吸附池前端，泥饼外运或焚烧	10	污泥分离液流程画错扣5分				
				未标明泥饼处置方式扣5分				
11		二沉池出水自流至集水井，再通过加压泵外排	10	未画集水井扣5分				
				未画外排加压泵扣5分				
12	绘图要求	线条要求直，并用箭头表示流体流动方向	2	线条不直或未标箭头扣2分				
		标明设备或构筑物名称	3	未标明名称扣3分				
合计			100					

第二部分

中 级 工

一、理论知识鉴定要素细目表

行业通用理论知识鉴定要素细目表

鉴定范围						鉴定点		
一级		二级		三级		代码	名称	重要程度
代码	名称	代码	名称	代码	名称			
A	基本要求	B	基础知识	A	记录填写基础知识	001	岗位交接班记录的填写要求	X
						002	关键设备巡检记录的填写要求	X
				B	识图基础知识	001	正投影的特点	X
						002	三视图的特点	X
						003	三视图的作图方法	X
						004	零件图的作用	X
				C	安全环保基础知识	001	石化行业安全检查的内容	X
						002	尘毒物质危害人体的主要因素	X
						003	化工污染的控制方法	X
						004	清洁生产的理论基础	X
						005	清洁生产审计的目的	X
						006	灭火的机理	X
						007	ISO 14001 标准的特点	X
						008	ISO 14001 环境因素识别的状态、时态和类型	X
						009	ISO 14001 环境因素识别的步骤	X
						010	ISO 14001 识别环境因素的方法	X
						011	HSE 审核的概念	X
						012	HSE 审核的目的	X
						013	HSE 危害的概念	X
						014	废水治理的常识	X
						015	废气治理的常识	X
						016	废渣处理的常识	X
						017	防冻防凝的知识	X
						018	夏季四防的知识	X
						019	职业病的概念	X
						020	职业病的种类	X
						021	石化行业事故的分类	X
						022	石化行业事故分级的规定	X
						023	HSE 不符合的概念	X
						024	HSE 事故的定义	X

续表

鉴定范围						鉴定点		
一级		二级		三级		代码	名称	重要程度
代码	名称	代码	名称	代码	名称			
				D	质量基础知识	001	标准化的意义	X
						002	质量认证的概念	X
						003	全面质量管理的特点	X
						004	ISO 9000 质量管理体系基础的内容	X
						005	质量管理 PDCA 动态循环的意义	X
						006	ISO 9000 族标准的核心标准	X
						007	ISO 9000 族标准“质量”的意义	X
						008	ISO 9001 标准的八项管理原则	X
				E	计算机基础知识	001	Word 文字处理软件基础知识	X
						002	Word 表格处理知识	X
						003	Excel 工作表的建立	X
						004	Excel 的排版	X
				F	法律常识	001	合同的形式	X
						002	合同法关于无效合同的规定	X

工种理论知识鉴定要素细目表

鉴定范围						鉴定点		
一级		二级		三级		代码	名称	重要程度
代码	名称	代码	名称	代码	名称			
A	基本要求	B	基础知识	G	化学基础知识	001	水的分子结构	X
						002	水的异常特性	X
						003	无机化合物的概念	X
						004	分子间的作用力	Z
						005	应用理想气体状态方程式	X
						006	质量分数的概念	Y
						007	烯烃的命名	X
						008	酸碱作用原理	X
						009	盐类的水解	X
						010	化学键的分类	X
						011	电解质的基本性质	Y
						012	物质的量浓度	Y
						013	影响化学平衡的主要因素	X
						014	金属的活动顺序	Y
						015	卤代烃的概念	X
						016	官能团的概念	X
						017	聚合物的概念	X
						018	滴定分析方法分类	X

续表

鉴定范围						鉴定点		
一级		二级		三级		代码	名称	重要程度
代码	名称	代码	名称	代码	名称			
				H	生物基础知识	001	废水中常见的微生物	X
						002	细菌的代谢产物	X
						003	有机物好氧分解的最终产物	X
						004	有机物厌氧分解的最终产物	X
						005	细菌的结构	X
						006	生物内源呼吸的概念	X
						007	生物酶的分类	X
				I	石油化工与污染源	001	石油中的非烃组分	X
						002	石油中含硫化合物性质	X
						003	石油中氮化合物的性质	X
						004	石油中含氧化合物性质	X
						005	石油中的微量金属及化合物	Z
						006	油品精制过程中非烃组分的变化	X
				J	化工原理知识	001	干燥过程分类	Y
						002	辐射的基本概念	Z
						003	流体的流动类型与雷诺准数	X
						004	蒸发的基本概念	Y
						005	流体静力学基本方程	X
						006	流体的物料衡算	X
						007	流体的能量衡算	X
						008	弗劳德数的概念	Z
				K	电工基础知识	001	安全电压的概念	X
						002	电势差与电场强度的关系	Y
						003	电功和电功率	X
						004	电流的热效应	X
						005	影响导体阻值的因素	Z
						006	三相交流电的概念	X
						007	电器的防爆	X
						008	触电急救措施	X
				L	仪表知识	001	压力表的选用原则	Y
						002	仪表信号分类	X
						003	DCS 的特点	X
						004	自动调节系统的基本组成	X
						005	仪表的自动调节的概念	X
						006	流量测量仪表的分类	X

续表

鉴定范围						鉴定点		
一级		二级		三级		代码	名称	重要程度
代码	名称	代码	名称	代码	名称			
				M	计量知识	001	用于构成十进倍数和分数单位的词头	X
						002	计量单位的换算	X
				N	水污染与治理	001	气体在水中的溶解度	X
						002	水中氧的溶解极限	X
						003	水硬度的概念	X
						004	中水的概念	X
						005	生活污水水质特征	Y
						006	污水一级处理的概念	X
						007	污水二级处理的概念	X
						008	天然水中悬浮物成分	Y
B	相关知识	A	工艺操作	A	工车准备	001	含油废水主要污染物性质	X
						002	含苯废水主要污染物性质	X
						003	含硫废水主要污染物性质	X
						004	含有机氯废水主要污染物性质	X
						005	含酚废水主要污染物性质	X
						006	含氰(腈)废水主要污染物性质	X
						007	(GB3838—2002)地表水环境质量标准	Y
						008	污水中常见重金属的种类	Z
						009	污水中的磷酸盐物质	X
						010	污水中的有机硫化合物	X
						011	污水中的阴离子表面活性物质	X
						012	污水中的芳烃污染物	X
						013	污水中的环烷酸污染物	X
						014	污水中的氨(铵)氮物质	X
						015	pH 值的概念	X
						016	总固体的概念	X
						017	污水的酸碱度	X
						018	微生物活性恢复操作步骤	X
						019	*SDI* 指标的含义	X
						020	化工辅材确认事项	X
						021	均质调节单元开车条件	X
						022	隔油单元开车条件	X
						023	污油罐区开车条件	X

续表

鉴定范围						鉴定点		
一级		二级		三级		代码	名称	重要程度
代码	名称	代码	名称	代码	名称			
				B	开车操作	001	格栅的主要工艺参数	X
						002	沉砂池的主要工艺参数	X
						003	隔油池主要工艺参数	X
						004	活性炭过滤器运行参数	X
						005	多介质过滤器运行参数	Y
						006	微(超)滤装置主要工艺参数	X
						007	反渗透(纳滤)装置主要工艺参数	X
						008	普通快滤池的主要工艺参数	X
						009	常见的吸附剂的性质	X
						010	常见的无机混凝剂的性质	X
						011	聚合氯化铝的特点	X
						012	二氧化氯的特点	X
						013	压力溶气气浮工艺参数	X
						014	布气气浮工艺参数	X
						015	电解气浮工艺参数	X
						016	混凝沉淀工艺参数	X
						017	化学沉淀工艺参数	X
						018	常见的萃取剂性质	Y
						019	粒状活性炭性能指标	Y
						020	废液焚烧炉主要工艺参数	X
						021	催化湿式氧化法主要工艺参数	X
						022	加氯与余氯的关系	Y
						023	生物处理基本参数	X
						024	普通活性污泥法主要工艺参数	X
						025	吸附再生法主要工艺参数	X
						026	完全混合法主要工艺参数	X
						027	延时曝气法主要工艺参数	X
						028	纯氧曝气法主要工艺参数	Y
						029	A/O 法主要工艺参数	X
						030	SBR 法主要工艺参数	X
						031	A-B 法主要工艺参数	X
						032	氧化沟法主要工艺参数	Y
						033	生物接触氧化法主要工艺参数	X
						034	生物滤池法主要工艺参数	X

续表

鉴定范围						鉴定点		
一级		二级		三级		代码	名称	重要程度
代码	名称	代码	名称	代码	名称			
						035	生物转盘法主要工艺参数	X
						036	MBR 反应器的运行参数	X
						037	产甲烷菌的作用	X
						038	消化池的分类	X
						039	厌氧颗粒污泥的形成过程	X
						040	氧化塘法主要工艺参数	X
						041	泥渣脱水主要工艺参数	X
						042	平流隔油池的工作原理	X
						043	斜板隔油池的工作原理	X
						044	沉淀池的工作原理	X
						045	竖流式沉淀池的工作原理	X
						046	辐流式沉淀池的工作原理	X
						047	普通快滤池的工作原理	X
						048	无阀滤池的工作原理	X
						049	浓缩池的工作原理	X
				C	停车操作	001	活性炭过滤器停车操作注意事项	X
						002	活性污泥法生化池停车注意事项	X
						003	生物膜法生化池停车注意事项	X
						004	厌氧生化池停车注意事项	X
						005	泥渣脱水装置停车注意事项	X
						006	污水处理装置停车注意事项	X
						007	污油罐区停车注意事项	X
						008	污泥的浓缩方法	X
						009	污泥脱水方法	Y
						010	常用的污泥调理药剂	X
				D	正常操作	001	自由沉淀的特点	X
						002	拥挤沉淀的特点	X
						003	斜板(管)沉淀池的优点	X
						004	隔油池的收油方式	X
						005	斜板隔油池的优点	X
						006	纤维束过滤器的特点	X
						007	滤池反冲洗膨胀率的概念	X
						008	各种加药混合方式的特点	X
						009	混凝反应速度梯度的概念	X

续表

鉴定范围						鉴定点		
一级		二级		三级		代码	名称	重要程度
代码	名称	代码	名称	代码	名称			
						010	使用臭氧消毒注意事项	Y
						011	活性污泥法常见的工艺形式	X
						012	常见的生物脱氮处理工艺	X
						013	SBR 运行的五个工序	X
						014	生物处理对水质的基本要求	X
						015	UASB 反应器的布水要求	Y
						016	厌氧消化搅拌方式	X
						017	污泥焚烧的优缺点	Y
						018	干化场脱水的优缺点	X
						019	事故池运行管理	X
						020	初淀池运行管理	X
						021	二沉池运行管理	X
						022	压力溶气气浮运行管理	X
						023	布气气浮运行管理	X
						024	混凝沉淀池运行管理	X
						025	化学沉淀池运行管理	Z
						026	消毒系统的运行管理	X
						027	普通活性污泥法运行管理	X
						028	吸附再生法运行管理	X
						029	完全混合法运行管理	X
						030	延时曝气法运行管理	Y
						031	A-B 法运行管理	X
						032	活性炭过滤器的运行管理	X
						033	生物滤池运行管理	X
						034	生物转盘法运行管理	X
						035	生物接触氧化法运行管理	X
						036	氧化塘法运行管理	X
						037	普通快滤池运行管理	X
		B	设备使用与维护	A	使用设备	001	减压阀的工作原理	Y
						002	阀门的主要性能参数	X
						003	离心泵的工作原理	X
						004	轴流泵的工作原理	X
						005	螺旋输送泵的工作原理	X
						006	水环真空泵的工作原理	X

续表

鉴定范围						鉴定点		
一级		二级		三级		代码	名称	重要程度
代码	名称	代码	名称	代码	名称			
						007	潜污泵的工作原理	X
						008	计量泵的工作原理	X
						009	气动阀门的工作原理	X
						010	表曝机的工作原理	X
						011	罗茨风机的工作原理	X
						012	离心式鼓风机的工作原理	X
						013	往复式空气压缩机的工作原理	X
						014	离心式空气压缩机的工作原理	X
						015	带式压滤机的工作原理	X
						016	离心脱水机的工作原理	X
						017	板框压滤机的工作原理	X
						018	转鼓真空过滤机工作原理	X
						019	回转式刮泥机工作原理	X
						020	电动阀工作原理	X
						021	溶气释放器结构	X
						022	离子交换树脂的分类	Y
						023	常见的排水管种类	Z
						024	三相分离器结构	X
						025	集油管的工作原理	Y
						026	软性填料的优缺点	X
						027	离心泵的结构	X
				B	维护设备	001	动设备日常维护内容	X
						002	常用润滑油(脂)的规格	Y
						003	设备完好的标准	Z
		C	事故判断与处理	A	判断事故	001	操作人员发生中毒的原因	X
						002	油罐冒顶的原因	X
						003	操作人员被硫酸灼伤的原因	Z
				B	处理事故	001	污油罐冒顶的处理措施	X
						002	岗位停电的处理方法	X
						003	操作人员被硫酸灼伤的处理方法	X
		D	绘图与计算	A	绘图	001	识别设备图	X
						002	识别标高图例	X
						003	识别高程图	Y
						004	识别剖面图	X

续表

鉴定范围						鉴定点		
一级		二级		三级		代码	名称	重要程度
代码	名称	代码	名称	代码	名称			
				B	计算	001	沉淀池堰板溢流负荷的计算	X
						002	沉淀池湿污泥量的计算	X
						003	沉淀池排泥时间的计算	X
						004	隔油池水平流速的计算	X
						005	污泥指数计算	X
						006	湿污泥容重的计算	Y
						007	浓缩池固体通量的计算	X
						008	生化池污泥负荷计算	Z
						009	过滤器清洗强度的计算	Y

二、理论知识试题

行业通用理论知识试题

判断题

1. 交接班记录需要领导审阅签字。(√)

2. 设备巡检包括设备停机过程中的检查。(√)

3. 投影线都相互平行的投影称为中心投影。(×)

正确答案：投影线都相互平行的投影称为平行投影。

4. 在三视图中，能够反映物体上下、左右位置关系的视图为俯视图。(×)

正确答案：在三视图中，能够反映物体上下、左右位置关系的视图为主视图。

5. 画三视图时，左视图和俯视图的关系是长对正。(×)

正确答案：画三视图时，左视图和俯视图的关系是宽相等。

6. 零件图的作用是读零件图与装配图关系。(×)

正确答案：零件图的作用是直接指导制造零件和检验零件的图样。

7. 零件图是直接指导制造零件和检验零件的图样。(√)

8. 综合性季度检查中，安全生产不仅是重要内容，还实行一票否决权。(√)

9. 尘毒物质对人体的危害与个人体质因素无关。(×)

正确答案：尘毒物质对人体的危害与个人年龄、身体健康状况等因素有关。

10. 因为环境有自净能力，所以轻度污染物可以直接排放。(×)

正确答案：虽然环境有自净能力，轻度污染物也不可以直接排放。

11. 目前清洁生产审计中应用的理论主要是物料平衡和能量守恒原理。(√)

12. 清洁生产审计的目的是：通过清洁生产审计判定生产过程中不合理的废物流和物、能耗部位，进而分析其原因，提出削减它的可行方案并组织实施，从而减少废弃物的产生和排放，达到实现本轮清洁生产目标。(√)

13. 根据燃烧三要素，采取除掉可燃物、隔绝氧气(助燃物)、将可燃物冷却至燃点以下

等措施均可灭火。 (√)

14. 在 HSE 管理体系中，评审是高层管理者对安全、环境与健康管理体系的适应性及其执行情况进行正式评审。 (√)

15. 第二方审核是直属企业作为受审方，由取得相应资格的单位进行 HSE 体系审核。 (×)

正确答案：第三方审核是直属企业作为受审方，由取得相应资格的单位进行 HSE 体系审核。

16. 含汞、铬、铅等的工业废水不能用化学沉淀法治理。 (×)

正确答案：含汞、铬、铅等的工业废水可以用化学沉淀法治理。

17. 一级除尘又叫机械除尘。 (√)

18. 废渣处理首先考虑综合利用的途径。 (√)

19. 陆地填筑法可避免造成火灾或爆炸。 (×)

正确答案：陆地填筑法有可能造成火灾或爆炸。

20. 在防冻防凝工作中，严禁用高压蒸汽取暖、严防高压蒸汽窜入低压系统。 (√)

21. 对已冻结的铸铁管线、阀门等可以用高温蒸汽迅速解冻。 (×)

正确答案：对已冻结的铸铁管线、阀门等不得急剧加热，只允许温水或少量蒸汽缓慢解冻，以防骤然受热损坏。

22. 进入夏季，工业园区应对所有地沟、排水设施进行检查，清除排水障碍。备足防汛物资，遇到险情时能满足需求。 (√)

23. 从事办公室工作的人员不会形成职业病。 (×)

正确答案：从事办公室工作的人员也会形成相应的职业病。

24. 职业中毒不属于职业病。 (×)

正确答案：职业中毒属于职业病之一。

25. 急慢性中毒皆属于人身事故。 (×)

正确答案：急性中毒属于人身事故。

26. 在 HSE 管理体系中，一般不符合项是指能使体系运行出现系统性失效或区域性失效的问题。 (×)

正确答案：在 HSE 管理体系中，一般不符合项是指个别的、偶然的、孤立的、性质轻微的问题或者是不影响体系有效性的局部问题。

27. HSE 管理体系规定，公司应建立事故报告、调查和处理管理程序，所制定的管理程序应保证能及时地调查、确认事故(未遂事故)发生的根本原因。 (√)

28. 标准化的重要意义是提高产品、过程或服务的质量，防止贸易壁垒，并促进技术合作。 (×)

正确答案：标准化的重要意义是改进产品、过程或服务的适用性，防止贸易壁垒，并促进技术合作。

29. 企业应当具备法人的资格或是法人的一部分，才可以申请质量体系认证。 (√)

30. 全面质量管理的核心是强调提高产品质量。 (×)

正确答案：全面质量管理的核心是强调提高工作质量。

31. 生产制造过程的质量管理是全面质量管理的中心环节。 (√)

32. 质量管理体系是指在质量方面指挥和控制组织的管理体系，它是组织若干管理体系的一个。 (√)

33. PDCA 循环是全面质量管理的科学方法，可用于企业各个方面、各个环节的质量管理活动。 (√)

34. ISO 9004：2000 标准是“指南”，可供组织作为内部审核的依据，也可用于认证和合同目的。 (×)

正确答案：ISO 9004：2000 标准提供了超出 ISO 9001 要求的指南和建议，不用于认证或合同的目的。

35. ISO 9000 族标准中，质量仅指产品质量。 (√)

36. ISO 9000 族标准质量管理八项原则是一个组织在质量管理方面的总体原则。 (√)

37. 计算机应用软件 Word 字处理软件不仅可以进行文字处理，还可以插入图片、声音等，但不能输入数学公式。 (×)

正确答案：Word 字处理软件不仅可以进行文字处理，还可以插入图片、声音等，也能输入数学公式。

38. 在应用软件 Word 表格操作中选定整个表格后，按格式工具栏上的左、右、居中对齐等按钮则单元格中的文字内容进行左、右、居中对齐。 (×)

正确答案：选定整个表格后，按格式工具栏上的左、右、居中对齐等按钮则单元格中的文字内容不会进行左、右、居中对齐，整个工作表整体在页面中进行左、右、居中对齐。

39. 在应用软件 Word 表格操作中利用表格工作栏还可对表格内容进行垂直对齐。 (√)

40. 在计算机应用软件 Excel 中选中不连续单元格的功能键是 Alt。 (×)

正确答案：在计算机应用软件 Excel 中选中不连续单元格的功能键是 Ctrl。

41. 在计算机应用软件 Excel 中清除合并居中的格式可以通过键盘的删除(Delete)键来实现。 (×)

正确答案：在计算机应用软件 Excel 中清除合并居中的格式可以通过编辑菜单中的清除格式来实现。

42. 在计算机应用软件 Excel 中的打印可实现放大或缩小比例打印。 (√)

43. 不动产的买卖合同一般采用登记形式。 (√)

44. 在实践中，口头形式是当事人最为普遍采用的一种合同约定形式。 (×)

正确答案：在实践中，书面形式是当事人最为普遍采用的一种合同约定形式。

单选题

1. 不允许在岗位交接班记录中出现(C)。

A. 凭旧换新　　B. 划改内容　　C. 撕页重写　　D. 双方签字

2. 投影线都通过中心的投影称为(A)投影法。

A. 中心　　B. 平行　　C. 斜　　D. 正

3. 在工程制图中应用较多的投影法是(D)投影法。

A. 中心　　B. 平行　　C. 斜　　D. 正

4. 剖视图的剖切符号为断开的(D)线。

A. 细实　　B. 点划　　C. 虚　　D. 粗实

5. 在三视图中，反映物体前后、左右位置关系的视图为(B)。

A. 主视图　　B. 俯视图

C. 左视图　　D. 在三个视图中都有可能

6. 在三视图中，反映物体前后、上下位置关系的视图为(C)。

A. 主视图　　B. 俯视图

C. 左视图　　D. 在三个视图中都有可能

7. 画三视图时，主视图和俯视图的关系是(A)。

A. 长对正　　B. 高平齐　　C. 宽相等　　D. 无关系

8. 零件图的主要作用之一是(B)。

A. 指导读零件的结构　　B. 直接指导制造零件

C. 读零件图与装配图关系　　D. 读零件之间的配合情况

9. 毒物的沸点是(C)。

A. 越低毒性越小　　B. 越高毒性越大

C. 越低毒性越大　　D. 与毒性无关

10. 污染物的回收方法包括(D)。

A. 蒸发　　B. 干燥　　C. 排放　　D. 吸收

11. 清洁生产涵盖有深厚的理论基础，但其实质是(A)。

A. 最优化理论　　B. 测量学基本理论

C. 环境经济学基本理论　　D. 资源经济学基本理论

12. 液体有机物的燃烧可以采用(C)灭火。

A. 水　　B. 沙土　　C. 泡沫　　D. 以上均可

13. ISO 14001 标准其主要特点有强调(D)，强调法律，法规的符合性，强调系统化管理，强调文件化，强调相关方的观点。

A. 污染预防　　B. 持续改进

C. 末端治理　　D. 污染预防、持续改进

14. 在 ISO 14001 标准体系中，为了确保环境因素评价的准确性，在识别环境因素时应考虑的三种状态是(C)。

A. 开车、停机和检修状态　　B. 连续、间歇和半连续状态

C. 正常、异常和紧急状态　　D. 上升、下降和停止状态

15. 公司 HSE 管理体系的审核分为内部审核、(C)。

A. 第一方审核　　B. 第二方审核　　C. 第三方审核　　D. 第四方审核

16. HSE 评审的目的是检验 HSE 管理体系的适宜性、(B)和有效性。

A. 充分性　　B. 公平性　　C. 权威性　　D. 必要性

17. 废水治理的方法有物理法、(A)法和生物化学法等。

A. 化学　　B. 过滤　　C. 沉淀　　D. 结晶

18. 可直接用碱液吸收处理的废气是(A)。

A. 二氧化硫　　B. 甲烷　　C. 氨气　　D. 一氧化氮

19. 废渣的处理大致采用(D)、固化、陆地填筑等方法。

A. 溶解　　B. 吸收　　C. 粉碎　　D. 焚烧

20. 为了作好防冻防凝工作，停用的设备、管线与生产系统连接处要加好（ B ），并把积水排放吹扫干净。

A. 阀门　B. 盲板　C. 法兰　D. 保温层

21. “夏季四防”包括防暑降温、防汛、（ A ）、防倒塌。

A. 防雷电　B. 防霉变　C. 防跌滑　D. 防干旱

22. 属于石化行业职业病的是（ B ）。

A. 近视　B. 尘肺病　C. 肩周炎　D. 哮喘

23. 与化工生产密切相关的职业病是（ B ）。

A. 耳聋　B. 职业性皮肤病　C. 关节炎　D. 眼炎

24. 在 HSE 管理体系中，（ A ）是指组织在职业健康安全绩效方面所达到的目的。

A. 目标　B. 事件　C. 不合格　D. 不符合

25. 在 HSE 管理体系中，（ B ）是指与组织的职业健康安全绩效有关的或受其职业健康安全绩效影响的个人或团体。

A. 目标　B. 相关方　C. 事件　D. 不符合

26. 在 HSE 管理体系中，造成死亡、职业病、伤害、财产损失或环境破坏的事件称为（ C ）。

A. 灾害　B. 毁坏　C. 事故　D. 不符合

27. 标准化的重要意义是改进产品、过程或服务的（ C ），防止贸易壁垒，并促进技术合作。

A. 品质　B. 性能　C. 适用性　D. 功能性

28. 产品质量认证活动是（ D ）开展的活动。

A. 生产方　B. 购买方

C. 生产和购买双方　D. 独立于生产方和购买方之外的第三方机构

29. 全面质量管理强调以（ B ）质量为重点的观点。

A. 产品　B. 工作　C. 服务　D. 工程

30. 质量管理体系要求企业除应有（ A ）上的保证能力以外，还应有资源上的保证能力。

A. 管理　B. 质量计划

C. 质量政策与程序　D. 质量文件

31. 企业的质量方针是由（ D ）决策的。

A. 全体员工　B. 基层管理人员

C. 中层管理人员　D. 最高管理层人员

32. PDCA 循环的四个阶段八个步骤的第四个步骤是（ B ）。

A. 总结　B. 拟订对策并实施

C. 分析问题原因　D. 效果的确认

33. ISO 9001 和 ISO 9004 的区别在于（ D ）。

A. 采用以过程为基础的质量管理体系模式

B. 建立在质量管理八项原则的基础之上

C. 强调与其他管理标准的相容性

D. 用于审核和认证

34. 下列各项中属于产品固有特性的是（ B ）。

A. 价格　B. 噪音　C. 保修期　D. 礼貌

35. PDCA 循环是实施 ISO 9000 族标准(B)原则的方法。

A. 系统管理　　B. 持续改进

C. 过程方法　　D. 以事实为决策依据

36. 在计算机应用软件 Word 中，不能进行的字体格式设置是(C)。

A. 文字的缩放　　B. 文字的下划线　　C. 文字的旋转　　D. 文字的颜色

37. 计算机应用软件 Word 的菜单中，经常有一些命令是灰色的，这表示(B)。

A. 应用程序本身有故障　　B. 这些命令在当前状态不起作用

C. 系统运行故障　　D. 这些命令在当前状态下有特殊的效果

38. 在计算机应用软件 Word 中，可用于计算表格中某一数值列平均值的函数是(C)。

A. Abs( )　　B. Count( )　　C. Average( )　　D. Total( )

39. 在计算机应用软件 Excel 工作表中，可按需拆分窗口，一张工作表最多拆分为(B)个窗口。

A. 3　　B. 4　　C. 5　　D. 任意多

40. 在计算机应用软件 Excel 中如图所示页面中的斜杠是通过(B)菜单中单元格里的边框来实现。

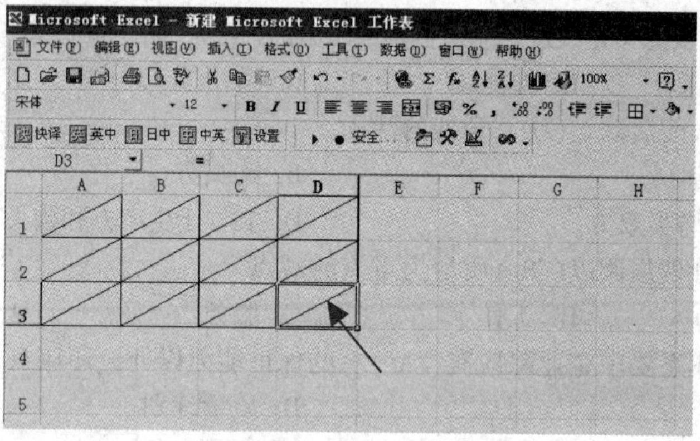

A. 编辑　　B. 格式　　C. 工具　　D. 窗口

41. 当事人采用合同书形式订立合同的，自双方当事人(C)时合同成立。

A. 制作合同书　　B. 表示受合同约束

C. 签字或者盖章　　D. 达成一致意见

42. 下列各种合同中，必须采取书面形式的是(D)合同。

A. 保管　　B. 买卖　　C. 租赁　　D. 技术转让

多选题

1. 设备巡检时域分为(A，B，C，D)等检查。

A. 设备运行期间　　B. 设备停机过程中

C. 设备停运期间　　D. 设备开机过程中

2. 在三视图中，能够反映物体前后位置关系的视图为(B，C)。

A. 主视图　　B. 俯视图

C. 左视图　　D. 在三个视图中都有可能

3. 在三视图中，能够反映物体上下位置关系的视图为(A，C)。

A. 主视图　　B. 俯视图

C. 左视图　　D. 在三个视图中都有可能

4. 在三视图中，与高度有关的视图是(A，C)。

A. 主视图　　B. 俯视图　　C. 左视图　　D. 三个视图都有关系

5. 在三视图中，与宽度有关的视图是(B，C)。

A. 主视图　　B. 俯视图　　C. 左视图　　D. 三个视图都有关系

6. 零件图的主要作用是(A，C)。

A. 直接指导制造零件　　B. 指导读零件的结构

C. 检验零件的图样　　D. 读零件图与装配图关系

7. 安全检查中的“月查”由车间领导组织职能人员进行月安全检查，查领导、查思想、(A，B，D)。

A. 查隐患　　B. 查纪律　　C. 查产量　　D. 查制度

8. 尘毒物质对人体的危害与工作环境的(A，B，C)等条件有关。

A. 温度　　B. 湿度　　C. 气压　　D. 高度

9. 改革生产工艺是控制化工污染的主要方法，包括(A，B，C)等。

A. 改革工艺　　B. 改变流程

C. 选用新型催化剂　　D. 更新设备

10. 着火点较大时，有利于灭火措施的是(A，C，D)。

A. 抑制反应量　　B. 用衣服、扫帚等扑打着火点

C. 减少可燃物浓度　　D. 减少氧气浓度

11. 在 ISO 14001 标准体系中，为了确保环境因素评价的准确性，在识别环境因素时应考虑土地污染、对社区的影响、原材料与自然资源的使用、其他地方性环境问题外，还应考虑(A，B，C)问题。

A. 大气排放　　B. 水体排放　　C. 废物管理　　D. 材料的利用

12. 在 ISO 14001 标准体系中，环境因素识别的步骤包括(A，B，D)。

A. 划分和选择组织过程　　B. 确定选定过程中存在的环境因素

C. 初始环境评审　　D. 明确每一环境因素对应的环境影响

13. 在 ISO 14001 标准体系中，识别环境因素的方法除问卷调查、专家咨询、现场观察和面谈、头脑风暴、查阅文件及记录、测量、水平对比、纵向对比等方法外，还有(A，B，C)方法。

A. 过程分析法　　B. 物料衡算

C. 产品生命周期　　D. 最优化理论

14. 在 HSE 管理体系中，审核是判别管理活动和有关的过程(A，B)，并系统地验证企业实施安全、环境与健康方针和战略目标的过程。

A. 是否符合计划安排　　B. 是否得到有效实施

C. 是否已经完成　　D. 是否符合标准

15. HSE 管理体系中，危害主要包括(A，B，C，D)等方面。

A. 物的不安全状态　　B. 人的不安全行为

C. 有害的作业环境　　　　　　　　　D. 安全管理缺陷

16. 工业废水的生物处理法包括(B，D)法。

A. 过滤　　　　B. 好氧　　　　C. 结晶　　　　D. 厌氧

17. 对气态污染物的治理主要采取(B，C)法。

A. 蒸馏　　　　B. 吸附　　　　C. 吸收　　　　D. 过滤

18. 可用于废渣处理方法的是(A，B，C)。

A. 陆地填筑　　B. 固化　　　　C. 焚烧　　　　D. 粉碎

19. 为了做好防冻防凝工作，应注意(A，B，C)。

A. 加强报告制度　　　　　　　　　B. 加强巡检力度

C. 有情况向上级或领导汇报　　　　D. 独立解决问题

20. 不属于夏季四防范畴的是(A，B，D)。

A. 防滑　　　　B. 防冰雹　　　C. 防雷电　　　D. 防干旱

21. HSE 管理体系规定，事故的报告、(A，B，C)、事故的调查、责任划分、处理等程序应按国家的有关规定执行。

A. 事故的分类　B. 事故的等级　C. 损失计算　　D. 事故的赔偿

22. 标准化的重要意义可概括为(A，B，C，D)。

A. 改进产品、过程或服务的适用性　　B. 防止贸易壁垒，促进技术合作

C. 在一定范围内获得最佳秩序　　　　D. 有一个或多个特定目的，以适应某种需要

23. 企业质量体系认证(A，C，D)。

A. 是一种独立的认证制度

B. 依据的标准是产品标准

C. 依据的标准是质量管理标准

D. 是第三方对企业的质量保证和质量管理能力依据标准所做的综合评价

24. 产品的质量特性包括(A，B，C，D)。

A. 性能　　　　B. 寿命　　　　C. 可靠性　　　D. 安全性

25. PDCA 循环中，处置阶段的主要任务是(B，D)。

A. 明确目标并制订实现目标的行动方案

B. 总结成功经验

C. 对计划实施过程进行各种检查

D. 对质量问题进行原因分析，采取措施予以纠正

26. 下列哪些标准应用了以过程为基础的质量管理体系模式的结构(B，C)。

A. ISO 9000：2000《质量管理体系基础和术语》

B. ISO 9001：2000《质量管理体系要求》

C. ISO 9004：2000《质量管理体系业绩改进指南》

D. ISO 19011：2002《质量和环境管理体系审核指南》

27. ISO 9000 族标准中，质量具有(B，C)性等性质。

A. 适用　　　　B. 广义　　　　C. 相对　　　　D. 标准

28. 在计算机应用软件 Word 的“页面设置”对话框中，可以设置的选项为(B，C，D)。

A. 字体　　　　B. 位置　　　　C. 纸型　　　　D. 纸张大小

29. 在计算机应用软件 Word 表格中，关于数据排序的叙述，不正确的是(A，B，C)。
A. 表格中数据的排序只能按升序进行　B. 表格中数据的排序只能按降序进行
C. 表格中数据的排序依据只能是行　D. 表格中数据的排序依据可以是列
30. 在计算机应用软件 Excel 工作表中，选定某单元格，单击“编辑”菜单下的“删除”选项，可能完成的操作是(A，B，C)。
A. 删除该行　B. 右侧单元格左移
C. 删除该列　D. 左侧单元格右移
31. 在 Excel 工作簿中，对工作表可以进行的打印设置是(A，B，D)。
A. 打印区域　B. 打印标题　C. 打印讲义　D. 打印顺序
32. 合同可以以(A，B，C，D)形式存在。
A. 口头　B. 批准　C. 登记　D. 公正
33. 下列说法中属于无效合同特征的有(A，B，C，D)。
A. 无效合同自合同被确认无效时起无效
B. 对无效合同要进行国家干预
C. 无效合同具有不得履行性　D. 无效合同的违法性

工种理论知识试题

判断题

1. 水分子中的氢原子和氧原子是直线型排列的。 (×)
正确答案： 水分子中氢原子和氧原子排列成“V”形。
2. 水具有显著的溶解离子型化合物能力，是由于水有异常大的介电常数。 (√)
3. 分子间作用力按其实质来说是一种电性的吸引力。 (√)
4. 在共轭体系中，由于电子或键的离域，电子云遍布扩散于整个体系使体系能量降低，分子更稳定，键长趋于平均化，此种效应称为共轭效应。 (√)
5. 酸碱中和反应的实质是：$H^+ + OH^- = H_2O$。 (√)
6. 盐类的水解是放热反应。 (×)
正确答案： 盐类的水解是吸热反应。
7. 强电解质在水溶液里同样存在着电离平衡。 (×)
正确答案： 强电解质在水溶液里，全部电离为离子，不存在分子和离子之间的电离平衡。
8. 化学平衡是静态的平衡。 (×)
正确答案： 化学平衡是动态平衡。
9. 在金属活动性顺序中，排在氢后面的金属能置换出酸里的氢。 (×)
正确答案： 在金属活动性顺序中，排在氢前面的金属能置换出酸里的氢。
10. 酚和醇具有相同的官能团，因而具有完全相同的化学性质。 (×)
正确答案： 酚和醇具有相同的官能团，但具有不完全相同的化学性质。
11. 聚合物的化学组成一般比较复杂。 (×)
正确答案： 聚合物的化学组成一般比较简单。
12. 一切生物进行生命活动需要的物质和能量都是通过分解代谢提供的。 (√)
13. 各种糖类、有机酸或糖醛酸类，在微生物的需氧性分解中，其分解和氧化的途径虽

各有差别，但是它们的终局氧化阶段是一致的。(√)

14. 细胞质膜的单位结构由磷脂单分子层与蛋白质组成。(×)

正确答案： 细胞质膜的单位结构由磷脂双分子层与蛋白质组成。

15. 内源呼吸是微生物细胞物质的生物氧化反应，贯穿于微生物的整个生命期。(√)

16. 双成分酶含有酶蛋白和非蛋白质的活性基，与蛋白质结合较紧的称辅酶，与酶蛋白质的结合较松可以透析的称辅基。(×)

正确答案： 双成分酶含有酶蛋白和非蛋白质的活性基，与蛋白质结合较紧的称辅基，与酶蛋白质的结合较松可以透析的称辅酶。

17. 石油中所含环烷酸的酸值是随馏分沸点的升高而升高。(×)

正确答案： 石油中所含环烷酸的酸值是随馏分沸点的升高而降低。

18. 原油中绝大部分金属浓缩在重渣油中，尤其是沥青组分中。(√)

19. 自然界中一切物体都在不停地向外发射辐射能，同时又不断地吸收来自其他物体的辐射能，并将其转变为热能。(√)

20. 质点的脉动是滞流运动的最基本特点。(×)

正确答案： 质点的脉动是湍流运动的最基本特点。

21. 静止液体内同一水平面上的各点所受压强相等。(√)

22. 在管道中流动时，流体在任一截面处的流速、流量和压强等均不变化的称为稳定流动。(×)

正确答案： 在管道中流动时，流体在任一截面处的流速、流量和压强等均不随时间变化的称为稳定流动。

23. 在没有外加能量和摩擦阻力的情况下做稳定流动时，流体在不同截面上总的机械能是变化的。(×)

正确答案： 在没有外加能量和摩擦阻力的情况下做稳定流动时，流体在不同截面上总的机械能量为一常数。

24. 在沉淀池中，当水平流速增大时，雷诺数将提高，而弗劳德数将会下降。(×)

正确答案： 在沉淀池中，当水平流速增大时，雷诺数和弗劳德数都将提高。

25. 安全电压是为防止触电事故而采用的由特定电源供电的一个电压值。(×)

正确答案： 安全电压是为防止触电事故而采用的由特定电源供电的电压系列。

26. 电场强度为零的地方，电势不一定为零；反之，电势为零的地方，电场强度一定为零。(×)

正确答案： 电场强度为零的地方，电势不一定为零；反之，电势为零的地方，电场强度不一定为零。

27. 电弧焊是利用电流的热效应，将金属熔化而达到焊接目的的。(√)

28. 压力在-101.3~0kPa 时，选用弹簧管真空表。(√)

29. 集散控制系统一般主要由操作站，控制站，检测站、通讯装置四部分组成。(√)

30. 选用流量测量仪表时，主要考虑工艺过程允许压力损失，最大流量和最小流量。(×)

正确答案： 选用流量测量仪表时，不但要考虑工艺过程允许压力损失，最大流量和最小流量，还要考虑被测流体的性质和状态及精度要求等。

31. 氧气在水中的溶解度永远大于空气在水中的溶解度。(×)

正确答案：在相同条件下，氧气在水中的溶解度永远大于空气在水中的溶解度。

32. 对于天然水来讲，水的硬度就是水中钙离子的浓度。 (×)

正确答案：对于天然水来讲，水的硬度就是水中钙离子和镁离子的总浓度。

33. 中水回用是指民用建筑物或居住小区内使用后的各种排水经过适当处理后，回用于建筑物或居住小区内，作为杂用水的供水系统。 (√)

34. 废水二级处理时，营养物质不平衡，会影响微生物的活性，但不影响处理效果。 (×)

正确答案：废水二级处理时，营养物质不平衡，会影响微生物的活性，进而影响处理效果。

35. 水中的悬浮物是指颗粒直径在 10^{-4}mm 以上的微粒，它是造成浊度、色度、气味的主要来源。 (√)

36. 含油污水中存在表面活性物质，使乳化油具有高度的化学稳定性。 (√)

37. 在相同的压力条件下，苯的沸点要比水的沸点高。 (×)

正确答案：在相同的压力条件下，苯的沸点要比水的沸点低。

38. 含硫污水是一种硫化氢、氨和二氧化碳等多元水溶液。 (√)

39. 二氯乙烷对称异构体的毒性比不对称异构体的毒性小。 (×)

正确答案：二氯乙烷对称异构体的毒性比不对称异构体的毒性大。

40. 加压水解法既能处理游离的氰根，又能处理络合氰化物。 (√)

41. 重金属都对微生物有毒害作用。 (×)

正确答案：许多重金属对微生物有毒害作用，但有些亦是微生物生长繁殖需要的微量元素。

42. 废水中有机磷化合物都是可溶的。 (×)

正确答案：废水中有机磷化合物大多呈胶体和颗粒状形态，可溶性只占 30%左右。

43. 阴离子表面活性物质烃链部分端点为亲水端，而另一端极性基团则为亲油端。 (×)

正确答案：阴离子表面活性物质烃链部分端点为亲油端，而另一端极性基团则为亲水端。

44. 缓冲溶液的作用是在 H^+增加就予以吸收，在 H^+减少时就予以补充，使溶液中自由的 H^+数量没有变化。 (×)

正确答案：缓冲溶液的作用是在 H^+增加就予以吸收，在 H^+减少时就予以补充，使溶液中自由的 H^+数量变化幅度降低。

45. 在好氧生化处理过程中，污水中的无机含硫氧化物会散发出臭味。 (×)

正确答案：污水中的无机含硫氧化物，只有在厌氧条件下发生还原反应产生 H_2S 才会散发出臭味。

46. 过栅水头损失增大，一定是过栅水量增大。 (×)

正确答案：过栅水头损失增大，说明过栅流速增大，可能是过栅水量增加，也有可能是格栅局部被堵塞。

47. 在污水深度处理过程，使用活性炭过滤时，其进水 *COD* 浓度一般不超过 50mg/L。 (×)

正确答案：在污水深度处理过程，使用活性炭过滤时，其进水 *COD* 浓度一般不超过 80mg/L。

48. 多介质过滤器只能去除固体悬浮物，对 *COD* 丝毫不能去除。 (×)

正确答案：多介质过滤器不仅能去除固体悬浮物，也可以去除一些非溶解性的*COD*。

49. 当微(超)滤装置的进水浊度变化较大时，其出水浊度变化较小。 (√)

50. 反渗透膜的最高进水温度为50℃。 (×)

正确答案：反渗透膜的最高进水温度为45℃。

51. 从反冲洗开始到反冲洗结束的时间间隔称为过滤周期。 (×)

正确答案：两次反冲洗的时间间隔为过滤周期。

52. 溶液中投加高价电解质时，如果过量投加到一定浓度后，会出现超荷状态，使胶体重新出现稳定状态。 (√)

53. 与全加压和部分加压溶气气浮相比较，部分回流加压溶气气浮释放器易堵塞。 (×)

正确答案：部分回流加压溶气气浮因使用气浮出水作溶气水，与全加压和部分加压溶气气浮相比较，释放器堵塞的可能性相对要小。

54. 叶轮气浮没有溶气过程，只有布气过程。 (√)

55. 电解液中含有氯离子或其他卤素离子，能阻止阳极钝化。 (√)

56. 沉淀剂的用量一般不要超过理论用量的20%~50%。 (√)

57. 一般废水中有机物氧化分解温度和无机物熔点大都在800~1200℃之间。 (√)

58. 普通曝气池从池首到池尾生物反应速度相同。 (×)

正确答案：普通曝气池从池首到池尾生物反应速度不同。

59. 延时曝气活性污泥法污泥负荷比其他活性污泥法高。 (×)

正确答案：延时曝气活性污泥法污泥负荷比其他活性污泥法低。

60. 纯氧曝气系统的污泥泥龄通常为5~15天。 (√)

61. 纯氧曝气系统氧利用率可达99%。 (×)

正确答案：纯氧曝气系统氧利用率可达80%~90%。

62. SBR法运行周期为各阶段历时之和。 (√)

63. 接触氧化池生物量大，温度变化对污水处理效果没有影响。 (×)

正确答案：接触氧化池生物量大，但温度变化对污水处理效果仍有一定的影响。

64. 膜生物反应器的氧转移效率很低。 (×)

正确答案：膜生物反应器的氧转移效率很高。

65. 膜生物反应器可以提高难降解有机物的降解效率。 (√)

66. 产甲烷菌是一群形态多样、具有特殊细胞成分、可代谢H_2和CO_2及少数几种简单有机物生成甲烷的严格厌氧的细菌。 (√)

67. 投加补充适当量的镍、钴、钼和锌等到微量元素有利于提高污泥产甲烷活性，因为这些元素是产甲烷辅酶重要的组成部分，可加速污泥颗粒化过程。 (√)

68. 离心机脱水时，污泥在转鼓内的停留时间与进泥量有关。 (×)

正确答案：离心机脱水时，污泥在转鼓内的停留时间与进泥量、差转速和液环层厚度有关。

69. 斜板隔油池是一种异向流分离装置，其水流方向与油珠运动方向相同。 (×)

正确答案：斜板隔油池是一种异向流分离装置，其水流方向与油珠运动方向相反。

70. 竖流式沉淀池废水的上升流速应小于悬浮颗粒的最小沉速。 (×)

正确答案：竖流式沉淀池废水的上升流速应等于悬浮颗粒的最小沉速。

71. 沉淀池的表面负荷是进入沉淀池的废水流量与沉淀池的表面积的比值。 (√)

72. 滤料的级配是指滤料中粒径不同的颗粒所占的比例。 (√)

73. 浓缩池上清液量与入流污泥量的比值称为分离率。 (√)

74. 完全混合式曝气池排泥对污泥的沉降时间没有要求。 (×)

正确答案：完全混合式曝气池排泥应在停机 30min 后进行。

75. 多级生物转盘停止进水后，停车的顺序应是从第一级开始。 (×)

正确答案：多级生物转盘停止进水后，停车的顺序应是从最后一级开始。

76. 厌氧反应器停车后再次启动时，可以按停车前的负荷状态继续运行。 (×)

正确答案：厌氧反应器停车后再次启动时，不能按停车前的状态负荷运行，必须重新从低负荷开始逐渐提升到高负荷状态。

77. 螺旋输送机停机前应将槽内的泥饼全部输送完，长时间停运还要用水冲洗干净。 (√)

78. 处理剩余活性污泥的惟一方法是浓缩、脱水。 (×)

正确答案：剩余活性污泥的处理除了浓缩、脱水方法以外，常用的方法还有厌氧消化、湿式氧化、焚烧等。

79. 采用离心机对污泥进行浓缩时，先要投加絮凝剂对污泥进行调质。 (×)

正确答案：采用离心机对污泥进行浓缩时，一般不需要投加絮凝剂对污泥进行调质。

80. 颗粒在水中自由沉淀的本质，理论认为：沉速与颗粒直径平方成正比，而与流体的动力黏度成反比关系。 (√)

81. 斜板(管)沉淀池分为同向、横向流两种形式。 (×)

正确答案：斜板(管)沉淀池分为异向、同向、横向流三种形式。

82. 自动收油罩与其他收油方式比效，其收油含水率高。 (×)

正确答案：自动收油罩收油与其他收油方式比较，其收油含水率低。

83. 斜板隔油池池内的水力停留时间仅为平流隔油池的 1/4~1/2。 (√)

84. 臭氧是一种无毒气体。 (×)

正确答案：臭氧是一种有毒气体，对人的眼结膜和整个呼吸道黏膜有直接的刺激作用。

85. 氧化沟、A/O 法、完全混合法都是常见的脱氮处理工艺。 (×)

正确答案：氧化沟、A/O 法都是常见的脱氮处理工艺污水。

86. 消化池搅拌的目的是使投入污泥或废水混合均匀，提高消化能力。 (×)

正确答案：消化池搅拌的目的是使投入污泥或废水和池内的消化污泥混合均匀，使池内各点的温度均匀，分离附在污泥颗粒上的气体以及防止浮渣层的形成，提高消化能力，增加产气量。

87. 污泥焚烧应充分利用污泥的热值，尽可能降低能耗和动力消耗。 (√)

88. 平流式初沉池池形结构一定的条件下，确定水平流速也就确定了停留时间。 (√)

89. 高效纤维束过滤器分为压力式纤维束过滤器和重力式纤维过滤器两大类。 (√)

90. 由于压力溶气释放器容易堵塞，所以要定期进行清洗。 (√)

91. 一般来说，叶轮气浮的布气量与搅拌机的转速有关。 (√)

92. 混凝沉淀池排泥时间的长短和排泥量的大小与排泥含水率无关。 (×)

正确答案：混凝沉淀池排泥时间的长短和排泥量的大小与排泥含水率有关。

93. 若停止使用二氧化氯发生器时，要先停自来水，再停二氧化氯发生器。 (×)

正确答案：若停止使用二氧化氯发生器时，要先停二氧化氯发生器，再停自来水。

94. 普通活性污泥曝气法进水有机负荷过高易使曝气池末端混合液处于缺氧状态。（×）

正确答案：普通活性污泥曝气法进水有机负荷过高易使曝气池首端混合液处于缺氧状态。

95. 吸附再生法吸附池内污泥受到冲击，应减小二沉池的污泥回流量。（×）

正确答案：当吸附池内污泥受到冲击，应加大二沉池的污泥回流量。

96. 完全混合法曝气池中，表面曝气叶轮浸液深度越小，池内充氧效率越高。（×）

正确答案：完全混合法曝气池中，表面曝气叶轮浸液深度适当，池内充氧效率高。

97. 塔式生物滤池内上层填料布置应与塔顶相平，以提高处理能力。（×）

正确答案：塔式生物滤池内上层填料布置应低于塔顶，便于观察运转情况。

98. 普通快滤池在反冲洗过程中，如果反洗强度过大，会出现粒径较小的滤料被水冲跑的现象。（√）

99. 阀门公称通径表示阀门的实际口径。（×）

正确答案：阀门公称通径表示阀门口径的名义直径。

100. 水从排出口进入管道是因为离心泵叶轮中心的压力大于大气压。（×）

正确答案：水从排出口进入管道是因为水在泵壳内减速和进行能量转换得到较高的压力。

101. 轴流泵属于叶片式泵，液体在叶轮内是沿径向流动的。（×）

正确答案：轴流泵属于叶片式泵，液体在叶轮内是沿轴向流动的。

102. 水环真空泵工作时必须连续向泵内供工作液体。（√）

103. 机械隔膜式计量泵柱塞前后移动时，通过液压油将压力传递给隔膜并使隔膜前后挠曲变形。（×）

正确答案：机械隔膜式计量泵柱塞前后移动时，直接带动隔膜前后挠曲变形。

104. 气动蝶阀可以在竖直或水平管线上安装，但执行机构尽可能装在水平位置。（×）

正确答案：气动蝶阀可以在竖直或水平管线上安装，但执行机构尽可能装在竖直位置。

105. 表曝机浸没越深，充氧效果越好。（×）

正确答案：表曝机浸没过深，叶轮单线搅拌，没有水跃，空气吸入量少，得不到有效充氧。

106. 单级离心鼓风机压力增高主要发生在扩压过程。（×）

正确答案：单级离心鼓风机压力增高主要发生在叶轮中。

107. 污泥进入带式压滤机多级“S”形压榨段，由于物料在轴系间的变向弯曲而产生压力，造成物料更加坚实。（×）

正确答案：污泥进入多级“S”形压榨段，由于物料在轴系间的变向弯曲而产生剪切力，造成物料更加坚实。

108. 离心脱水机分离后的水靠离心力排出脱水机外。（×）

正确答案：离心脱水机分离后的水靠重力排出脱水机外。

109. 板框压滤机一般是间歇运行。（√）

110. 板框压滤机比真空过滤机过滤能力差。（×）

正确答案：板框压滤机比真空过滤机过滤能力强。

111. 为防止水流冲击，保证微气泡与颗粒的黏附条件，每个释放器的服务直径为0.1～1.1m。 (√)

112 离子交换树脂是由网状结构的高分子固体与附着在母体上许多活性基团构成的可溶性高分子电解质。 (×)

正确答案： 离子交换树脂是由网状结构的高分子固体与附着在母体上许多活性基团构成的不溶性高分子电解质。

113. 三相分离器的高度为UASB反应器总高度的30%～40%。 (×)

正确答案： 三相分离器的高度为UASB反应器总高度的15%～20%。

114. 当浮油达到一定厚度，浮油即可溢入集油管并沿集油管流到集油池。 (×)

正确答案： 当浮油达到一定厚度，集油管绕轴线转动，使切口浸入水面浮油层之下，浮油即可溢入集油管并沿集油管流到集油池。

115. 软性纤维填料适用于处理 BOD_5 值较低，进水有机负荷较小的接触氧化池。 (×)

正确答案： 软性纤维填料适用于处理 BOD_5 值较高，进水有机负荷较大的接触氧化池。

116. 润滑油黏度牌号是按40℃动力黏度制订的。 (×)

正确答案： 润滑油黏度牌号是按40℃运动黏度制订的。

117. 污油是原油及多种油品的混合体，一般情况下油罐上层的油品含水率最大。 (×)

正确答案： 污油是原油及多种油品的混合体，一般情况下油罐上层的油品含水率最小。

118. 稀释硫酸时应将水倒入硫酸中。 (×)

正确答案： 稀释硫酸时应将浓硫酸在搅拌的情况下缓缓注入水中。

119. 污油罐内因含有大量水分，当加温温度达100℃时，油罐会产生突沸现象。 (√)

120. 保护呼吸器官的防毒用具只有过滤式防毒用具一种。 (×)

正确答案： 保护呼吸器官的防毒用具一般分为过滤式和隔离式两大类。

121. 设备图一般由设备装配图、部件图及零件图组成。 (√)

122. 标高图例的标注为“±0.000”，小数点后取三位数，单位用“米”(图上可不注)，也可与图上所注的平面尺寸精度相对应。 (√)

123. 假想用剖切面剖开零件，将处在观察者和剖切面之间部分移去，而将其余部分向投影面投影，所得到的图形称为剖面图。 (×)

正确答案： 假想用剖切面把零件的某处切断，仅画出被切断表面的图形，称为剖面图。

124. 在沉淀池运行基本稳定的情况下，在排泥时，从污泥取样口连续取样并测定其含固量，从排泥开始到含固量基本为零时的时间即为排泥时间。 (√)

125. 隔油池的水平流速只决定于来水水量。 (×)

正确答案： 确定了隔油池的过水断面积后，隔油池的水平流速只决定于来水水量。

126. 沉淀池湿污泥容重等于其中所含水分质量与干固体质量之和。 (√)

127. 当进入浓缩池的污泥量和浓缩池的池型确定后，固体通量也就确定了。 (×)

正确答案： 当进入浓缩池的污泥量和浓缩池的池型确定后，固体通量与污泥固体浓度有关。

128. 利用经验公式 $L = K_1 S_e^n$ 来计算污泥负荷时，不同行业的污水，经验常数 K_1 和 n 的取值也不一样。 (√)

129. 在滤池或过滤器的冲洗强度公式 $q = 10kv_{mf}$ 中，v_{mf} 表示“最小粒径滤料的最大流态

化流速”。 （×）

正确答案：在滤池或过滤器的冲洗强度公式 $q=10kv_{mf}$ 中 v_{mf} 表示“最大粒径滤料的最小流态化流速”。

单选题

1. 无机物一般指的是组成里不含（ C ）元素的物质。

A. 氮　B. 氧　C. 碳　D. 硫

2. 下列各物质中属于无机物的是（ A ）

A. Fe_3O_4　B. C_2H_2　C. C_6H_6　D. CH_4

3. 发生在极性分子与极性分子之间的作用力是（ A ）。

A. 取向力　B. 诱导力　C. 色散力　D. 向心力

4. 理想气体的气体分子没有（ B ）。

A. 质量　B. 体积　C. 中子　D. 电子

5. 溶液加水稀释前后，溶液中保持不变的是（ C ）。

A. 溶液中溶质质量分数　B. 溶液的质量

C. 溶质的质量　D. 溶剂的质量

6. $CH_2=CCH_3-CH=CH_2$ 读作：（ C ）。

A. 3-甲基-1，3-丁二烯　B. 3，3-二甲基丙烯

C. 2-甲基-1，3-丁二烯　D. 2-甲基-1，4-丁二烯

7. pH 值为 2 的盐酸跟 pH 值为 12 的氢氧化钠溶液等体积混合后，得到的溶液（ A ）。

A. $pH=7$　B. $pH>7$　C. $pH<7$　D. $pH=14$

8. 在硫化钠溶液中，$[Na^+]$ 与 $[S^{2-}]$ 的关系是（ D ）。

A. $[Na^+]=[S^{2-}]$　B. $[Na^+]:[S^{2-}]=2:1$

C. $[Na^+]:[S^{2-}]<2:1$　D. $[Na^+]:[S^{2-}]>2:1$

9. 化学键（ C ）。

A. 只存在于分子之间　B. 只存在于离子之间

C. 是相邻的两个或多个原子之间强烈的相互作用

D. 是相邻的两个或多个离子之间强烈的相互作用

10. 下列电解质水溶液中电离度最大的是（ A ）。

A. NaCl　B. 氨水　C. 醋酸　D. 亚硝酸

11. 对溶液进行稀释，稀释前后只是溶液体积和浓度发生了改变，（ A ）没变。

A. 溶质的物质的量　B. 溶剂的物质的量

C. 溶质的质量分数　D. 溶剂的质量分数

12. 在金属活动性顺序中，（ C ）的活动性最强。

A. Na　B. Ca　C. K　D. Al

13. 下列各项中，（ B ）不是卤代烃。

A. CCl_4　B. CH_3CH_2-OBr　C. 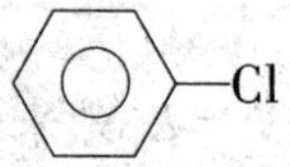　D. $CH_2=CHCl$

14. 官能团是决定化合物化学特性的（ D ）。

A. 化学键　B. 分子或分子团　C. 离子　D. 原子或原子团

15. 聚合物是由许多(C)。

A. 相同的结构单元，以离子键连接起来的

B. 不同的结构单元，以离子键连接起来的

C. 相同的结构单元，以共价键连接起来的

D. 不同的结构单元，以共价键连接起来的

16. 在溶液中(C)可以认为是离子在化学反应中起作用的有效浓度。

A. 溶解度　　B. 电离度　　C. 活度　　D. 不饱和度

17. 在废水生物处理中(D)在活性污泥中大量繁殖后，使污泥的脱水困难。

A. 真菌　　B. 球菌　　C. 放线菌　　D. 丝状菌

18. 废水处理中，在生物膜内，(C)形成大的网状组织，是结合生物膜的一种材料。

A. 螺旋菌　　B. 杆菌　　C. 真菌　　D. 放线菌

19. 一切生物的生理活动需要的能量，都来自于(B)。

A. ATP　　B. ATP 的高能磷酸键

C. ADP　　D. ADP 的高能磷酸键

20. 简单有机物在有氧情况下是被(D)微生物吸收进入细胞的。

A. 需氧性　　B. 兼厌氧性

C. 厌氧性　　D. 需氧和兼厌氧性

21. 简单有机物在缺氧环境中，由厌氧菌或兼厌氧性微生物通过(D)进行分解。

A. 发酵作用　　B. 无氧呼吸

C. 有氧呼吸和发酵作用　　D. 无氧呼吸和发酵作用

22. 在缺氧的环境下，酒精发酵是酵母菌将蔗糖发酵成(C)。

A. $C_2H_5OH+H_2O$　　B. $C_2O_2+H_2O$

C. $C_2H_5OH+CO_2$　　D. $C_2H_3COOH+H_2O$

23. 石油中的非烃主要以(A)存在于原油及馏分油中。

A. 有机物的形式　　B. 无机物的形式

C. 盐的形式　　D. 元素的形式

24. 含硫或高硫原油的性质与低硫原油相比，其(C)要低于一般的低硫原油。

A. 氮含量　　B. 沥青质含量　　C. 轻组分含量　　D. 重金属含量

25. 硫在低沸点的汽油馏分中以(C)为主。

A. 硫醚　　B. 噻吩　　C. 硫醇　　D. 苯并噻吩

26. 在石油的低沸点馏分中氮含量很少，而且主要是(B)。

A. 酸性氮化物　　B. 碱性氮化物　　C. 中性氮化物　　D. 非碱性氮化物

27. 一般称为石油酸的酸性氧化物中不包括(C)。

A. 脂肪酸　　B. 环烷酸　　C. 醛类　　D. 酚类

28. 石油中的微量元素可按化学属性分类，其中主要的金属元素都是(D)。

A. 碱金属　　B. 卤素和其他元素

C. 碱土金属　　D. 变价金属

29. 对于油品加氢精制法的优点，下列描述不正确的是(C)。

A. 脱硫、脱氮效果好

B. 改善二次加工产品的安定性

C. 使催化裂化汽油中辛烷值较高的烯烃饱和而降低其辛烷值

D. 不增加二次污染

30. 适用于处理小批量、多品种或要求干燥时间较长的物料的干燥方法是(B)。

A. 传导干燥　　B. 间歇操作　　C. 真空干燥　　D. 介电加热干燥

31. 任何物体只要在(A)以上，都能发射辐射能。

A. 绝对零度　　B. 0℃　　C. 20℃　　D. 100℃

32. 蒸发属于(B)过程。

A. 传质　　B. 传热　　C. 传量　　D. 热传导

33. 真空蒸发操作时，溶液的沸点(C)。

A. 随所处压强的增加而升高　　B. 随所处压强的增加而降低

C. 随所处压强的减小而降低　　D. 随所处压强的减小而升高

34. 液体的密度越大，深度越深，压强(B)。

A. 越小　　B. 越大　　C. 不变　　D. 基本不变

35. 通常，水流的稳定性用(D)判别。

A. 水流速度　　B. 水的运动黏度　　C. 雷诺数　　D. 弗劳德数

36. 若把 40W 和 25W 两种灯泡串联后接入 220V 电源上，则(A)。

A. 25W 灯泡比 40W 灯泡亮　　B. 40W 灯泡比 25W 灯泡亮

C. 一样亮　　D. 都不能亮

37. 关于电流的热效应的实验定律 $Q=I^2Rt$ 是(C)提出的。

A. 欧姆和牛顿　　B. 爱因斯坦和门捷列夫

C. 焦耳和楞次　　D. 韦伯和亨利

38. 用康铜丝绕制 10Ω 的电阻，需直径为 1mm 的康铜丝(A)m。(康铜的电阻率 $P=5\times10^{-7}$)

A. 15. 7　　B. 23. 2　　C. 25. 8　　D. 56. 1

39. 电子工业中常用(C)制造能够灵敏地反映温度变化的热敏电阻。

A. 纯金属　　B. 绝缘体　　C. 半导体　　D. 超导体

40. 下列有关三相交流电三相四线制的一些说法中，(A)是错误的。

A. 三相四线制是把发电机的三个线圈的起始端连接在一起

B. 从中性点引出的输电线称为中性线

C. 接地的中性线称做零线

D. 零线通常用黄绿相间的颜色表示

41. 在相序上，三相交流电的第一相超前第二相(C)。

A. 60°　　B. 90°　　C. 120°　　D. 180°

42. 化工生产的连续性，要求供电不间断，一般采用(B)供电。

A. 单电源　　B. 双电源　　C. 三电源　　D. 自备电厂

43. 保护接零就是将电气设备的金属外壳接到(C)上。

A. 大地　　B. 避雷针　　C. 零线　　D. 火线

44. 触电急救中的胸外心脏挤压法，手掌根部放在(D)。
A. 心窝上方，胸骨下 1/2~3/4 处
B. 心窝正上方，1/3~1/2 处
C. 心窝正上方，1/2~3/4 处
D. 心窝上方，胸骨下 1/3~12 处

45. 对于高压触电事故，使触电者脱离电源的方法有误的是(D)。
A. 立即通知有关部门停电
B. 抛掷裸金属线使线路短路
C. 用相应电压等级的绝缘工具拉开开关
D. 如果发现现场有人触电立即抓他的鞋，拖动触电者使其脱离电源

46. 压力表的使用范围一般在它量程的 1/3~2/3，如果超过了 2/3，则(C)。
A. 接头或焊口要漏
B. 压力表传动机构要变形
C. 时间长了精度要下降
D. 相对误差增大

47. 测量腐蚀、导电或带固体微粒的流量时，可选用(A)。
A. 电磁流量计
B. 椭圆齿轮流量计
C. 均匀管流量计
D. 旋涡流量计

48. 集散控制系统的显示画面大致可以分为(D)层。
A. 一 B. 二 C. 三 D. 四

49. 一个线性调节系统的稳定性取决于(B)。
A. 干扰作用的形式及强弱
B. 系统本身的结构及参数
C. 干扰作用的形式及强弱和系统本身的结构及参数
D. 反馈作用的强弱

50. 调节系统中调节器正、反作用的确定是依据(B)。
A. 实现闭环回路的正反馈
B. 实现闭环回路的负反馈
C. 生产的安全性
D. 实现闭环回路的前反馈

51. 下列有关自动控制的一些提法，(A)在概念上是模糊的。
A. 自动调节就是自动控制
B. 自动监视系统包括自动测量和信号报警等，它是开环系统
C. 自动操纵系统包括顺序控制和自动联锁系统，属于定性控制，是一个开环系统
D. 凡是系统的输出端和输入端之间存在反馈回路，使得输出变量对控制作用有直接影响的系统即是闭环控制系统

52. 用变送器的输出直接控制调节阀，能否起调节作用(C)。
A. 视操作工能力而定
B. 视操作水平而定
C. 视控制要求而定
D. 视生产能力而定

53. 下列名称不属于构成十进倍数和分数单位词头的是(D)。
A. 兆 B. 千 C. 十 D. 个

54. 下列关于单位之间的关系错误的为(B)。
A. $1kV=10^3V$ B. $1\mu V=10^{-3}V$ C. $1A=10^3mA$ D. $1kJ=10^3J$

55. 在通常状况下，25℃时氧在水中的溶解极限为(C)mg/L。
A. 14.6 B. 11.3 C. 8.4 D. 5.0

56. 生活污水中所含固体物质约占总质量的(B)。
A. 0.1%以下 B. 0.1%~0.2% C. 1%~5% D. 5%~10%

57. 酸碱污水采取的中和处理属于废水的(A)处理。

A. 一级　　B. 二级　　C. 三级　　D. 深度

58. 正常情况下，废水经二级处理后，BOD 去除率可达(D)以上。

A. 30%　　B. 50%　　C. 70%　　D. 90%

59. 含油废水中乳化油油珠颗粒直径一般为(C)μm。

A. <100　　B. 10~100　　C. <10　　D. <1

60. 下列物质中酸性最强的是(C)。

A. 乙醇　　B. 苯酚　　C. 碳酸　　D. 间硝基苯酚

61. 含氰(腈)废水中毒性最大的是(C)。

A. 丙烯腈　　B. 乙腈　　C. 游离氰化物　　D. 络合氰化物

62. 集中式生活饮用水水源地二级保护区应执行(GB 3838—2002)地表水环境质量标准中的(C)类标准。

A. Ⅰ　　B. Ⅱ　　C. Ⅲ　　D. Ⅳ

63. (GB 3838—2002)地表水环境质量标准Ⅲ类水域化学需氧量标准值是(C)mg/L。

A. 10　　B. 15　　C. 20　　D. 25

64. 下列说法不正确的是(A)。

A. 除了碳以外，磷是有机物中最主要的元素

B. 磷是微生物生长的重要营养元素

C. 处理生活污水不需要另外补充磷营养源

D. 过多磷排入水体，将引起水体的富营养化

65. 下列各项中，不属于有机硫化合物的是(C)。

A. 硫醇类　　B. 硫醚类

C. 元素硫和硫化氢　　D. 噻吩类

66. 下列各项中，不属于阴离子表面活性物质的是(A)。

A. 胺盐　　B. 酚　　C. 磺酸盐　　D. 环烷酸

67. 单环芳烃不溶于(B)。

A. 汽油　　B. 水　　C. 四氯化碳　　D. 乙醚

68. 研究认为稠环芳烃中的(D)是一类致癌物质。

A. 萘　　B. 蒽　　C. 菲　　D. 苯并蒽

69. 石油中含氧化合物最多的是(C)。

A. 脂肪酸　　B. 酚类　　C. 环烷酸　　D. 醛类

70. 石油馏分在精制过程中分离出来的石油酸主要是(B)。

A. 环已酸　　B. 环戊基羧酸　　C. 酚　　D. 脂肪酸

71. 总凯氏氮(TNK)不包括(B)。

A. 氨氮　　B. 亚硝酸盐氮、硝酸盐氮

C. 有机氮　　D. 氨氮、有机氮

72. 正常情况下，污水中大多含有对 pH 值具有一定缓冲能力的物质，下列不属于缓冲溶液组成的物质是(A)。

A. 强电解质　　B. 弱碱和弱碱盐

C. 多元酸的酸式盐　　D. 弱酸和弱酸盐

73. 水中所含总固体中不包括(C)。

A. 可溶性固体　　B. 胶体　　C. 漂浮物　　D. 悬浮固体

74. 总固体是指一定量的水样经(D)℃烘干后的残渣量。

A. 100~105　　B. 105　　C. 110　　D. 105~110

75. 水中组成碱度的物质不包括(B)。

A. 弱碱　　B. 强酸弱碱盐　　C. 强碱弱酸盐　　D. 强碱

76. *SDI* 指的是(A)。

A. 淤泥密度指数　　B. 淤积指数

C. 阴影密度指数　　D. 填充密度指数

77. 判断反渗透进水胶体和颗粒污染程度的最好方法是定期测量反渗透进水的(C)。

A. *BOD*　　B. *COD*　　C. *SDI*　　D. *TDS*

78. 好氧生化系统需要补加的微生物营养物质是(C)。

A. 硫酸　　B. 助凝剂　　C. 磷盐　　D. 絮凝剂

79. 污水均质调节系统常用的药剂是(D)。

A. 混凝剂　　B. 消毒剂　　C. 磷盐　　D. pH 调整剂

80. 为使均质调节系统具备开工条件，下列各项准备工作中，错误的做法是(C)。

A. 确定均质调节系统工艺流程

B. 检查均质调节系统动力设备及仪表是否处在备在状态

C. 将事故池装满清水，以备稀释高浓度污水

D. 检查 pH 调整剂投加系统是否处在备用状态

81. 平流隔油池和斜板隔油池除了有隔油的作用以外，同时兼有的主要功能是(C)。

A. 去漂浮物　　B. 集油　　C. 沉淀　　D. 均质

82. 为使油回收系统具备开工条件，下列各项准备工作中，错误的做法是(A)。

A. 提前打开油罐的进油阀　　B. 使多座油罐处在低液位

C. 检查蒸汽加温系统　　D. 检查油泵是否处在备用状态

83. 下列污油罐区开车前的各项准备工作中，错误的做法是(B)。

A. 关闭油罐切水阀、进油阀、送油阀　　B. 打开待进油罐蒸汽加温阀

C. 检查油罐各种附件是否完好　　D. 检查消防设施是否完好

84. 格栅工艺参数中不包括(B)。

A. 格栅间隙　　B. 栅后流速　　C. 过栅流速　　D. 水头损失

85. 曝气沉砂池曝气强度的三种表示方法中不包括(A)。

A. 单位沉砂所需空气量　　B. 单位池容所需空气量

C. 单位池长所需空气量　　D. 单位废水所需空气量

86. 平流隔油池出水油含量一般应控制在(C)mg/L 以下。

A. 60　　B. 100　　C. 150　　D. 200

87. 斜板隔油池可以去除油粒直径最小为(D)μm。

A. 200　　B. 150　　C. 100　　D. 60

88. 颗粒活性炭接触器的“运行周期”通常等于“空床接触时间的处理水量”与(D)的比值。

A. 接触器容积　B. 吸附容量　C. 容积负荷　D. 容积流速

89. 下列与多介质过滤器反冲洗的条件不相关的选项是(A)。

A. 进水压力　B. 出水浊度　C. 出水流量　D. 压力差

90. 反渗透膜对游离氯的容忍量为(B)mg/L。

A. 0　B. 0~0.1　C. 0.1　D. 0.1~0.2

91. 下列与普通快滤池滤速不直接相关的工艺参数是(B)。

A. 废水水质　B. 滤层膨胀率　C. 滤层厚度　D. 滤料粒径级配

92. 吸附树脂按其极性可分为非极性、极性、中极性和(B)。

A. 弱极性　B. 强极性　C. 阴性　D. 阳性

93. 下列描述聚合氯化铝(PVC)通式正确的是(B)。

A. $[Al(OH)_nCl_{6-n}]_m$　B. $[Al_2(OH)_nCl_{6-n}]_m$

C. $[Al_2(OH)_mCl_{6-n}]_m$　D. $[Al_n(OH)_nCl_{6-n}]_m$

94. 下列碱化度为零的铝盐是(C)。

A. $Al_2(OH)_5Cl$　B. $Al_3(OH)_{34}Cl_5$　C. $AlCl_3$　D. $[Al(OH)_3]_n$

95. 下列叙述与二氧化氯的特点不相符的选项是(B)。

A. 对细菌、病毒等有很强的灭活能力

B. 化学性质稳定

C. 氧化能力强　D. 适应较宽的 pH 值范围

96. 下列与确定溶气罐体积大小主要的工艺参数是(C)。

A. 回流泵扬程　B. 风压

C. 溶气水在溶气罐内停留时间　D. 风量

97. 下列与布气气浮法工艺特点不相符的选项是(C)。

A. 大多数负压吸气　B. 气泡粒径较大

C. 处理效率比溶气气浮高　D. 气、水混合时间短

98. 阳极金属溶解的量与(A)不相关。

A. 水温　B. 电流通过的时间

C. 电化当量　D. 电流强度

99. 混凝沉降工艺水力停留时间最长的是(C)。

A. 混合段　B. 反应段　C. 固液分离段　D. 进水段

100. 下列与混凝效果无关的工艺参数是(C)。

A. 反应时间　B. 混凝剂投加量　C. 沉降时间　D. 混合时间

101. 在以下化学沉淀法中需要严格控制污水 pH 值在 9~11 范围内的是(D)。

A. 碳酸盐沉淀法　B. 硫化物沉淀法

C. 钡盐沉淀法　D. 氢氧化物沉淀法

102. 下列与选择萃取剂的原则不相符的选项是(A)。

A. 在水中的溶解度高　B. 再生容易

C. 化学性质稳定　D. 较高的分配系数

103. 对萃取剂的分离性能不利的条件是(C)。

A. 萃取过程中不乳化　　B. 黏度小

C. 表面张力大　　D. 与废水的密度差大

104. 活性炭的结构特征中最重要的性能指标是(B)。

A. 微孔数量　　B. 比表面积　　C. 微孔容积　　D. 网状结构

105. 粒状活性炭的孔径大致分为三种，其中不包括(C)。

A. 大孔　　B. 过渡孔　　C. 深孔　　D. 微孔

106. 在焚烧废水量和温度一定的条件下，焚烧炉操作参数中既不浪费能量，又能保证提供充足氧化剂的指标是(A)。

A. 过剩空气量　　B. 操作压力　　C. 停留时间　　D. 燃料雾化

107. 催化湿式氧化法是借助催化剂，并在高温、高压的条件下通入(B)，使溶解或悬浮在污水中的有机化合物和无机还原性物质在液相中发生氧化反应。

A. 双氧水　　B. 空气　　C. 次氯酸钠　　D. 二氧化氯

108. 下列各项中，(C)指用于灭活水中微生物、氧化有机物和还原性物质等所消耗的部分。

A. 加氯量　　B. 自由性余氯　　C. 需氯量　　D. 化合性余氯

109. 一般情况下，对于好氧生物处理装置要求水中溶解氧为(D)。

A. 0.5mg/L 以下　　B. 1.0mg/L　　C. 1.5mg/L　　D. 2.0mg/L 以上

110. 普通活性污泥法曝气池前端污泥负荷(B)末端污泥负荷。

A. 等于　　B. 大于　　C. 小于　　D. 不确定

111. 吸附再生池污泥回流比一般应适宜控制为(B)。

A. 10%~40%　　B. 50%~100%　　C. 140%~180%　　D. 200%以上

112. 当完全混合曝气法进水有机污染物浓度增大时，以下工艺参数控制不正确的是(C)。

A. 加速曝气　　B. 加大回流比

C. 加大活性污泥排放　　D. 减小进水量

113. 延时曝气法生化池有效容积为 $10000m^3$，进水量为 $400m^3/h$，污泥回流量为 $100m^3/h$，污水在池内实际曝气时间为(B)h。

A. 15　　B. 20　　C. 25　　D. 30

114. A/O 工艺 O 池 pH 值应大于 6.5 的原因是(A)。

A. 提高硝化效率　　B. 促进污泥生长

C. 提高反硝化效率　　D. 提高氧气吸收率

115. SBR 反应器在闲置阶段(D)，可以进行一定的反硝化脱氮。

A. 污泥增殖　　B. 溶解氧升高　　C. 泥龄延长　　D. 溶解氧降低

116. AB 法 A 段微生物通过絮凝、吸附、沉淀等过程去除有机物，(C)要比 B 段大。

A. 泥龄　　B. 回流比　　C. 污泥负荷　　D. 停留时间

117. AB 法 B 段获得良好的硝化效果，溶解氧一般应控制在(D)mg/L。

A. <0.1　　B. 0.1~0.5　　C. 0.5~1.0　　D. >2.0

118. 因水力停留时间长，氧化沟内活性污泥(B)。

A. 浓度高　　B. 泥龄较长　　C. 指数低　　D. 沉降比大

119. 某接触氧化池进水量为$600m^3/h$，两台$90m^3/min$风量的鼓风机同时供氧，该池气水比为(C)。

A. 9∶1　B. 15∶1　C. 18∶1　D. 20∶1

120. 生物滤池水力负荷是指(C)。

A. 滤池每天处理水量　B. 滤池每天处理有机物量
C. 单位体积滤料每天处理水量　D. 单位体积滤料每天处理有机物量

121. 生物滤池供气能力取决于(D)。

A. 进水水质　B. 进水水量
C. 生物膜上生物相　D. 滤池通风状况

122. 生物转盘法水力停留时间是指(B)。

A. 污水附着盘片上的时间　B. 污水在氧化槽有效容积内停留时间
C. 转盘旋转一周时间　D. 生物膜自形成至脱落所需时间

123. 从消化池的(C)和搅拌形式来分，可分为普通消化池和高速消化池。

A. 污泥负荷　B. 水力负荷　C. 有机负荷　D. 产气负荷

124. 消化池消化反应后产生的气体中主要成分是(D)。

A. H_2S　B. H_2　C. CO　D. CH_4

125. 一般情况下，厌氧反应器每去除1kgCOD可产生剩余污泥量(D)kgVSS。

A. 0.2　B. 0.15　C. 0.1　D. 0.08

126. 对氧化塘处理效果不造成影响的是(C)。

A. 温度　B. 季节　C. 风向　D. 光线

127. 平流隔油池是利用油水的密度差，采用(D)去除含油废水中的浮油。

A. 浮油聚集法　B. 萃取法　C. 重力沉降法　D. 重力分离法

128. 下列属于重力式浓缩池主要控制参数的是(C)。

A. 分离率　B. 浓缩倍数　C. 固体通量　D. 固体回收率

129. 在理想条件下，池深为H的隔油池分隔成n层时，油珠的上升距离由原来的H减小至(A)。

A. H/n　B. $H/2$　C. $1/nH$　D. $2n$

130. 废水在池内呈水平方向流动，流速保持不变，粒径和密度较大的颗粒首先在沉淀池前部沉降。根据以上特征，判断是(C)。

A. 撇水式沉淀池　B. 竖流式沉淀池
C. 平流式沉淀池　D. 斜板式沉淀池

131. 根据斯托克斯公式，颗粒在静水中沉降速度与(C)无关。

A. 废水的密度　B. 颗粒的密度　C. 水平流速　D. 颗粒直径

132. 一种利用水利学原理，通过进出水的压差，自动过滤运行，并自动控制虹吸的产生和破坏，实现自动运行的滤池是(B)。

A. 普通快滤池　B. 无阀滤池　C. 移动罩式滤池　D. 虹吸滤池

133. 对于浓缩池设置慢速搅拌机的作用，下列叙述不正确的是(A)。

A. 增加颗粒之间的凝聚作用　B. 缩短浓缩时间
C. 使颗粒之间的间隙水与气泡逸出　D. 提高浓缩效果

134. 活性炭过滤器停车操作过程中，错误的做法是(B)。
A. 逐渐减少进水量　　B. 同时关闭活性炭过滤器进出水阀
C. 对活性炭进行再生　　D. 逐步减少活性炭过滤器的运行台数

135. 活性污泥法生化池停车过程中，不正确的做法是(B)。
A. 停止进水后，停止投加 pH 值调节剂
B. 生化池停止进水后，曝气不停，磷盐正常投加
C. 根据水量，逐步减少生化池运行的间数
D. 逐渐减少进水量

136. 活性污泥法生化池停车过程中，操作顺序不正确的是(C)。
A. 先停进水，后停曝气　　B. 先停磷盐配制系统再停磷盐投加点
C. 先调充氧量，后减少进水量　　D. 先停进水，后停回流

137. 接触氧化池停车过程中，不正确的做法是(C)。
A. 生化池停止进水后，停止投加磷盐
B. 逐渐减少进水量
C. 降低生化池水位，使填料露出水面
D. 停止进水后，停止回流(设回流时)

138. 厌氧反应器停车后仍需要注意控制的项目是(B)。
A. 出水水质　　B. 温度　　C. 污泥负荷　　D. 水力负荷

139. 带式压滤机停车操作过程中，不正确的做法是(B)。
A. 先停加药，后停进料
B. 停进料后，随即关闭空气总阀或停运空压机
C. 停进料后，继续运转并用水将滤带、辊轮冲洗干净
D. 滤带冲洗干净后，关闭空气总阀或停运空压机，放松张紧的滤带

140. 转鼓真空过滤机在停车的过程中，不正确的做法是(C)。
A. 停机前，要将贮槽液位降至最低位置
B. 先停加药，后停进料
C. 停运过滤机后，将滤布冲洗完毕后再停运真空泵
D. 停机后，将气水分离罐内水放空

141. 对污油罐区脱水操作次序叙述不正确的是(B)。
A. 控制收油含水率　　B. 先脱油泥，后脱水
C. 先化验，后送油　　D. 先加温，后脱水

142. 常见的污泥浓缩方法中，不包括(B)。
A. 气浮浓缩　　B. 干化浓缩　　C. 重力浓缩　　D. 离心浓缩

143. 污泥常用的脱水方法中，同时包括污泥脱水和处置过程的是(D)。
A. 污泥热干化　　B. 污泥干化　　C. 机械脱水　　D. 污泥焚烧

144. 污泥机械脱水的方法按其工作原理分类，其中不包括(A)。
A. 吸附法　　B. 压滤法　　C. 离心法　　D. 真空吸滤法

145. 污泥化学调质常用的药剂中不包括(B)。
A. 低分子混凝剂　　B. 破乳剂　　C. 高分子混凝剂　　D. 助凝剂

146. 当水中悬浮物浓度提高到一定程度后，每个颗粒的沉降都受到周围颗粒作用力的干扰，成为一个整体的覆盖层共同下沉，水和颗粒群之间形成明显的交界面，此状况称为(C)。

A. 自由沉淀　　B. 絮凝沉淀　　C. 拥挤沉淀　　D. 压缩沉淀

147. 活性污泥的沉淀特征表现为：随着时间的延长，沉降形态在不断地变化，其变化的顺序是①压缩沉降；②自由沉降；③拥挤沉降；④絮凝沉降。下列排序正确的是(C)。

A. ③④②①　　B. ④①③②　　C. ②④③①　　D. ①②③④

148. 隔油池收油装置目前主要分为以下四种形式，其中由蜗轮蜗杆为传动方式收油的是(B)。

A. 移动式收油装置　　B. 固定式集油管

C. 刮油机　　D. 自动收油罩

149. 与平流隔油池相比较，斜板隔油池的收油功能得到了加强，下列说法与之不相符的是(B)。

A. 提高隔油池的处理能力　　B. 收油油质较好

C. 除油粒径相对较小　　D. 除油效率提高

150. 下列选项中与高效纤维过滤器的优点不相符的是(D)。

A. 滤料丝比表面积大　　B. 过滤效率高

C. 截污容量大　　D. 纤维束短

151. 滤层膨胀率是用来度量(D)的主要指标。

A. 截污能力　　B. 过滤周期　　C. 滤速　　D. 反洗强度

152. 常见的混合方式中，(A)存在水流返混现象。

A. 机械搅拌混合　　B. 水泵混合

C. 水力混合　　D. 分流隔板式混合

153. 常用的反应池类型有四种，其中在池中设置一些扰流单元来达到絮凝所需的紊流状态，使能量损失得到充分利用的反应池是(B)。

A. 组合池　　B. 折板反应池

C. 机械搅拌反应池　　D. 隔板反应池

154. 水处理中引入速度梯度概念，是为了从理论上说明搅拌强度和悬浮颗粒相碰撞(C)间的关系。

A. 强度　　B. 速度　　C. 次数　　D. 能量

155. 速度梯度公式，其中 P 表示输入功率，ρ 表示水的密度，μ 表示水的动力黏滞系数，T 表示水在反应池内的停留时间，则 h 表示(C)。

A. 水流速　　B. 反应池高度　　C. 水头损失　　D. 反应时间

156. 常见的活性污泥法中，阶段曝气法(逐步曝气法)适用于(C)的废水。

A. 含磷　　B. 含氮　　C. 有机物浓度高　　D. 含油

157. 为使 SBR 反应器内进行厌氧反应，可采取(B)方式。

A. 静止进水　　B. 边进水边搅拌

C. 边进水边曝气　　D. 进水、搅拌、曝气同时进行

158. SBR 法(B)，停止曝气或搅拌，实现固液分离。

A. 进水工序　　B. 沉淀工序　　C. 排放工序　　D. 闲置待机工序

159. 对于好氧生物处理，pH 值一般以(C)为宜。

A. 2.0~3.5　　B. 4~5.5　　C. 6.5~9.0　　D. 10.0~11.5

160. BOD_5/COD 比值可间接反映出废水可生化性，废水中该比例(A)时不适宜进行生化处理。

A. <0.3　　B. >0.3　　C. <0.5　　D. >0.4

161. 因为 UASB 反应器的布水器出水口较小，为了防止有杂物进入进水管道而堵塞布水口，影响反应器正常处理废水，一般采用(A)来阻挡杂物。

A. 可拆卸式过滤网　　B. 粗格栅

C. 细格栅　　D. 过滤器

162. 下列与 UASB 反应器布水要求不相符的选项是(D)。

A. 进水装置分配到各点的流量相同，使反应器内单位面积的进水量相同

B. 能很容易方便地观察和发现进水管的堵塞情况，而且管道堵塞后清除过程也很容易

C. 在满足配水要求的同时，还要满足污泥床水力搅拌的需要

D. 出水堰设在反应器的一侧

163. 厌氧消化中采用(A)的缺点是只能搅拌与装置靠近处的污泥，另外由于磨损和腐蚀易发生事故。

A. 机械搅拌　　B. 水力搅拌　　C. 沼气搅拌　　D. 空气搅拌

164. 对于污泥焚烧的优点，下列叙述不准确的是(D)。

A. 可将有机污染物完全氧化处理　　B. 污泥含水量水率降至零

C. 占地面积小　　D. 彻底消除二次污染

165. 污泥干化场较适用于对(B)的处理。

A. 有机污泥　　B. 含无机颗粒多的污泥

C. 含油污泥　　D. 生物污泥

166. 对于干化场的缺点，下列描述不正确的是(B)。

A. 占地面积大　　B. 受气候条件制约

C. 运行成本高　　D. 敞开式，臭气易扩散

167. 事故池保持低液位运行的主要措施是(B)。

A. 储存高浓度废水　　B. 适时有效地处理高浓度废水

C. 中和酸碱废水　　D. 均量、均质

168. 在下列调节平流式初沉池水平流速的操作中，不正确的操作方法是(C)。

A. 均匀各间水量　　B. 调节单间初沉池进水量

C. 以过水量为准　　D. 增减初沉池运行间数

169. 二沉池浮渣槽未及时清理，易造成(B)。

A. 池内出现短流　　B. 池面漂浮物增多

C. 池底污泥腐化　　D. 排泥管堵塞

170. 当二沉池出水不均时，要调整(C)。

A. 排泥量　　B. 排渣量　　C. 堰板水平度　　D. 刮板高度

171. 下列与溶气气浮运行管理内容不直接相关的选项是(D)。

A. 工艺参数调整　　B. 排渣

C. 投加混凝剂　　D. 泥饼的处置方式

172. 部分回流压力溶气气浮回流量的调整与(A)无关。

A. 混凝段工艺参数　　B. 溶气罐压力

C. 回流比　　D. 气浮段工艺参数

173. 在布气气浮运行管理过程中，对污水加压压力有一定的要求的是(A)。

A. 射流气浮　　B. 叶轮气浮　　C. 涡凹气浮　　D. 电解气浮

174. 下列与混凝沉淀工艺运行管理不相关的内容是(D)。

A. 污泥处理　　B. 定期对沉淀池进行清理

C. 定期对药液溶解池进行清理　　D. 排渣操作

175. 化学沉淀池运行管理过程中，需要连续投加的物质是(C)。

A. 助凝剂　　B. 混凝剂　　C. 沉淀剂　　D. pH 调节剂

176. 废水 pH 值的变化对采用氯消毒的效果影响较大，一般要求 pH 值要控制在(C)之间。

A. 4.5~5.5　　B. 5.5~6.5　　C. 6.5~7.5　　D. 7.5~8.5

177. 吸附再生法发现再生池内活性污泥明显发黑，应(B)。

A. 减小曝气量　　B. 加大曝气量

C. 加大进水水量　　D. 提高进水 *COD* 浓度

178. 完全混合法污水处理中，污泥增长快，要及时(B)，以保证二沉池的沉淀效果。

A. 加大污泥回流量　　B. 加大剩余污泥排放量

C. 降低进水量　　D. 降低曝气量

179. 延时曝气法较其他活性污泥法投加氮、磷盐较少，主要由于(D)。

A. 污水中氮、磷含量高　　B. 微生物不需要氮、磷

C. 有机物氧化生成氮、磷　　D. 细胞物质氧化释放氮磷

180. A-B 法处理污水，当 A 段进水含较多难降解有机物时，可采用适当(A)提高 A 段出水的可生化性。

A. 降低 *DO*　　B. 降低进水量　　C. 提高 *DO*　　D. 降低 *MLSS*

181. 在使用活性炭吸附法处理废水时，水中无机盐含量(A)。

A. 越低越好　　B. 越高越好　　C. 有一最佳值　　D. 无固定要求

182. 生物滤池进水有机物浓度偏高，可能会造成(B)。

A. 生物膜被破坏　　B. 填料堵塞

C. 生物膜充氧过度　　D. 生物膜变薄

183. 生物转盘法不适于处理含有挥发性有毒物质，主要是由于在其充氧过程中会(D)。

A. 使生物膜中毒　　B. 使生物膜出现厌氧

C. 使生物膜脱落　　D. 促使有毒气体挥发

184. 接触氧化法处理工业污水时，应根据具体情况投加适量的(C)，确保其养分。

A. 活性污泥　　B. 碱液　　C. 氮、磷盐类　　D. 酸液

185. 氧化塘在超负荷运行时，光合作用放氧跟不上异氧细菌的耗氧，解决办法主要有两种：一种是安装充氧装置，另一种是(C)。

A. 投加碳源　　B. 投加 N、P 营养物

C. 投加硝酸盐　　D. 投加碳酸盐

186. 氧化塘因藻类突然大量生长造成“水华”时，可投加某些除藻剂或(D)等化学药物加以控制。

A. 碱液　　B. 酸液　　C. $NaNO_3$　　D. $CuSO_4$

187. 普通快滤池运行过程中，不可调节的内容是(B)。

A. 反冲洗强度　　B. 滤料粒径及滤层深度

C. 污水水质　　D. 反冲洗历时

188. 减压阀是通过启闭件的节流，将进口高压介质降低至(C)。

A. 不确定的压力　　B. 负压

C. 某一个确定的压力　　D. 常压

189. 弹簧薄膜式减压阀不适应的范围是(B)。

A. 常温　　B. 高压　　C. 水介质　　D. 空气介质

190. 阀门(B)压力为阀门在适用介质温度下的压力。

A. 公称　　B. 工作　　C. 试验　　D. 设计

191. 在(B)作用下，水经吸入管道进入离心泵内填补已被排出的水的位置。

A. 离心力　　B. 大气压　　C. 叶轮　　D. 轴

192. 为了提高轴流泵的效率，将叶片做成(B)。

A. 后弯形状　　B. 扭曲形状　　C. 前弯形状　　D. 直线形状

193. 螺旋输送泵螺旋(C)放置在泵槽中。

A. 垂直　　B. 水平　　C. 倾斜　　D. 任意

194. 螺旋输送泵螺旋轴对水面的倾角(B)螺旋叶片的倾角。

A. 大于　　B. 小于　　C. 等于　　D. 等于二分之一

195. 水环真空泵和容积泵的主要差别在于水环真空泵必须依靠(A)来传递能量。

A. 工作介质　　B. 叶轮　　C. 轴　　D. 壳体

196. 潜污泵的基本工作原理与(C)相同。

A. 轴流泵　　B. 混流泵　　C. 离心泵　　D. 螺旋泵

197. 潜污泵配备的叶轮与普通离心泵相比(B)。

A. 直径大　　B. 过流特性好　　C. 叶片长　　D. 流量大

198. 气动偏心旋转阀描述正确的为(A)。

A. 当信号输入执行机构后通过摇臂带动阀轴旋转

B. 当信号输入执行机构后通过阀轴带动摇臂旋转

C. 气动偏心旋转阀工作时不改变流道的开启面积

D. 气动偏心旋转阀工作时改变流道的开启体积

199. 表面曝气机向混合液中供氧的途径有(C)种。

A. 1　　B. 2　　C. 3　　D. 4

200. 罗茨鼓风机两根转子作(C)旋转。

A. 等速同向　　B. 变速同向　　C. 等速反向　　D. 变速反向

201. 罗茨鼓风机转子是(C)的。

A. 圆形　　B. 环形　　C. 腰形　　D. 椭圆形

202. 离心鼓风机实际上是一种(B)装置。

A. 恒流量恒压　　B. 变流量恒压　　C. 变流量变压　　D. 恒流量变压

203. 离心鼓风机特点是(C)容易控制。

A. 功率　　B. 温度　　C. 空气量　　D. 压力

204. 往复式压缩机的工作过程可分为(D)。

A. 吸气、膨胀、压缩、排气四个过程　　B. 吸气、排气、压缩、膨胀四个过程

C. 吸气、压缩、膨胀、排气四个过程　　D. 吸气、压缩、排气、膨胀四个过程

205. 离心压缩机中气体的实际压缩过程为(C)过程。

A. 等温压缩　　B. 绝热压缩　　C. 多变压缩　　D. 升温压缩

206. 带式压滤机使污泥脱去大量水分在(C)阶段。

A. 低压脱水　　B. 高压脱水

C. 重力脱水　　D. 低压脱水和高压脱水

207. 离心脱水机分离性能用(D)作为比较系数。

A. 离心力　　B. 转速　　C. 旋转半径　　D. 分离因素

208. 转筒真空过滤器转筒每旋转一周，依次经过滤饼(C)四个功能区。

A. 吸干区、反吹区、休止区、形成区　　B. 吸干区、休止区、反吹区、形成区

C. 形成区、吸干区、反吹区、休止区　　D. 形成区、反吹区、吸干区、休止区

209. 周边驱动式回转刮泥机最大回转直径可达(D)m。

A. 30　　B. 40　　C. 50　　D. 60

210. 三相分离器将 UASB 反应器分为(C)。

A. 污泥床区和反应区　　B. 污泥床区和污泥悬浮层区

C. 反应区和沉淀区　　D. 反应区和污泥悬浮层区

211. 集油管收油开口弧长为集油管横断面(D)。

A. 30°　　B. 40°　　C. 50°　　D. 60°

212. 高速离心泵与一般离心泵不同之处在于(B)。

A. 电机功率较大　　B. 具有增速器

C. 转速较高　　D. 转子重量较轻

213. 停泵关进出口阀一般选用(C)。

A. 活扳手　　B. 呆扳手　　C. F 扳手　　D. 梅花扳手

214. N46 机械油“46”表示油的(B)。

A. 闪点　　B. 黏度　　C. 凝固点　　D. 针入度

215. 下列导致操作人员中毒的原因中，除(D)外，都与操作人员防护不到位相关。

A. 进入特定的空间前，未对有毒物质进行监测

B. 未佩戴有效的防护用品

C. 防护用品使用不当　　D. 有毒物质的毒性高低

216. 一般多使用致死剂量来作为各种毒物毒性大小相互比校的指标，下列表示半数致死量，即能引起实验组动物的 50%死亡的剂量的符号是(A)。

A. LD_{50}　　B. LD_{100}　　C. MLD　　D. LD_0

217. 与油罐冒罐事故不相关的选项是(A)。

A. 油罐未正常脱水　　B. 油罐内加温管线泄漏

C. 液位计失灵　　D. 加温温度超过规定值

218. 硫酸的化学性质中不存在(B)。

A. 强烈的吸水性　　B. 和非金属反应还原成 H_2S

C. 能与金属作用生成硫酸盐　　D. 氧化性

219. 当污油罐出现冒罐时，下列操作顺序不正确的选项是(C)。

A. 先停泵，后关油罐进油阀

B. 倒罐时先打开低液位油罐进油阀，后打开冒顶油罐的进油阀

C. 先打开脱水阀，后停泵

D. 先打开油罐间的连通阀，后停泵

220. 岗位停电时，处理方法不正确的选项是(B)。

A. 停运行设备　　B. 构筑物正常过水

C. 恢复动力设备的备用状态　　D. 调整处理流程

221. 对酸雾和浓酸的防护要求不同的是(C)。

A. 穿防酸服　　B. 戴防酸手套

C. 选择气防用具　　D. 穿防酸胶靴

222. 设备图是用一组视图表示该设备的(A)之间的关系。

A. ▽±0.00　　B. ▽4.00　　C. ▽ 4.00　　D. ▽ -4.000

223. 下列标高标注图例表示低于零点标高的是(D)。

A. 主要结构形状与零部件　　B. 整体与主要内部零件位置

C. 内部零件的位置与功能　　D. 主要结构形状与性能

224. 在做高程布置时应注意(A)与污泥流程的配合，尽量减少需抽升的污泥量。

A. 污水流程　　B. 污水厂构筑物

C. 污泥处理主装置　　D. 污泥处理装置

225. 在进行高程布置的水力计算时，(B)。

A. 要选择一条距离最短，损失最小的流程，并按最大流量进行设计计算

B. 要选择一条距离最长，损失最大的流程，并按最大流量进行设计计算

C. 要选择一条距离最长，损失最大的流程，并按最小流量进行设计计算

D. 要选择一条距离最短，损失最小的流程，并按最小流量进行设计计算

226. 在剖面图中，剖面线一般为与水平线成(B)的细实线。

A. 30°　　B. 45°　　C. 60°　　D. 90°

227. 已知沉淀池堰板长度为 35m，废水来水水量为 $300m^3/h$，则堰板溢流负荷为(D) $m^3/(m \cdot h)$。

A. 5.2　　B. 6.7　　C. 7.8　　D. 8.6

228. 已知沉淀池单池堰板长度为 25m，堰板溢流负荷为 $8m^3/(m \cdot h)$，来水水量为 $1200m^3/h$，则需开(B)间同样的沉淀池。

A. 4　　B. 6　　C. 8　　D. 10

229. 隔油池的水平流速一般为(B)mm/s。

A. 0.5~4　　B. 2~5　　C. 10~30　　D. 50~100

230. 曝气池混合液污泥沉降比为20%，污泥浓度为2.5g/L，则污泥容积指数为(D)。

A. 8　　B. 12.5　　C. 125　　D. 80

231. 湿污泥容重的计算公式 $r=\dfrac{25000}{250P+(100-P)(100+1.5P_v)}$(其中：$P$ 为污泥含水率；P_v 为污泥中挥发性固体所占百分数)。已知污泥的含水率为95%，挥发性固体含量为65%，则湿污泥的容重为(A)。

A. 1.01　　B. 1.03　　C. 1.12　　D. 1.26

232. 污水处理厂剩余活性污泥量 $Q=1700m^3/d$，污泥浓度为6g/L，浓缩池面积为 $378m^2$，浓缩池污泥固体通量约为(A)$kg/(m^2 \cdot d)$。

A. 26.98　　B. 10.49　　C. 0.75　　D. 5.64

233. 污泥负荷 L 与去除率 η 和出水水质 S_e 之间的关系为(D)。(给定 K 为底物的降解速度常数)

A. $L=K\eta S_e$　　B. $L=\eta S_e/K$　　C. $L=\eta K/S_e$　　D. $L=KS_e/\eta$

多选题

1. 下列说法错误的有(A，C，D)。

A. 水分子是由氢元素和氧元素组成的

B. 1个水分子是由2个氢原子和1个氧原子构成的

C. 水是由氢气和氧气组成的

D. 水分子电解后，可以生成氢气和氧气

2. 水的特性是(B，C，D)。

A. 高蒸汽压　　B. 高沸点　　C. 高蒸发热　　D. 显著的溶剂性质

3. 一定质量的理想气体状态发生了变化，变化过程如图，下列选项(A，C，D)不是表示同一过程的。

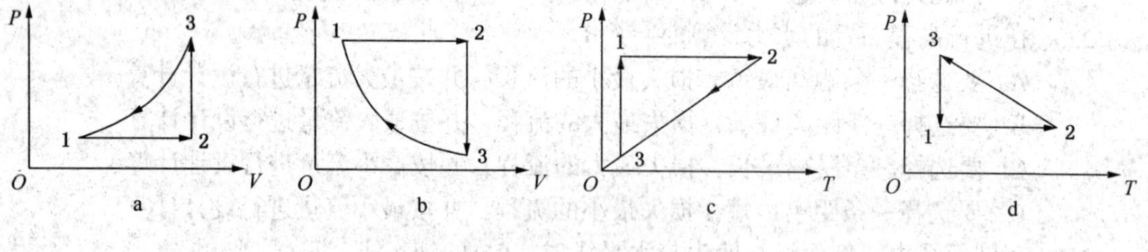

A. a和b　　B. b和c　　C. c和d　　D. a和d

4. 在一定温度下，从100gNaOH饱和溶液中倒出20g溶液，对于倒出的溶液，其数值不发生变化的是(A，D)。

A. 溶质的质量分数　　B. 溶液的质量

C. 溶质的质量　　D. NaOH的溶解度

5. 下列物质中，(C，D)是由离子键所形成的。

A. H_2O　　B. HCl　　C. NaCl　　D. $CaBr_2$

6. 在配制 NaOH 溶液时，(B，C)使所配溶液的物质的量浓度偏低。

A. 在容量瓶中加入，使溶液凹液面与刻度线相切

B. NaOH 颗粒表面部分变质

C. 未将烧杯的洗液注入容量瓶　　D. 容量瓶使用前蒸馏水洗过

7. 影响化学平衡的主要因素有(A，B，C)。

A. 温度　　B. 浓度　　C. 压强　　D. 催化剂

8. 下列属于卤代烃的有(A，C)。

A. 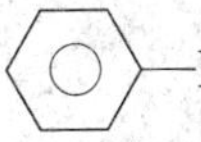Br　　B. 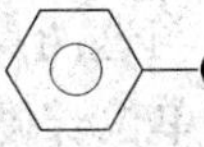OCl　　C. CCl_4　　D. $CH_3—CH_2—OCl$

9. 关于聚合物的说法正确的有(A，C，D)。

A. 聚合物是由许多原子以共价键结合而成

B. 聚合物是由许多分子以范德华力结合而成

C. 聚合物的分子量很大　　D. 聚合物又称高聚物

10. 按所利用化学反应不同而分类的滴定分析法中，(A，B，C)的化学反应是基于离子或分子相互结合的反应，反应简单，一般瞬时即可完成。

A. 中和滴定法　　B. 沉淀滴定法

C. 络合滴定法　　D. 氧化还原滴定法

11. 核糖体的化学成分为(B，C)。

A. DNA　　B. RNA　　C. 蛋白质　　D. 磷脂

12. 下列说法正确的有(A，B，C)。

A. 内源呼吸时微生物体的自身氧化速率与现阶段微生物浓度成正比

B. 在细胞内部，细胞物质的自身代谢，这就是内源呼吸

C. 微生物生长的衰老期也称内源代谢期

D. 微生物的内源呼吸代谢在废水处理工程中，一般不予考虑

13. 下列各项属于按催化类型分类的酶有(A，C，D)。

A. 水解酶　　B. 结构酶　　C. 转移酶　　D. 同分异构酶

14. 石油中的含硫化合物按化学性质划分，可分为(A，C)两大类。

A. 活性硫化物　　B. 有臭味硫化物　　C. 非活性硫化物　　D. 无臭味硫化物

15. 石油中结构复杂的非碱性氮化物大部分存在于石油的(B，C)中。

A. 重馏分　　B. 沥青质　　C. 胶质　　D. 轻馏分

16. 催化加氢工艺根据原料及目的产物的不同，可分为(A，B，C)。

A. 加氢精制　　B. 加氢裂化　　C. 润滑油加氢　　D. 汽油加氢

17. 属于按传热方式分类中的干燥方法是(A，C，D)。

A. 介电加热干燥　　B. 连续操作干燥　　C. 辐射干燥　　D. 联合干燥

18. 雷诺准数与流体的(A，B，C)有关。

A. 黏度　　B. 密度　　C. 流速　　D. 压强

19. 流体在导管中流动时，任一截面处的(A，B，C，D)相等，且不随时间而变化的称为稳定流动。

A. 流速　　B. 流量　　C. 压强　　D. 沸点

20. 流体在流动时所具有的机械能的形式有(A，B，D)。

A. 位能　　B. 动能　　C. 内能　　D. 静压能

21. 人体电阻与(A，B，C)有关。

A. 触电部分皮肤表面的干湿情况　　B. 接触面积的大小

C. 身体素质　　D. 身体重量

22. 下述关于匀强电场的结论正确的是(A，C)。

A. 公式 $E=F/Q$ 也适用于匀强电场

B. 根据 $U=Ed$ 可知，任意两点的电势差与这两点的距离成正比

C. 匀强电场的场强值等于沿场强方向每单位长度上的电势差值

D. 匀强电场的场强方向总是跟电荷所受电场力的方向一致

23. 下列说法正确的有(A，B)。

A. 电流所做的功简称电功

B. 电流在单位时间内做的功称电功率

C. 当用电器的电阻一定时，电功率与电流成正比

D. 当电阻一定时电功率与电压的平方成反比

24. 一些测量特殊介质的压力表用不同的颜色加以区别，下列描述正确的是(A，B，C，D)。

A. 氯气压力表是褐色　　B. 氨气压力表是黄色

C. 氢气压力表是深绿色　　D. 氧气压力表是天蓝色

25. 测量系统中常见的信号类型有(A，B，C，D)。

A. 位移信号　　B. 压力信号　　C. 电信号　　D. 光信号

26. 玻璃转子流量计主要组成有(A，B，D)。

A. 支承连接件　　B. 锥形管　　C. 差压导管　　D. 转子

27. 下列词头符号表示有误的有(A，D)。

A. 在电磁学中用“μf”表示“微法”　　B. 在电工学中用“kΩ”表示“千欧”

C. 用“nm”表示“纳米”　　D. 用“μμF”表示“微微法”

28. 下列单位之间的换算关系正确的有(A，B)。

A. $1N=1kg \cdot m/s^2$　　B. $1J=1N \cdot m$

C. $1W=1\times10^3 J/s$　　D. $1Pa \cdot s=9.81kgf \cdot s/m^2$

29. 气体在水中的溶解度与(A，C)有关。

A. 温度　　B. 时间　　C. 压力　　D. 水量

30. 对水中氧的溶解量有影响的因素为(A，B，C)。

A. 温度　　B. 压力　　C. 水量　　D. 水分子无机物

31. 硬水软化的方法通常有(C，D)。

A. 生物处理法　　B. 电解法　　C. 离子交换法　　D. 药剂软化法

32. 中水系统由(A，B，D)组成。

A. 原水系统　　B. 处理设施　　C. 用水单位　　D. 供水系统

33. 生活污水中主要含的物质为(A，B，C，D)。

A. 蛋白质　　B. 动植物脂肪　　C. 碳水化合物　　D. 氨氮

34. 一级处理常用的方法有(A，B，C，D)。

A. 筛滤法　B. 沉淀法　C. 上浮法　D. 预曝气法

35. 下列生产装置中，产生含苯废水的装置是(B，D)。

A. 催化裂化　B. 乙基苯　C. 常减压　D. 乙烯

36. 炼油装置含硫污水中含有的主要污染物是(B，C，D)。

A. 二氧化碳　B. 油　C. 氨　D. 硫化物

37. 采用氯醇法生产环氧丙烷，排放废水中含主要污染物有(A，B，C)。

A. 丙二醇　B. 二氯丙烷　C. COD_{Cr}　D. 环氧氯丙烷

38. 在供氧的条件下，废水中的氨氮通过生物氧化作用，直接转变为(B，D)的形式。

A. 氮气　B. 硝酸盐　C. 合成原生质　D. 亚硝酸氮

39. 碱度具有缓冲能力主要在于水中存在的各种碳酸化合物，除了重碳酸根离子 HCO_3^- 和碳酸根离子 CO_3^{2-} 以外，还应包括(A，B)。

A. 溶解的气体 CO_2　B. 未电离的 H_2CO_3

C. $CaCO_3$　D. OH^-

40. 污水生化处理过程中，一般通过调节(B，C)，达到调节污泥碳营养比例的目的。

A. 含碳物质的补加量　B. 进水 COD 浓度

C. 处理水量　D. 含氮物质投加量

41. 下列同时具有调节水质、水量的功能的构筑物是(B，C)。

A. 均质池　B. 调节池　C. 储存池　D. 集水池

42. 冬季隔油池开车前，自动收油罩主要检查的内容是(A，D)。

A. 出油管是否畅通　B. 自动收油罩安装位置

C. 出油堰口标高　D. 保温措施

43. 平流式沉砂池主要工艺参数是(B，D)。

A. 悬浮物去除率　B. 停留时间　C. 砂粒去除率　D. 水平流速

44. 微(超)滤装置的主要工艺参数包括(A，C)等。

A. 余氯　B. *BOD*　C. 浊度　D. 含盐量

45. 反渗透装置出现(B，C，D)指标的升高，会导致脱盐率的下降。

A. 有效压力　B. 回收率　C. 进水含盐量　D. 温度

46. 吸附剂的吸附能力除与其比表面积有关外主要还与(C，D)有关。

A. 吸附剂的颜色　B. 粒径

C. 吸附剂结构　D. 表面化学性质

47. 下列属无机高分子混凝剂的是(B，C)。

A. 聚丙烯酰胺　B. 聚合铝　C. 活性硅酸　D. 硫酸铝

48. 衡量聚合氯化铝性能的指标是(B，D)。

A. 聚合度　B. 碱化度

C. 电荷量　D. 三氧化二铝含量

49. 二氧化氯制备方法可分为(B，D)。

A. 三液法　B. 化学法　C. 氯气法　D. 电解法

50. 电解气浮主要运行控制参数为(A，C)。

A. 电流　　B. 电解液的电阻率

C. 电压　　D. 电位梯度

51. 萃取剂一般由(A，B)组成。

A. 具有萃取功能的溶剂　　B. 调整萃取剂密度、黏度的稀释剂

C. 选择剂　　D. 分配剂

52. 湿式氧化法主要适合对(B，C)的预处理。

A. 生活污水　　B. 高浓度有机污水

C. 污泥　　D. 电镀废水

53. 水中加氯量可以分为(C，D)。

A. 自由氯　　B. 游离氯　　C. 需氯量　　D. 余氯

54. 以下属于生物处理基本参数的有(A，D)。

A. 容积负荷　　B. 冲击负荷　　C. 固体停留时间　　D. 污泥负荷

55. 吸附池和再生池两段工艺参数控制明显不同的是(B，C)。

A. 水温　　B. 曝气时间　　C. 污泥负荷　　D. 泥龄

56. 表面曝气池导流区的作用是(A，C)。

A. 使污泥凝聚　　B. 泥水充分混合

C. 气水分离　　D. 曝气充氧

57. 可导致 A 池脱氮效率降低的原因(A，B，D)。

A. 混合液回流比太小　　B. 进水 BOD_5 太低

C. A 段溶解氧太低　　D. pH 值过高

58. 下列对氧化沟工艺参数描述正确的是(A，B，D)。

A. 溶解氧浓度存在变化　　B. 水力停留时间长

C. 有机负荷会升高　　D. *SRT* 长

59. 生物转盘法提高转盘转速可以达到(B，D)。

A. 降低能耗　　B. 提高溶解氧含量

C. 改变进水浓度　　D. 促进生物膜更新

60. 产甲烷菌的作用是(A，B，C)。

A. 使酸性消化阶段的代谢产物进一步分解成污泥气

B. 使 pH 值上升

C. 能氧化分子状态的氢，并利用 CO_2 作为电子接受体

D. 保持 pH 值相对稳定

61. 与厌氧颗粒污泥的形成相关的因素是(A，C，D)。

A. 废水的性质　　B. 无机颗粒

C. 环境条件(温度、pH 值)　　D. 污泥负荷率

62. 平流隔油池油水分离的工艺条件是(A，B)。

A. 水平流速　　B. 停留时间　　C. 水质　　D. 水温

63. 满足斜板隔油池油水分离的基本条件是(B，D)。

A. 水温　　B. 缩短油珠上浮距离

C. 水质　　D. 水流呈层流状态

64. 竖流式沉淀池主要工艺参数是(A，B，D)。

A. 上升流速　B. 沉淀时间　C. 颗粒沉降速度　D. 表面负荷

65. 辐流式沉淀池主要运行参数有(B，C，D)。

A. 刮泥机的旋转速度　B. 堰板溢流负荷

C. 停留时间　D. 表面负荷

66. 普通快滤池过滤过程中，较大的悬浮颗粒自然被截留下来，而较微细的悬浮颗粒则通过(B，D)而被截留下来。

A. 在滤料表面沉淀　B. 吸附

C. 絮体包裹　D. 接触凝聚

67. 无阀滤池可采用(A，B)方式使滤池进行反冲洗。

A. 自动　B. 强制　C. 污水　D. 清净水

68. 浓缩池的固体沉降过程应包括(C，D)。

A. 自由沉淀　B. 絮凝沉淀　C. 成层沉淀　D. 压缩沉淀

69. 活性炭过滤器根据水流的方向可分为(A，C)。

A. 升流式　B. 辐流式　C. 降流式　D. 竖流式

70. 石化污水处理装置停车后，仍需要进一步处理的物质有(A，B，C，D)。

A. 污油　B. 剩余活性污泥　C. 浮渣　D. 油泥

71. 污油罐加温过程中主要是为了切除油中的(B，D)。

A. 悬浮物　B. 油泥　C. 漂浮微粒　D. 水

72. 重力浓缩池根据运行方式可分为(B，C)。

A. 切水式　B. 间歇式　C. 连续式　D. 溢流式

73. 污泥调质所用的混凝剂主要有(A，B)。

A. 无机混凝剂　B. pH 调节剂

C. 助凝剂　D. 有机混凝剂

74. 污水处理过程中，自由沉淀多发生在(A，B)内的初期沉淀阶段。

A. 沉砂池　B. 初沉池　C. 二沉池　D. 污泥浓缩池

75. 斜板(管)沉淀池与改善水流状态有关的参数是(B，D)。

A. 颗粒沉降面积　B. 弗鲁德数 F_r

C. 颗粒沉降深度　D. 雷诺数 Re

76. 影响滤层膨胀率的主要因素有(A，B)。

A. 水温　B. 反洗强度　C. 滤速　D. 过滤周期

77. 臭氧有强烈的腐蚀性，凡与其接触的容器、管道、扩散器可选择(A，B，D)材料。

A. 不锈钢　B. 陶瓷　C. 普通钢管　D. 聚氯乙烯

78. 下列属于活性污泥法工艺形式的是(A，B，D)。

A. 阶段曝气法　B. 氧化沟

C. 生物接触氧化法　D. 表面曝气法

79. A/O 工艺中 O 池主要是对污水进行(B，C)。

A. 反硝化脱氮　B. 氨氮硝化　C. 有机物碳化　D. 产生碱度

80. 下列与炼油污水事故池运行管理相关的事项是(B，D)。
A. 定期清理漂浮物　　B. 定期进行清泥
C. 投加氧化剂　　D. 定期进行收油

81. 下列与化学沉淀工艺运行管理不相关的内容是(B，D)。
A. 定期对沉淀剂溶解池进行清理　　B. 排渣操作
C. 污泥处理　　D. 定期对混凝剂池进行清理

82. 推流式活性污泥法曝气池中，液下某段曝气器损坏不曝气，易导致池内(B，D)。
A. *MLSS* 升高　　B. *MLSS* 降低　　C. *HRT* 降低　　D. *DO* 降低

83. 完全混合法运行过程中(A，C，D)易导致污泥膨胀。
A. 污水中碳水化合物负荷过高　　B. 进水 pH 值高
C. *DO* 不足　　D. N、P 等养料缺乏

84. 延时曝气法的二沉池易出现漂泥现象，常见的影响因素是(A，D)。
A. 反硝化作用　　B. 厌氧腐化　　C. 曝气不足　　D. 污泥老化

85. A-B 法脱氮，当碳氮比较小时，采用处理方法正确的有(A，D)。
A. 投加甲醇　　B. 投加尿素
C. 降低 A 段曝气量　　D. 提高 B 段污泥回流量

86. 生物转盘法的生物膜出现厚度增长较快时，主要调节手段有(C，D)。
A. 增大进水流量　　B. 投加 N、P 等营养料
C. 降低进水流量　　D. 加强预曝气

87. 接触氧化池发生堵塞现象后，可采取(B，C，D)加以解决。
A. 减小曝气强度　　B. 提高曝气强度
C. 增大出水回流量　　D. 降低处理负荷

88. 减压阀按动作原理分(A，C)减压阀。
A. 直接作用式　　B. 弹性式　　C. 先导式　　D. 活塞式

89. 阀门的主要性能参数有(A，B，C，D)。
A. 公称压力　　B. 公称通径　　C. 工作压力　　D. 工作温度

90. 计量泵能采用(A，C，D)来调节流量。
A. 旁路调节　　B. 出口阀　　C. 转速调节　　D. 行程调节

91. 液压隔膜式计量泵分为(A，B)。
A. 单隔膜　　B. 双隔膜　　C. 三隔膜　　D. 四隔膜

92. 往复式压缩机气缸内的活塞，通过(A，B，C，D)连接传动，而在气缸内作往复运动。
A. 曲轴　　B. 连杆　　C. 十字头　　D. 活塞杆

93. 离心式压缩机气体做功转化成(A，B，C)。
A. 提高气体的静压能　　B. 提高气体动能
C. 克服气体流动损失　　D. 轮阻损失

94. 真空过滤器分为(A，C，D)。
A. 转筒式　　B. 垂直式　　C. 水平式　　D. 转盘式

95. 回转式刮泥机具有(A，B，C)作用。
A. 刮泥　　B. 防止污泥板结　　C. 泥水分离　　D. 降低泥含水率

96. 电动装置有(A，C)操纵的传动形式。

A. 电动机　　B. 电磁波　　C. 电磁铁　　D. 电感器

97. 使电动阀自动停止的机构是(C，D)。

A. 手电动联锁机构　　B. 现场操作机构

C. 转矩限制机构　　D. 行程控制机构

98. 为达到气浮池正常运转，释放器需具备的条件是(A，B，C)。

A. 抗堵塞　　B. 结构要力求简单

C. 材质要坚固耐腐蚀　　D. 微孔分布

99. 离子交换剂按材料性质可分为(A，B)。

A. 无机离子交换剂和有机离子交换剂　　B. 天然离子交换剂和人工离子交换剂

C. 酸性树脂和碱性树脂　　D. 吸附树脂和氧化还原树脂

100. 常见排水管有(A，C)。

A. 铸铁管　　B. 有色金属管　　C. 混凝土管　　D. 不锈钢管

101. 钢凝混凝土排水管分为(A，C)水管。

A. 自应力　　B. 拉应力　　C. 预应力　　D. 压应力

102. 软性填料的优点有(A，C，D)。

A. 比表面积大　　B. 具有切割气泡功能

C. 质量轻　　D. 运输方便

103. 单级单吸离心泵具有(A，B)结构。

A. 前开式　　B. 后开式　　C. 闭式　　D. 全开式

104. 动设备不准(A，B，D)运行。

A. 超温　　B. 超压　　C. 超效率　　D. 超负荷

105. 设备完好标准中零部件要(A，C，D)。

A. 完整　　B. 灵敏　　C. 齐全　　D. 质量符合要求

106. 设备完好标准中，安全装置和仪表要(A，B，D)。

A. 齐全　　B. 准确　　C. 保温完整　　D. 灵敏

107. 可能造成操作人员被酸伤害的物质是(B，C)。

A. 含酸废水　　B. 酸雾　　C. 浓酸　　D. 硫酸铝

108. 沉淀池的排泥量与(A，B，C)有关。

A. 废水处理量　　B. 沉淀效率

C. 进水悬浮固体浓度　　D. 沉淀池出水指标

109. 有关污泥容积指数的计算公式 $SVI=\frac{SV(\%)\times 10}{MLSS(g/L)}$，下列说法正确的有(A，B，D)。

A. $SV(\%)$表示污泥沉降比

B. $MLSS(g/L)$表示混合液活性污泥浓度

C. SVI 的单位是 g/mL

D. $SV(\%)$是混合液静止沉淀 30min 后的数据

三、技能操作鉴定要素细目表

鉴定范围						鉴定点	
一级		二级		三级		代码	名称
代码	名称	代码	名称	代码	名称		
A	技能要求	A	工艺操作	A	开车准备	001	生化池生物活性恢复操作
						002	UASB 反应器开车前检查
						003	反渗透装置运行前检查
				B	正常操作	001	普通快滤池反冲洗操作
						002	生化池混合液回流操作
						003	二沉池污泥回流操作
						004	微滤装置的化学清洗
				C	开车操作	001	生物滤池开车操作
						002	A/O 法开车操作
						003	氧化沟开车操作
				D	停车操作	001	生物滤池停车操作
						002	A/O 法停车操作
						003	氧化沟法停车操作
		B	设备使用和维护	A	使用设备	001	往复式空气压缩机开停操作
						002	离心式空气压缩机开停操作
						003	罗茨风机开停操作
						004	离心式鼓风机开停操作
						005	回转式刮泥机开停操作
				B	维护设备	001	表曝机日常维护
						002	罗茨风机日常维护
						003	离心式鼓风机日常维护
						004	回转式刮泥机日常维护
						005	空压机换油操作
						006	更换阀门盘根操作
		C	异常情况判断与处理	A	判断异常情况	001	QW 型潜水泵常见故障判断
						002	计量泵常见故障判断
						003	设备超温的判断
						004	曝气机常见故障判断
						005	污泥结构松散的原因判断
						006	气浮出水油含量超标的原因判断
				B	处理异常情况	001	污泥结构松散的处理
						002	生化池进水水质超标的处理
						003	气浮出水油含量超标的处理
		D	绘图与计算	A	绘图	001	合建式曝气池结构简图绘制
						002	污泥脱水装置工艺流程图绘制
						003	无阀滤池结构简图绘制

四、技能操作试题

试题1：生化池污泥活性恢复操作

（考核时间：35min）

序号	考核内容	考核要点	配分	评分标准	检测结果	扣分	得分	备注
1	准备工作	穿戴劳保用品	3	未穿戴整齐扣3分				
		工具、用具准备	2	工具选择不正确扣2分				
2	操作程序	启运鼓风机，并调节生化池布气量	10	启运鼓风机操作不当每步扣3分				
				布气量调节不当扣5分				
3		检查生化池内污泥腐化状况及污泥量	10	未检查污泥腐化扣5分				
				未检查污泥量扣5分				
4		曝气一段时间后，停运鼓风机	10	曝气时间控制不当扣5分				
				停运鼓风机操作不当每步扣3分				
5		打开生化池进水阀门，换水	5	操作不当扣5分				
6		调节生化池进水水质，控制换水量	10	水质调节不当扣5分				
				换水量控制不当扣5分				
7		向生化池投加N、P盐	10	未投加N、P盐扣10分				
				投加比不对扣5分				
8		关闭生化池进水阀，生化池停止进水	5	操作不当扣5分				
9		再次启运鼓风机，对生化池闷曝	10	启运鼓风机操作不当每步扣3分				
				闷曝时间控制不当扣5分				
10		分析污泥性能指标，做生物相观察，并观察污泥颜色变化情况	10	未分析污泥性能扣5分				
				未做生物相观察扣5分				
				未观察颜色变化扣5分				
11		必要时重复换水、闷曝、营养物投加操作直至污泥活性恢复	10	未根据情况进行重复操作扣10分				
12	使用工具	正确使用工具	2	工具使用不正确扣2分				
		正确维护工具	3	工具乱摆乱放扣3分				
13	安全及其他	按国家法规或企业规定		违规一次总分扣5分；严重违规停止操作			—	
		在规定时间内完成操作		每超时1min总分扣5分，超时3min停止操作			—	
		合　计	100					

试题2：生化池生物膜活性恢复操作

（考核时间：30min）

序号	考核内容	考核要点	配分	评分标准	检测结果	扣分	得分	备注
1	准备工作	穿戴劳保用品	3	未穿戴整齐扣3分				
		工具、用具准备	2	工具选择不正确扣2分				

续表

序号	考核内容	考核要点	配分	评分标准	检测结果	扣分	得分	备注
2	操作程序	启运鼓风机，并调节生化池布气量	10	启运鼓风机操作不当每步扣3分				
				布气量调节不当扣5分				
3		检查生化池内生物膜腐化状况	5	未检查膜腐化状况扣5分				
4		曝气一段时间后，停运鼓风机	10	曝气时间控制不当扣5分				
				停运鼓风机操作不当每步扣3分				
5		打开生化池进水阀门，换水	5	操作不当扣5分				
6		调节生化池进水水质，控制换水量	15	水质调节不当扣10分				
				换水量控制不当扣10分				
7		向生化池投加N、P盐	10	未投加N、P盐扣10分				
				投加比不对扣5分				
8		关闭生化池进水阀，生化池停止进水	5	操作不当扣5分				
9		再次启运鼓风机，对生化池闷曝	10	启运鼓风机操作不当每步扣3分				
				闷曝时间控制不当扣5分				
10		做生物相观察，并观察膜颜色变化情况	10	未做生物相观察扣5分				
				未观察膜颜色变化扣5分				
11		必要时进行重复换水、闷曝、投加营养物等操作直至生物膜活性恢复	10	未根据情况进行重复操作扣10分				
12	使用工具	正确使用工具	2	工具使用不正确扣2分				
		正确维护工具	3	工具乱摆乱放扣3分				
13	安全及其他	按国家法规或企业规定		违规一次总分扣5分；严重违规停止操作			—	
		在规定时间内完成操作		每超时1min总分扣5分，超时3min停止操作			—	
		合　计	100					

试题3：UASB反应器开车前检查

（考核时间：25min）

序号	考核内容	考核要点	配分	评分标准	检测结果	扣分	得分	备注
1	准备工作	穿戴劳保用品	3	未穿戴整齐扣3分				
		工具、用具准备	2	工具选择不正确扣2分				
2	开车准备	反应器内有无杂物、内壁防腐是完好	5	未检查杂物扣3分				
				未检查内壁防腐扣3分				
3		检查水封、沼气柜、沼气管道有无漏气现象	10	未检查水封扣5分				
				未检查沼气柜扣5分				
				未检查沼气管道扣5分				

续表

序号	考核内容	考核要点	配分	评分标准	检测结果	扣分	得分	备注
4		检查三相分离器有无破损或漏气现象	10	未检查三相分离器扣5分				
				未检查气室扣5分				
5		检查回流泵、输送泵是否完好	10	未检查回流泵扣5分				
				未检查输送泵扣5分				
6		检查沼气鼓风机是否完好	10	未检查鼓风机扣5分				
				未检查沼气输送管扣5分				
7		检查布水系统	5	未检查布水系统扣5分				
8		检查投碱系统	10	未检查投碱系统扣10分				
9		检查加温系统	10	未检查加温系统扣10分				
10		检查阀门是否安装齐全，灵活好用	10	未检查水系统阀门扣5分				
				未检查泥系统阀门扣5分				
				未检查气系统阀门扣5分				
11		确认电器、仪表及联锁系统条件	10	未确认电气系统扣5分				
				未确认仪表系统扣5分				
12	使用工具	正确使用工具	2	工具使用不正确扣2分				
		正确维护工具	3	工具乱摆乱放扣3分				
13	安全及其他	按国家法规或企业规定		违规一次总分扣5分；严重违规停止操作			—	
		在规定时间内完成操作		每超时1min总分扣5分，超时3min停止操作			—	
		合　计	100					

试题4：反渗透装置正常启动前的检查

（考核时间：30min）

序号	考核内容	考核要点	配分	评分标准	检测结果	扣分	得分	备注
1	准备工作	穿戴劳保用品	3	未穿戴整齐扣3分				
		工具、用具准备	2	工具选择不正确扣2分				
2	开车准备	检查膜元件的组装情况	10	未检查膜元件扣10分				
				检查不到位扣5分				
3		检查加压泵是否备用	5	未检查泵扣5分				
				检查不到位扣5分				
4		检查计量泵是否备用	5	未检查计量泵扣5分				
				检查不到位扣5分				
5		检查工艺管线、阀门是否完好备用	10	未检查管线扣5分				
				未检查阀门扣5分				

续表

序号	考核内容	考核要点	配分	评分标准	检测结果	扣分	得分	备注
6		确认电气、仪表及联锁系统具备条件	10	未确认电气条件扣5分				
				未确认仪表条件扣5分				
7		检查化学药品是否符合要求	5	未检查药器种类扣5分				
				未检查药品质量扣5分				
8		确认预处理系统运行正常，进水水质符合要求	10	未确认水质扣5分				
9		在低压、小流量下将装置中的空气排出	10	未操作扣10分				
				操作不到位扣5分				
10		检查装置有无泄漏	5	未检查扣5分				
				检查不到位扣5分				
11		启动高压泵，在低于50%给水压力下冲洗，直至排水不含保护液	10	未操作扣10分				
				操作不到位扣5分				
12		慢慢增加给水压力并调整排水减压控制阀，直至满足设计的回收率	10	未操作扣10分				
				操作不到位扣5分				
13	使用工具	正确使用工具	2	工具使用不正确扣2分				
		正确维护工具	3	工具乱摆乱放扣3分				
14	安全及其他	按国家法规或企业规定		违规一次总分扣5分；严重违规停止操作			—	
		在规定时间内完成操作		每超时1min总分扣5分，超时3min停止操作			—	
合计			100					

试题5：生化池混合液回流操作

（考核时间：20min）

序号	考核内容	考核要点	配分	评分标准	检测结果	扣分	得分	备注
1	准备工作	穿戴劳保用品	3	未穿戴整齐扣3分				
		工具、用具准备	2	工具选择不正确扣2分				
2	操作程序	检查回流污水泵备用状态，混合液回流阀开关情况	15	未检查回流泵扣10分				
				未检查回流阀扣10分				
3		检查生化池进水量，确定混合液回流比	15	未检查进水量扣8分				
				未确定回流比扣8分				
4		打开生化池混合液回流阀	10	操作不当扣10分				
5		检查回流污水泵入口液位	10	未检查扣10分				
6		启运回流污水泵	20	操作不当每步扣10分				
7		调节混合液回流量	10	调节不当扣10分				
8		检查混合液池液位控制情况	10	未检查扣10分				

续表

序号	考核内容	考核要点	配分	评分标准	检测结果	扣分	得分	备注
9	使用工具	正确使用工具	2	工具使用不正确扣2分				
		正确维护工具	3	工具乱摆乱放扣3分				
10	安全及其他	按国家法规或企业规定		违规一次总分扣5分；严重违规停止操作			—	
		在规定时间内完成操作		每超时1min总分扣5分，超时3min停止操作			—	
		合　计	100					

试题6：二沉池污泥回流操作

（考核时间：20min）

序号	考核内容	考核要点	配分	评分标准	检测结果	扣分	得分	备注
1	准备工作	穿戴劳保用品	3	未穿戴整齐扣3分				
		工具、用具准备	2	工具选择不正确扣2分				
2	操作程序	检查污泥回流泵备用状态，污泥回流阀开关情况	10	未检查回流泵扣5分				
				未检查回流阀扣5分				
3		检查生化池进水量和进水水质	15	未检查进水量扣10分				
				未检查进水水质扣10分				
4		确定污泥回流比	10	未确定回流比扣10分				
5		打开生化池回流污泥阀	10	操作不当扣10分				
6		检查回流污泥泵入口集泥池液位	10	未检查扣10分				
7		启运污泥回流泵	10	未按规程进行操作，每少或错一步扣3分				
8		调节污泥回流量	10	调节不当扣10分				
9		检查、控制二沉池、集泥池液位	15	二沉池液位控制不当扣10分				
				集泥池液位控制不当扣10分				
10	使用工具	正确使用工具	2	工具使用不正确扣2分				
		正确维护工具	3	工具乱摆乱放扣3分				
11	安全及其他	按国家法规或企业规定		违规一次总分扣5分；严重违规停止操作			—	
		在规定时间内完成操作		每超时1min总分扣5分，超时3min停止操作			—	
		合　计	100					

试题7：微滤装置的化学清洗

（考核时间：35min）

序号	考核内容	考核要点	配分	评分标准	检测结果	扣分	得分	备注
1	准备工作	穿戴劳保用品	3	未穿戴整齐扣3分				
		工具、用具准备	2	工具选择不正确扣2分				

续表

序号	考核内容	考核要点	配分	评分标准	检测结果	扣分	得分	备注
2	操作程序	化学清洗开始之前，需要进行一次在线反冲洗	10	未进行在线反洗扣10分				
				操作不到位扣5分				
3		在药箱内配置清洗液	5	未配制不得分				
				操作不到位扣3分				
4		关闭微滤机组的进、出水阀门	10	少一项操作扣5分				
				操作不到位扣5分				
5		打开化学清洗管线上的阀门	10	未打开阀门扣10分				
6		启动化学清洗泵，清洗剂自微滤器下部进入，从微滤器上部出来返回清洗液药箱	10	未按规程启运泵，每少或错一步扣3分				
7		循环1~2h	10	循环时间不符扣5分				
8		停运化学清洗泵，浸泡	10	未停化学清洗泵扣10分				
9		如果洗出液较脏，重复上述两项操作	10	未检查洗出液扣5分				
				未重复操作扣5分				
10		放空微滤机组内的清洗液	5	未放空清洗液扣5分				
				操作不到位扣3分				
11		进行在线反冲洗，准备运行	5	未进行在线反洗扣5分				
				操作不到位扣3分				
12		排空药箱内清洗液，用净水冲洗，化学清洗结束	5	未排空清洗液扣3分				
				未用清水冲洗扣3分				
13	使用工具	正确使用工具	2	工具使用不正确扣2分				
		正确维护工具	3	工具乱摆乱放扣3分				
14	安全及其他	按国家法规或企业规定		违规一次总分扣5分；严重违规停止操作			—	
		在规定时间内完成操作		每超时1min总分扣5分，超时3min停止操作			—	
		合　计	100					

试题8：塔式生物滤池开车操作

（考核时间：25min）

序号	考核内容	考核要点	配分	评分标准	检测结果	扣分	得分	备注
1	准备工作	穿戴劳保用品	3	未穿戴整齐扣3分				
		工具、用具准备	2	工具选择不正确扣2分				
2	操作程序	检查集水池、提升泵、塔体、填料、布水器、通风口、通风设备等	10	每少检查一项扣3分				
3		检查来水水质、水量	5	未检查扣5分				

续表

序号	考核内容	考核要点	配分	评分标准	检测结果	扣分	得分	备注
4		启运布水器	10	未按规程操作，每少或错一步扣3分				
5		打开塔滤多级进水阀	10	未操作扣10分				
				操作不到位扣5分				
6		引来水进入集水池，启运塔滤进水提升泵	10	操作不当扣5分				
				未按规程操作，每少或错一步扣3分				
7		调节多级进水阀的开度	5	未调节扣5分				
8		打开塔式生物滤池废气洗涤水阀	10	未打开阀门扣10分				
				操作不到位扣5分				
9		打开废气洗涤塔洗涤水阀、放空阀、洗涤污水回流阀	10	每少打开一只阀门扣3分				
				操作不到位扣5分				
10		启运通风设备	10	未按规程操作，每少或错一步扣3分				
11		调节各项工艺运行参数以符合工艺要求	10	未调节扣10分				
12	使用工具	正确使用工具	2	工具使用不正确扣2分				
		正确维护工具	3	工具乱摆乱放扣3分				
13	安全及其他	按国家法规或企业规定		违规一次总分扣5分；严重违规停止操作			—	
		在规定时间内完成操作		每超时1min总分扣5分，超时3min停止操作			—	
		合　计	100					

试题9：A/O池开车操作

（考核时间：40min）

序号	考核内容	考核要点	配分	评分标准	检测结果	扣分	得分	备注
1	准备工作	穿戴劳保用品	3	未穿戴整齐扣3分				
		工具、用具准备	2	工具选择不正确扣2分				
2	操作程序	检查提升泵、鼓风机等设备备用状态，检查阀门开闭及流程畅通（仪表投用）情况	10	未检查设备扣4分				
				未检查阀门扣4分				
				未检查流程扣4分				
3		启运A池搅拌机搅拌	5	操作不当每步扣3分				
4		启运鼓风机向O池曝气充氧，调节池面布气状况	10	鼓风机操作不当每步扣3分				
				池面布气量未调节扣5分				
5		检查A/O池内污泥浓度及污泥活性恢复情况	5	未检查污泥浓度扣3分				
				未检查污泥活性扣3分				

续表

序号	考核内容	考核要点	配分	评分标准	检测结果	扣分	得分	备注
6		观察来水水质、水量，打开A池进水阀，启运污水提升泵	5	未观察水质水量扣2分				
				未打开进水阀扣2分				
				启运提升泵操作不当每步扣2分				
7		调节进水水质水量	10	水质调节不当扣5分				
				水量调节不当扣5分				
8		启运A/O池污水回流泵，调节污水回流比	7	启运污水回流泵操作不当每步扣2分				
				回流比调节不对扣4分				
9		启运二沉池污泥回流泵，调节污泥回流比	7	启运污泥回流泵操作不当每步扣2分				
				回流比调节不对扣4分				
10		启运二沉池刮泥刮渣机	5	操作不当每步扣3分				
11		控制A池溶解氧	5	控制不当扣5分				
12		调节O池曝气量	7	调节不当扣7分				
13		向A/O池投加碱、磷、铁等化学药剂	10	未投加药剂每种扣5分				
				投加量不正确扣5分				
14		检查A/O池及二沉池出水情况	4	未检查扣4分				
15	使用工具	正确使用工具	2	工具使用不正确扣2分				
		正确维护工具	3	工具乱摆乱放扣3分				
16	安全及其他	按国家法规或企业规定		违规一次总分扣5分；严重违规停止操作			—	
		在规定时间内完成操作		每超时1min总分扣5分，超时3min停止操作			—	
		合　计	100					

试题10：帕斯韦尔氧化沟开车操作

（考核时间：35min）

序号	考核内容	考核要点	配分	评分标准	检测结果	扣分	得分	备注
1	准备工作	穿戴劳保用品	3	未穿戴整齐扣3分				
		工具、用具准备	2	工具选择不正确扣2分				
2	操作程序	检查曝气转刷、提升泵等设备备用状态，检查阀门开闭及流程畅通（仪表投用）情况	10	未检查设备扣4分				
				未检查阀门扣4分				
				未检查流程扣4分				
3		调节出水可调堰，将转刷调至最佳浸水深度	5	调节不当扣5分				
4		启运曝气转刷向池内充氧	5	操作不当每步扣3分				

续表

序号	考核内容	考核要点	配分	评分标准	检测结果	扣分	得分	备注
5		检查沟内污泥浓度及活性恢复状况	5	未检查污泥浓度扣5分				
				未检查污泥活性扣5分				
6		观察来水水质、水量，打开氧化沟进水阀，启运污水提升泵	5	未观察水质水量扣2分				
				未打开进水阀扣2分				
				启运提升泵操作不当每步扣2分				
7		调节进水水质水量	10	水质调节不当扣5分				
				水量调节不当扣5分				
8		启运污泥回流泵，向氧化沟回流污泥，调节回流比	10	启运污泥回流泵操作不当每步扣4分				
				回流比调节不对扣5分				
9		启运二沉池刮泥刮渣机	5	操作不当每步扣3分				
10		调节转刷运行台数，控制沟内溶解氧浓度	10	未调节台数扣10分				
				DO 调节不当扣5分				
11		调节转刷转速，控制沟内水平流速，检查污泥沉积	10	转速调节不当扣5分				
				未检查污泥沉积扣5分				
12		向沟内投加氮、磷盐营养物质	10	未投加N、P盐扣10分				
				投加量不正确扣5分				
13		检查氧化沟及二沉池出水情况	5	未检查扣5分				
14	使用工具	正确使用工具	2	工具使用不正确扣2分				
		正确维护工具	3	工具乱摆乱放扣3分				
15	安全及其他	按国家法规或企业规定		违规一次总分扣5分；严重违规停止操作			—	
		在规定时间内完成操作		每超时1min总分扣5分，超时3min停止操作			—	
		合　计	100					

试题11：塔式生物滤池停车操作

（考核时间：25min）

序号	考核内容	考核要点	配分	评分标准	检测结果	扣分	得分	备注
1	准备工作	穿戴劳保用品	3	未穿戴整齐扣3分				
		工具、用具准备	2	工具选择不正确扣2分				
2	操作程序	检查上游来水已改流程或已切断	10	未检查扣10分				
3		停运提升泵	10	操作不当每步扣5分				
4		关闭各级进水阀	10	少关一级阀门扣5分				
5		停布水器	10	未停运扣10分				

续表

序号	考核内容	考核要点	配分	评分标准	检测结果	扣分	得分	备注
6		停加氮、磷盐，关闭磷盐投加阀门	10	未停加氮扣5分				
				未停加磷扣5分				
				未关闭投药阀门扣5分				
7		停机械通风设备，打开观察孔	10	停机械通风设备操作不当扣5分				
				未打开观察孔扣5分				
8		关闭废气洗涤水	10	操作不当扣10分				
9		降低沉淀池水位，对沉淀池进行清污	10	未降水位扣5分				
				未清污扣5分				
10		确认电气、仪表系统相关事项	10	未确认电气事项扣5分				
				未确认仪表事项扣5分				
11	使用工具	正确使用工具	2	工具使用不正确扣2分				
		正确维护工具	3	工具乱摆乱放扣3分				
12	安全及其他	按国家法规或企业规定		违规一次总分扣5分；严重违规停止操作			—	
		在规定时间内完成操作		每超时1min总分扣5分，超时3min停止操作			—	
		合　计	100					

试题12：A/O池停车操作

（考核时间：30min）

序号	考核内容	考核要点	配分	评分标准	检测结果	扣分	得分	备注
1	准备工作	穿戴劳保用品	3	未穿戴整齐扣3分				
		工具、用具准备	2	工具选择不正确扣2分				
2	操作程序	检查上游来水已改流程或已切断	10	未检查扣10分				
3		停运提升泵	10	操作不当每步扣5分				
4		关闭A/O池进水阀	5	操作不当扣5分				
5		停加碱液及磷、铁盐，关闭投加点阀门	15	未停加碱液扣5分				
				未停加磷盐扣5分				
				未停加铁盐扣5分				
				未关闭加药阀扣扣5分				
6		停A/O池污水回流泵	10	操作不当每步扣5分				
7		停二沉池污泥回流泵	10	操作不当每步扣5分				
8		停运刮泥刮渣机	5	操作不当每步扣3分				
9		停A池搅拌机	5	操作不当每步扣3分				
10		停O池鼓风机，关闭各供风阀门	10	停鼓风机操作不当每步扣4分				
				未关闭供风阀扣4分				

续表

序号	考核内容	考核要点	配分	评分标准	检测结果	扣分	得分	备注
11		确认电气、仪表系统相关事项	10	未确认电气事项扣5分				
				未确认仪表事项扣5分				
12	使用工具	正确使用工具	2	工具使用不正确扣2分				
		正确维护工具	3	工具乱摆乱放扣3分				
13	安全及其他	按国家法规或企业规定		违规一次总分扣5分；严重违规停止操作			—	
		在规定时间内完成操作		每超时1min总分扣5分，超时3min停止操作			—	
		合　计	100					

试题13：帕斯韦尔氧化沟停车操作

（考核时间：25min）

序号	考核内容	考核要点	配分	评分标准	检测结果	扣分	得分	备注
1	准备工作	穿戴劳保用品	3	未穿戴整齐扣3分				
		工具、用具准备	2	工具选择不正确扣2分				
2	操作程序	检查上游来水已改流程或已切断	10	未检查扣10分				
3		停运提升泵	10	操作不当每步扣5分				
4		关闭氧化沟进水阀	10	操作不当扣10分				
5		停加氮、磷盐，关闭磷盐投加阀门	15	未停加氮扣8分				
				未停加磷扣8分				
				未关闭投药阀门扣8分				
6		停二沉池污泥回流泵	10	操作不当每步扣5分				
7		停运刮泥刮渣机	10	操作不当每步扣5分				
8		停运曝气转刷	15	停运操作不当每步扣5分				
				每少停一台扣5分				
9		确认电气、仪表系统相关事项	10	未确认电气事项扣5分				
				未确认仪表事项扣5分				
10	使用工具	正确使用工具	2	工具使用不正确扣2分				
		正确维护工具	3	工具乱摆乱放扣3分				
11	安全及其他	按国家法规或企业规定		违规一次总分扣5分；严重违规停止操作			—	
		在规定时间内完成操作		每超时1min总分扣5分，超时3min停止操作			—	
		合　计	100					

试题 14：往复式空气压缩机开停操作

（考核时间：30min）

序号	考核内容	考核要点	配分	评分标准	检测结果	扣分	得分	备注
1	准备工作	穿戴劳保用品	3	未穿戴整齐扣 3 分				
		工具、用具准备	2	工具选择不正确扣 2 分				
2	开机操作	确认压缩机、电机零附件完好备用	10	未确认各指示表完好扣 5 分				
				未确认电机扣 5 分				
				未确认连接部件扣 5 分				
3		将冷却水压力调节至规定值	10	未调节扣 10 分				
4		将曲轴箱油位添加至规定值	10	未操作扣 10 分				
5		打开空气放空阀、吹除阀及疏水阀的隔断阀	10	未打开放空阀扣 5 分				
				未打开吹除阀扣 5 分				
				未打开隔断阀扣 5 分				
6		盘车	5	未操作扣 5 分				
7		启动压缩机，检查运转声音是否正常	10	操作不当扣 5 分				
				未检查扣 5 分				
8		关闭吹除阀，空转 10min，然后缓慢关小放空阀，升高末级压力	15	未按顺序操作扣 5 分				
				未按要求空转扣 5 分				
				放空阀操作过快扣 5 分				
9	停机操作	缓慢开启空气放空阀，逐渐降低末级排气压力	10	阀门开启过快扣 10				
10		打开吹除阀，当末级压力低于规定值时，切断电机电源停运	10	未打开吹除阀扣 5 分				
				未按要求操作扣 5 分				
11	使用工具	正确使用工具	2	工具使用不正确扣 2 分				
		正确维护工具	3	工具乱摆乱放扣 3 分				
12	安全及其他	按国家法规或企业规定		违规一次总分扣 5 分；严重违规停止操作			—	
		在规定时间内完成操作		每超时 1min 总分扣 5 分，超时 3min 停止操作			—	
		合　计	100					

试题 15：离心式压缩机开停操作

（考核时间：30min）

序号	考核内容	考核要点	配分	评分标准	检测结果	扣分	得分	备注
1	准备工作	穿戴劳保用品	3	未穿戴整齐扣 3 分				
		工具、用具准备	2	工具选择不正确扣 2 分				
2	开机操作	确认各附件完好	5	未确认扣 5 分				
3		按下启动按钮，主机开始运行	5	操作不当扣 5 分				

续表

序号	考核内容	考核要点	配分	评分标准	检测结果	扣分	得分	备注
4		检查各级振动值、油温、油压是否正常	10	未检查振动值扣5分				
				未检查油温扣5分				
				未检查油压扣5分				
5		检查入口阀是否稍开，入口管真空表有无显示	5	未检查入口阀扣3分				
				未检查真空表扣3分				
6		根据油温打开油冷器、回水阀，使油温保持正常	5	未根据油温开油冷器扣2分				
				未根据油温开回水阀扣2分				
				油温未保持正常扣2分				
7		检查压缩机各部位有无异常，正常后全开入口阀，关闭出口放空阀	15	未检查扣5分				
				未按顺序操作扣5分				
				入口阀未全开扣5分				
				未关闭放空阀扣5分				
8		检查各点参数正常后，慢慢关闭储气罐放空阀，当罐内压力达到规定值时，打开储气罐出口阀	15	未检查扣5分				
				未按顺序操作扣5分				
				放空阀操作过快扣5分				
				未打开出口阀扣5分				
9	停机操作	缓慢打开储气罐放空阀，同时缓慢关闭储气罐出口阀	10	放空阀操作过快扣5分				
				出口阀操作过快扣5分				
10		全开放空阀，关小入口阀，按下停车按钮，停运	10	放空阀未全开扣5分				
				未关小入口阀扣5分				
11		关闭主机级间冷却器及油冷器进出口阀	10	未关闭冷却器扣5分				
				未关闭油冷器进口阀扣5分				
				未关闭油冷器出口阀扣5分				
12	使用工具	正确使用工具	2	工具使用不正确扣2分				
		正确维护工具	3	工具乱摆乱放扣3分				
13	安全及其他	按国家法规或企业规定		违规一次总分扣5分；严重违规停止操作			—	
		在规定时间内完成操作		每超时1min总分扣5分，超时3min停止操作			—	
		合　　计	100					

试题16：罗茨风机开停操作

（考核时间：30min）

序号	考核内容	考核要点	配分	评分标准	检测结果	扣分	得分	备注
1	准备工作	穿戴劳保用品	3	未穿戴整齐扣3分				
		工具、用具准备	2	工具选择不正确扣2分				

续表

序号	考核内容	考核要点	配分	评分标准	检测结果	扣分	得分	备注
2	开机操作	确认零附件完好备用	10	未确认连接部件扣5				
				未确认轴封装置扣5分				
3		确认齿轮箱和减速器润滑油是否合格	10	未确认扣10分				
4		打开鼓风机入口阀门和安全阀	15	未打开入口阀扣10分				
				未打开安全阀扣10分				
5		盘车	10	未操作扣10分				
6		开动风机电动机按钮	10	操作不当扣10分				
7		正常后，缓慢打开出口阀和缓慢关闭安全阀，必须注意两者应协调操作	15	出口阀操作过快扣5分				
				安全阀操作过快扣5分				
				未协调操作扣5分				
8	停机操作	按停车按钮	10	操作不当扣10分				
9		关出入口阀门	10	未关出口阀扣5分				
				未关入口阀扣5分				
10	使用工具	正确使用工具	2	工具使用不正确扣2分				
		正确维护工具	3	工具乱摆乱放扣3分				
11	安全及其他	按国家法规或企业规定		违规一次总分扣5分；严重违规停止操作			—	
		在规定时间内完成操作		每超时1min总分扣5分，超时3min停止操作			—	
		合　计	100					

试题17：离心式鼓风机开停操作

（考核时间：30min）

序号	考核内容	考核要点	配分	评分标准	检测结果	扣分	得分	备注
1	准备工作	穿戴劳保用品	3	未穿戴整齐扣3分				
		工具、用具准备	2	工具选择不正确扣2分				
2	开机操作	确认风机、电机零附件完备用好	10	未确认连接部件扣2分				
				未确认进出口阀门扣2分				
				未确认消音器扣3分				
				未确认各指示表扣2分				
				未确认电机扣2分				
3		确认轴承箱润滑脂符合要求	5	未确认扣5分				
4		盘车	5	未操作扣5分				
5		按下电机启动按钮，观察电机转向是否正确	5	操作不当扣5分				
				未观察扣3分				

续表

序号	考核内容	考核要点	配分	评分标准	检测结果	扣分	得分	备注
6		注意启动后的振动声响	5	未检查扣5分				
7		若有异常情况，立即停车检查	5	未按要求操作扣5分				
8		电机达到正常转速，各部件均无异常时，尽快打开进出口阀门，进出口阀要相互配合平稳进行	10	未尽快打开阀门扣6分				
				未配合进行扣6分				
9		打开出口阀同时观察电流表使其指示值低于额定值	10	未操作扣10分				
				未观察扣5分				
10		按工艺要求调整进出口阀	5	未操作扣5分				
11		检查各连接处有无气体泄漏	10	一处未检查扣2分				
12	停机操作	先关小出口阀后按下停车按钮，然后迅速关闭进出口阀	10	未按顺序操作扣5分				
				未迅速关闭进口阀扣5分				
				未迅速关闭出口阀扣5分				
13		停机过程中，注意机内有无异常声音，观察转子随走时间	10	未注意声音扣5分				
				未观察随走时间扣5分				
14	使用工具	正确使用工具	2	工具使用不正确扣2分				
		正确维护工具	3	工具乱摆乱放扣3分				
15	安全及其他	按国家法规或企业规定		违规一次总分扣5分；严重违规停止操作			—	
		在规定时间内完成操作		每超时1min总分扣5分，超时3min停止操作			—	
		合　计	100					

试题18：回转式刮泥机开停操作

（考核时间：30min）

序号	考核内容	考核要点	配分	评分标准	检测结果	扣分	得分	备注
1	准备工作	穿戴劳保用品	3	未穿戴整齐扣3分				
		工具、用具准备	2	工具选择不正确扣2分				
2	开机操作	确认零附件完好备用	10	未确认行走轮扣4分				
				未确认行走轨道扣4分				
				未确认扣刮渣板扣4分				
3		确认环形槽内无杂物	5	未确认扣5分				
4		确认减速箱油位、油质合格	10	未确认油位扣3分				
				未确认油质扣3分				
5		确认中心轴承润滑良好	10	未确认扣10分				
6		按下启动按钮	5	操作不当扣5分				

续表

序号	考核内容	考核要点	配分	评分标准	检测结果	扣分	得分	备注
7		检查行走轮声音是否正常	10	未检查扣10分				
8		检查桁车行走是否平稳	10	未检查扣10分				
9		检查中心轴承声音是否正常	10	未检查扣10分				
10		检查行走轨道是否变形或损坏	10	未检查扣10分				
11	停机操作	按下停机按钮	10	操作不当扣10分				
12	使用工具	正确使用工具	2	工具使用不正确扣2分				
		正确维护工具	3	工具乱摆乱放扣3分				
13	安全及其他	按国家法规或企业规定		违规一次总分扣5分；严重违规停止操作			—	
		在规定时间内完成操作		每超时1min总分扣5分，超时3min停止操作			—	
		合　计	100					

试题19：立式表曝机日常维护

（考核时间：30min）

序号	考核内容	考核要点	配分	评分标准	检测结果	扣分	得分	备注
1	准备工作	穿戴劳保用品	3	未穿戴整齐扣3分				
		工具、用具准备	2	工具选择不正确扣2分				
2	操作程序	检查各连接件是否松动	10	未检查扣5分				
				检查不到位扣5分				
3		检查轴承温度是否有过热现象	10	未检查扣10分				
4		检查齿轮箱及减速器油位和油质是否合格	15	油位未检查扣10分				
				油质未检查扣10分				
5		检查轴封装置是否泄漏	10	未检查扣10分				
6		检查机组振动情况	10	未检查扣10分				
7		检查运行情况，有无摩擦、过热及不正常运转声音	10	未检查是否有摩擦及过热情况扣5分				
				未检查是否有杂音扣5分				
8		检查叶轮形成的水跃现象是否正常，判断叶轮内是否有杂物	15	未检查水跃现象扣10分				
				未查看叶轮内是否有杂物扣10分				
9		检查电流是否正常	10	未检查电流扣10分				
10	使用工具	正确使用工具	2	工具使用不正确扣2分				
		正确维护工具	3	工具乱摆乱放扣3分				

续表

序号	考核内容	考核要点	配分	评分标准	检测结果	扣分	得分	备注
11	安全及其他	按国家法规或企业规定		违规一次总分扣 5 分；严重违规停止操作			—	
		在规定时间内完成操作		每超时 1min 总分扣 5 分，超时 3min 停止操作			—	
		合　　计	100					

试题 20：罗茨风机日常维护

（考核时间：30min）

序号	考核内容	考核要点	配分	评分标准	检测结果	扣分	得分	备注
1	准备工作	穿戴劳保用品	3	未穿戴整齐扣 3 分				
		工具、用具准备	2	工具选择不正确扣 2 分				
2	操作程序	检查各连接件是否松动	10	未检查扣 10 分				
3		检查轴承温度是否有过热现象	10	未检查扣 10 分				
4		检查齿轮箱及减速器油位和油质是否合格	20	油位未检查扣 10 分				
				油质未检查扣 10 分				
5		检查轴封装置是否泄漏	10	未检查扣 10 分				
6		检查机组振动情况	10	未检查扣 10 分				
7		检查风机运行情况，有无摩擦、过热及不正常运转声音	10	未检查扣 10 分				
8		检查电流是否在额定值内	10	未检查扣 10 分				
9		对备用设备进行盘车	10	未操作扣 10 分				
10	使用工具	正确使用工具	2	工具使用不正确扣 2 分				
		正确维护工具	3	工具乱摆乱放扣 3 分				
11	安全及其他	按国家法规或企业规定		违规一次总分扣 5 分；严重违规停止操作			—	
		在规定时间内完成操作		每超时 1min 总分扣 5 分，超时 3min 停止操作			—	
		合　　计	100					

试题 21：离心式鼓风机日常维护

（考核时间：20min）

序号	考核内容	考核要点	配分	评分标准	检测结果	扣分	得分	备注
1	准备工作	穿戴劳保用品	3	未穿戴整齐扣 3 分				
		工具、用具准备	2	工具选择不正确扣 2 分				

续表

序号	考核内容	考核要点	配分	评分标准	检测结果	扣分	得分	备注
2	操作程序	检查风压是否在设计压力+10%~-30%之间	10	未检查扣10分				
				风压不符要求扣5分				
3		检查电流是否在额定值以内	10	未检查扣10分				
				电流不符要求扣5分				
4		检查轴承温升是否小于55℃	10	未检查扣10分				
				温升不符要求扣5分				
5		检查润滑脂质量是否良好	10	未检查扣10分				
6		检查机组声音、振动是否正常	10	未检查声音扣5分				
				未检查振动扣5分				
7		检查连接件是否松动	10	未检查扣10分				
8		检查气体泄漏情况	10	未检查扣10分				
9		对备机定时盘车	10	未操作扣10分				
10		备机进出口阀门润滑保养	10	进口阀未润滑扣5分				
				出口阀未润滑扣5分				
11	使用工具	正确使用工具	2	工具使用不正确扣2分				
		正确维护工具	3	工具乱摆乱放扣3分				
12	安全及其他	按国家法规或企业规定		违规一次总分扣5分；严重违规停止操作			—	
		在规定时间内完成操作		每超时1min总分扣5分，超时3min停止操作			—	
		合　　计	100					

试题22：回转式刮泥机日常维护

（考核时间：20min）

序号	考核内容	考核要点	配分	评分标准	检测结果	扣分	得分	备注
1	准备工作	穿戴劳保用品	3	未穿戴整齐扣3分				
		工具、用具准备	2	工具选择不正确扣2分				
2	操作程序	检查减速机润滑是否良好	10	未检查扣10分				
3		检查行走轮润滑是否良好	10	未检查扣10分				
4		检查中心轴承润滑是否良好	10	未检查扣10分				
5		若行走轮是胶轮，加油时要避免将油洒落在胶轮上	10	未按要求操作扣10分				
6		检查集电环箱内是否干燥	10	未检查扣10分				
7		定期对刮泥机水下部分进行检查	10	未检查扣10分				
8		检查轨道是否平整	10	未检查扣10分				
9		检查刮渣部件是否完好	10	未检查扣10分				
10		检查虹吸系统是否完好	10	未检查扣10分				

续表

序号	考核内容	考核要点	配分	评分标准	检测结果	扣分	得分	备注
11	使用工具	正确使用工具	2	工具使用不正确扣2分				
		正确维护工具	3	工具乱摆乱放扣3分				
12	安全及其他	按国家法规或企业规定		违规一次总分扣5分；严重违规停止操作			—	
		在规定时间内完成操作		每超时1min总分扣5分，超时3min停止操作			—	
合　计			100					

试题23：空压机换油操作

（考核时间：20min）

序号	考核内容	考核要点	配分	评分标准	检测结果	扣分	得分	备注
1	准备工作	穿戴劳保用品	3	未穿戴整齐扣3分				
		工具、用具准备	2	工具选择不正确扣2分				
2	操作程序	选定空压机油	5	选用不对扣5分				
3		润滑油进行第一、二级过滤	10	无第一级过滤扣5分				
				无第二级过滤扣5分				
4		拧下加油丝堵	5	操作不当扣5分				
5		将筛子平放在加油孔上	5	操作不当扣5分				
6		正下方放接油工具，拧下放油丝堵	10	未按顺序操作扣6分				
				未放接油工具扣6分				
7		油放尽后冲洗油箱	10	未正确冲洗扣10分				
8		冲洗干净后，拧紧下丝堵	10	未冲洗干净扣10分				
9		将油加至油箱，液面加至1/2~2/3处，停止加油，取下筛子	10	未按要求操作扣10分				
10		在加油的同时盘车	10	未盘车扣10分				
11		拧紧上丝堵	5	操作不当扣5分				
12		废油回收	10	未操作扣10分				
13	使用工具	正确使用工具	2	工具使用不正确扣2分				
		正确维护工具	3	工具乱摆乱放扣3分				
14	安全及其他	按国家法规或企业规定		违规一次总分扣5分；严重违规停止操作			—	
		在规定时间内完成操作		每超时1min总分扣5分，超时3min停止操作			—	
合　计			100					

试题24：更换阀门盘根操作

（考核时间：30min）

序号	考核内容	考核要点	配分	评分标准	检测结果	扣分	得分	备注
1	准备工作	穿戴劳保用品	3	未穿戴整齐扣3分				
		工具、用具准备	2	工具选择不正确扣2分				
2	操作程序	根据阀门安装位置、介质特性等选择合适的盘根类型	10	盘根选型不合适扣10分				
3		打开盘根压盖，掏出旧盘根	10	未掏出旧盘根扣10分				
4		更换盘根，盘根对口切成30°斜角，相邻两圈盘根的对口错开120°，逐道压紧，最后装上压盖	30	盘根对口未切成30°斜角扣10分				
				相邻两圈盘根的对口未错开120°扣10分				
				未逐道压紧扣10分				
5		检查盘根压盖压入填料函不小于2mm，外漏部分不小于盘根压盖可压入部分的2/3	20	盘根压盖压入填料函小于2mm扣10分				
				外漏部分小于盘根压盖可压入部分的2/3扣10分				
6		检查阀杆的转动和升降是否灵活	10	未检查阀杆的转动和升降是否灵活扣10分				
				阀杆的转动和升降不灵活扣10分				
7		检查各静密封点泄漏情况	10	未检查各静密封点泄漏情况扣10分				
				盘根处泄漏扣10分				
8	使用工具	正确使用工具	2	工具使用不正确扣2分				
		正确维护工具	3	工具乱摆乱放扣3分				
9	安全及其他	按国家法规或企业规定		违规一次总分扣5分；严重违规停止操作			—	
		在规定时间内完成操作		每超时1min总分扣5分，超时3min停止操作			—	
		合　计	100					

试题25：QW型潜水泵运行电流过大的原因判断和处理

（考核时间：30min）

序号	考核内容	考核要点	配分	评分标准	检测结果	扣分	得分	备注
1	准备工作	穿戴劳保用品	3	未穿戴整齐扣3分				
		工具、用具准备	2	工具选择不正确扣2分				
2	原因判断	检查工作电压是否低	10	未检查扣10分				
3		检查管道叶轮是否堵	10	未检查扣10分				
4		检查抽送液体是否密度过大或黏度较高	15	未检查密度扣10分				
				未检查黏度扣10分				
5		检查阀门开度是否较大	10	未检查扣10分				

续表

序号	考核内容	考核要点	配分	评分标准	检测结果	扣分	得分	备注
6	处理	若工作电压低，联系电工调整工作电压	10	未联系扣10分				
7		若管道叶轮堵塞，进行清理	10	未操作扣10分				
8		若抽送液体密度较大或黏度较高，进行调整	15	密度大未调整扣10分				
				黏度高未调整扣10分				
9		若阀门开度较大，减小阀门开度	10	未操作扣10分				
10	使用工具	正确使用工具	2	工具使用不正确扣2分				
		正确维护工具	3	工具乱摆乱放扣3分				
11	安全及其他	按国家法规或企业规定		违规一次总分扣5分；严重违规停止操作			—	
		在规定时间内完成操作		每超时1min总分扣5分，超时3min停止操作			—	
		合　计	100					

试题26：柱塞计量泵不上量原因判断和处理

（考核时间：20min）

序号	考核内容	考核要点	配分	评分标准	检测结果	扣分	得分	备注
1	准备工作	穿戴劳保用品	3	未穿戴整齐扣3分				
		工具、用具准备	2	工具选择不正确扣2分				
2	原因判断	检查吸入管是否堵塞或吸入管路阀门是否打开	5	未检查扣5分				
3		检查吸入管路是否漏气	5	未检查扣5分				
4		检查吸入阀或排出阀面是否损坏或是否有杂物，使阀面密封不严	5	未检查扣5分				
5		检查柱塞填料处泄漏是否严重	5	未检查扣5分				
6		检查吸入液面是否太低	5	未检查扣5分				
7		检查电机是否转速不足或不稳定	5	未检查扣5分				
8		检查柱塞行程是否过小	5	未检查扣5分				
9	处理	若吸入管堵塞进行清洗，若阀门未打开，打开阀门	10	未清洗扣5分				
				未打开扣5分				
10		若吸入管路漏气将漏气部位封严	5	未操作扣5分				
11		若阀面损坏更换阀芯、阀座；若有杂物，清除	10	未联系更换扣5分				
				未清除杂物扣5分				
12		若柱塞填料泄漏严重，调节填料压盖或更换填料	10	未调节填料扣5分				
				未联系更换填料扣5分				

续表

序号	考核内容	考核要点	配分	评分标准	检测结果	扣分	得分	备注
13		若吸入液面太低，调整液面高度	10	未调整扣10分				
14		若电机转数不足或不稳定，联系电工调整	5	未联系扣5分				
15		若行程过小，调大	5	未调整扣5分				
16	使用工具	正确使用工具	2	工具使用不正确扣2分				
		正确维护工具	3	工具乱摆乱放扣3分				
17	安全及其他	按国家法规或企业规定		违规一次总分扣5分；严重违规停止操作			—	
		在规定时间内完成操作		每超时1min总分扣5分，超时3min停止操作			—	
		合　计	100					

试题27：设备超温的判断

（考核时间：20min）

序号	考核内容	考核要点	配分	评分标准	检测结果	扣分	得分	备注
1	准备工作	穿戴劳保用品	3	未穿戴整齐扣3分				
		工具、用具准备	2	工具选择不正确扣2分				
2	操作程序	通过触觉或其他感觉判断是否超温	10	未操作扣10分				
3		根据控制室相关的测量仪表判断是否超温	10	未操作扣10分				
4		根据现场安装的温度计判断是否超温	10	未操作扣10分				
5		通过远红外测温仪或其他测量仪表测量设备外壁温度判断是否超温	20	未操作扣20分				
				操作不正确扣10分				
6		通过观察设备外壁变形、防腐层变色等判断是否超温	20	未观察变形情况扣10分				
				未观察变色情况扣10分				
7		对于密闭容器参考其压力判断是否超温	20	未操作扣20分				
				判断不正确扣10分				
8	使用工具	正确使用工具	2	工具使用不正确扣2分				
		正确维护工具	3	工具乱摆乱放扣3分				
9	安全及其他	按国家法规或企业规定		违规一次总分扣5分；严重违规停止操作			—	
		在规定时间内完成操作		每超时1min总分扣5分，超时3min停止操作			—	
		合　计	100					

试题 28：立式表曝机常见故障判断

（考核时间：20min）

序号	考核内容	考核要点	配分	评分标准	检测结果	扣分	得分	备注
1	准备工作	穿戴劳保用品	3	未穿戴整齐扣 3 分				
		工具、用具准备	2	工具选择不正确扣 2 分				
2	轴承发热	轴承磨损	10	未分析此项扣 10 分				
3		润滑油量不足	5	未回答此项扣 5 分				
4		蜗轮蜗杆接触间隙过大或过小	10	未分析此项扣 10 分				
5		润滑油量过多	5	未回答此项扣 5 分				
6	杂音及振动	蜗轮蜗杆接触间隙过大或过小	10	未分析此项扣 10 分				
7		轴承磨损	10	未分析此项扣 10 分				
8		变速箱内缺润滑油	5	未回答此项扣 5 分				
9		变速箱内有杂物	5	未回答此项扣 5 分				
10		传动轴变形	5	未回答此项扣 5 分				
11		底脚螺丝松动	5	未回答此项扣 5 分				
12	电流变小	叶轮浸没深度过浅或过深	5	未回答此项扣 5 分				
13		池内液位下降	5	未回答此项扣 5 分				
14		叶轮内杂物堵塞	10	未分析此项扣 10 分				
15	使用工具	正确使用工具	2	工具使用不正确扣 2 分				
		正确维护工具	3	工具乱摆乱放扣 3 分				
16	安全及其他	按国家法规或企业规定		违规一次总分扣 5 分；严重违规停止操作			—	
		在规定时间内完成操作		每超时 1min 总分扣 5 分，超时 3min 停止操作			—	
		合　　计	100					

试题 29：污泥结构松散的原因判断

（考核时间：25min）

序号	考核内容	考核要点	配分	评分标准	检测结果	扣分	得分	备注
1	准备工作	穿戴劳保用品	3	未穿戴整齐扣 3 分				
		工具、用具准备	2	工具选择不正确扣 2 分				
2	原因判断	检查曝气池进水 pH 值是否过低	10	未检查扣 10 分				
3		检查曝气池进水有机物质浓度是否太低	10	未检查扣 10 分				
4		检查曝气池进水有机物浓度是否过高，对污泥造成冲击	15	未检查水质波动扣 10 分				
				未判断冲击情况扣 5 分				

续表

序号	考核内容	考核要点	配分	评分标准	检测结果	扣分	得分	备注
5		检查曝气池进水量是否波动太大，对污泥造成冲击	10	未检查水量扣7分				
				未判断冲击情况扣3分				
6		检查进水是否含高浓度有毒物质，造成污泥中毒	10	未检查有毒物质扣7分				
				未判断污泥中毒扣3分				
7		检查曝气池充氧是否严重不足	15	未检查曝气量扣10分				
				未检测溶解氧扣5分				
8		检查曝气池N、P等营养物质投加量是否过低	10	未检查N营养物扣5分				
				未检查P盐扣5分				
9		检查二沉池污泥停留时间是否过长，污泥腐化	10	未检查停留时间扣5分				
				未判断污泥腐化扣5分				
10	使用工具	正确使用工具	2	工具使用不正确扣2分				
		正确维护工具	3	工具乱摆乱放扣3分				
11	安全及其他	按国家法规或企业规定		违规一次总分扣5分；严重违规停止操作			—	
		在规定时间内完成操作		每超时1min总分扣5分，超时3min停止操作			—	
合　计			100					

试题30：气浮出水油含量超标的原因判断

（考核时间：20min）

序号	考核内容	考核要点	配分	评分标准	检测结果	扣分	得分	备注
1	准备工作	穿戴劳保用品	3	未穿戴整齐扣3分				
		工具、用具准备	2	工具选择不正确扣2分				
2	原因判断	来水乳化现象严重	10	未分析此项扣10分				
3		来水pH值过高或过低	10	未分析此项扣10分				
4		处理水量超过设计值	5	未回答此项扣5分				
5		溶气罐压力低	10	未分析此项扣10分				
6		溶气水量小	5	未回答此项扣5分				
7		溶气罐压缩进风量不够	5	未回答此项扣5分				
8		溶气水水质差	10	未分析此项扣10分				
9		加药量偏小或过大	5	未回答此项扣5分				
10		加药混合强度不够	10	未分析此项扣10分				
11		药剂选择不正确	5	未回答此项扣5分				
12		多种药剂投加次序不正确	10	未回答此项扣5分				
13		浮渣随水流出	5	未回答此项扣5分				

续表

序号	考核内容	考核要点	配分	评分标准	检测结果	扣分	得分	备注
14	使用工具	正确使用工具	2	工具使用不正确扣2分				
		正确维护工具	3	工具乱摆乱放扣3分				
15	安全及其他	按国家法规或企业规定		违规一次总分扣5分；严重违规停止操作			—	
		在规定时间内完成操作		每超时1min总分扣5分，超时3min停止操作			—	
		合　计	100					

试题31：污泥结构松散的处理

（考核时间：30min）

序号	考核内容	考核要点	配分	评分标准	检测结果	扣分	得分	备注
1	准备工作	穿戴劳保用品	3	未穿戴整齐扣3分				
		工具、用具准备	2	工具选择不正确扣2分				
2	处理措施	根据进水水质，调节进水pH值为6~9	10	调节不当扣10分				
3		若曝气池进水有机物浓度过低，提高进水量或配水提高进水有机物浓度	10	未提高进水量扣5分				
				未提高进水浓度扣5分				
4		若曝气池进水有机物浓度过高，降低进水量或配水降低进水有机物浓度	10	未降低进水量扣5分				
				未降低进水浓度扣5分				
5		若曝气池进水含高浓度有毒物质，降低进水量	10	操作不当扣10分				
6		若营养物质投加量过低，适当加大N、P盐投加量	10	N营养物调节不当扣5分				
				P盐调节不当扣5分				
7		若曝气池溶解氧浓度过低，加大曝气池曝气量	10	操作不当扣10分				
8		若二沉池污泥停留时间过长，提高污泥回流量	10	操作不当扣10分				
9		若二沉池污泥腐化，加大剩余污泥排放量	10	操作不当扣10分				
10		向曝气池投加一定量絮凝剂	10	未投加扣10分				
11	使用工具	正确使用工具	2	工具使用不正确扣2分				
		正确维护工具	3	工具乱摆乱放扣3分				
12	安全及其他	按国家法规或企业规定		违规一次总分扣5分；严重违规停止操作			—	
		在规定时间内完成操作		每超时1min总分扣5分，超时3min停止操作			—	
		合　计	100					

试题 32：生化池进水水质超标的处理

（考核时间：30min）

序号	考核内容	考核要点	配分	评分标准	检测结果	扣分	得分	备注
1	准备工作	穿戴劳保用品	3	未穿戴整齐扣 3 分				
		工具、用具准备	2	工具选择不正确扣 2 分				
2	处理措施	确认进水水质超标程度	5	未确认扣 5 分				
3		根据水质超标程度将进水部分或全部切入事故池，降低生化池进水量	15	切入事故池操作不当扣 10 分				
				进水量控制不当扣 10 分				
4		利用低浓度存水配水降低进水污染物浓度	15	配水操作不当扣 10 分				
				进水浓度控制不当扣 10 分				
5		调整生化池曝气量，控制曝气池内溶解氧	10	操作不当扣 10 分				
6		检测微生物性能，观察生物相	10	未检测性能指标扣 5 分				
				未观察生物相扣 5 分				
7		若曝气池内微生物受影响程度较大，适当提高二沉池污泥回流量	10	操作不当扣 5 分				
8		适当加大剩余污泥排放量，促进微生物新陈代谢	10	操作不当扣 5 分				
9		调节生化池 N、P 盐投加量，必要时投加粪便水	10	N 营养物调节不当扣 5 分				
				P 盐调节不当扣 5 分				
				未加粪便水扣 5 分				
10		进水水质正常后，恢复正常生产	5	操作不当扣 5 分				
11	使用工具	正确使用工具	2	工具使用不正确扣 2 分				
		正确维护工具	3	工具乱摆乱放扣 3 分				
12	安全及其他	按国家法规或企业规定		违规一次总分扣 5 分；严重违规停止操作			—	
		在规定时间内完成操作		每超时 1min 总分扣 5 分，超时 3min 停止操作			—	
		合　计	100					

试题 33：气浮出水油含量超标的处理

（考核时间：20min）

序号	考核内容	考核要点	配分	评分标准	检测结果	扣分	得分	备注
1	准备工作	穿戴劳保用品	3	未穿戴整齐扣 3 分				
		工具、用具准备	2	工具选择不正确扣 2 分				
2	处理措施	检查并调节来水 pH 值在规定的范围内	10	未检查或未操作扣 10 分				
3		控制处理水量在一定范围内	5	未操作扣 5 分				

续表

序号	考核内容	考核要点	配分	评分标准	检测结果	扣分	得分	备注
4		控制溶气罐压力在工艺指标范围内	10	未操作扣10分				
5		调节水量和风量，确保一定的溶气量	10	未操作扣10分				
6		使进溶气罐风压保持稳定状态	10	未检查扣10分				
7		选择溶气气浮出水作为溶气水	10	未选择扣10分				
8		通过实验确定药剂的品种和投加量	10	未进行扣10分				
9		确保加药混合条件	10	未进行扣10分				
10		通过实验确定多种药剂投加次序	10	未进行扣10分				
11		严格按操作规程进行排渣操作	5	未选择扣5分				
12	使用工具	正确使用工具	2	工具使用不正确扣2分				
		正确维护工具	3	工具乱摆乱放扣3分				
13	安全及其他	按国家法规或企业规定		违规一次总分扣5分；严重违规停止操作			—	
		在规定时间内完成操作		每超时1min总分扣5分，超时3min停止操作			—	
	合　计		100					

试题34：绘制合建式完全混合曝气池示意图

（考核时间：30min）

序号	考核内容	考核要点	配分	评分标准	检测结果	扣分	得分	备注
1	绘图程序	污水由曝气池底部进水	15	未画进水线扣10分				
				位置错误扣5分				
2		应采用机械表面曝气，要求画出叶轮示意图	10	缺少曝气设备扣5分				
				未画叶轮示意图扣5分				
3		回流窗略高于曝气机叶轮	15	缺少回流窗扣10分				
				回流窗位置错误扣5分				
4		混合液要经过回流窗、导流区进入沉淀区	10	缺少导流区扣10分				
5		出水槽在沉淀区上面	10	未画出水槽扣5分				
				位置错误扣5分				
6		罩裙将沉淀区和曝气区隔离开	15	未画罩裙扣10分				
				位置错误扣5分				
7		罩裙下部与沉淀区底部曝气池池壁间要有回流缝	10	未画回流缝扣10分				
				位置错误扣5分				

续表

序号	考核内容	考核要点	配分	评分标准	检测结果	扣分	得分	备注
8		沉淀区底部排泥	10	未画排泥线扣5分				
				位置错误扣10分				
9	绘图要求	画出的线条要求直，并画出流向箭头	2	线条不直或未标箭头扣2分				
		标明设备或构筑物名称	3	未标明名称扣3分				
10	安全及其他	按国家法规或企业规定		违规一次总分扣5分；严重违规停止操作			—	
		在规定时间内完成操作		每超时1min总分扣5分，超时3min停止操作			—	
		合　　计	100					

试题35：绘制污泥脱水流程图

（考核时间：30min）

序号	考核内容	考核要点	配分	评分标准	检测结果	扣分	得分	备注
1	准备工作	穿戴劳保用品	3	未穿戴整齐扣3分				
		工具、用具准备	2	工具选择不正确扣2分				
2	绘图程序	污泥进入集泥池	10	未画进泥线扣10分				
				未画集泥池扣5分				
3		污泥通过泵提升	10	未画污泥泵进出线扣5分				
				未画污泥泵扣5分				
4		水和药剂进入污泥调理剂溶解槽，搅拌溶解	10	未画溶解槽进药和进水线扣5分				
				未画溶解槽扣5分				
				未画搅拌机扣5分				
5		药液通过计量泵抽出	10	未画加药泵进出线扣5分				
				未画加药泵扣5分				
6		污泥和药液同时进入混合槽	15	未画混合槽进泥和进药线扣5分				
				未画混合槽扣5分				
				未画搅拌机扣5分				
7		污泥和药液混合后进入脱水机	5	未画脱水机进料线扣5分				
8		脱水机产生的泥饼进入泥饼运输机	10	未画泥饼流向扣5分				
				未画泥饼输送机扣5分				
9		输送机将泥饼送入车内或泥饼存放点	10	未画出泥点扣5分				
				未标明污泥去向扣5分				
10		脱水机分离液返回污水处理系统	10	未画分离液系统扣5分				
				未标明分离液去向扣5分				

续表

序号	考核内容	考核要点	配分	评分标准	检测结果	扣分	得分	备注
11	绘图要求	画出的线条要求直，并画出流向箭头	2	线条不直或未标箭头扣 2 分				
		标明设备或构筑物名称	3	未标明名称扣 3 分				
12	安全及其他	按国家法规或企业规定		违规一次总分扣 5 分；严重违规停止操作			—	
		在规定时间内完成操作		每超时 1min 总分扣 5 分，超时 3min 停止操作			—	
		合　计	100					

试题 36：绘制无阀滤池结构示意图

（考核时间：30min）

序号	考核内容	考核要点	配分	评分标准	检测结果	扣分	得分	备注
1	绘图程序	无阀滤池配水槽高于冲洗水箱(清水池)	10	无配水槽扣 10 分				
				配水箱位置错扣 5 分				
2		滤池进水管采用“U”形设计	10	未画进水管扣 10 分				
				未采用“U”形接入扣 5 分				
3		“U”形管底部与滤料层底部对齐	5	“U”形管底部与滤料层底部未对齐扣 5 分				
4		滤料上方虹吸上升管口应该有一块挡板	5	无挡板扣 5 分				
5		滤料层和滤池底部之间存在着底部空间	10	不存在底部空间扣 5 分				
				空间比例不合理扣 5 分				
6		冲洗水箱上部出水	5	出水位置错误扣 5 分				
7		有虹吸辅助管	5	缺少虹吸辅助管扣 5 分				
8		虹吸辅助管由临近最高点的虹吸上升管管壁下方接出	10	位置不对扣 10 分				
9		水封井液面高于虹吸下降管管口	10	水封井液面未高于虹吸下降管管口扣 5 分				
				未画虹吸下降管扣 5 分				
10		虹吸下降管口附近设有挡水板	5	未画挡水板扣 5 分				
11		抽气管连接虹吸上升管顶部和虹吸辅助管	10	缺少抽气管扣 10 分				
				位置错误扣 5 分				
12		由虹吸上升管顶部接出虹吸破坏管	5	缺少虹吸破坏管扣 5 分				
				接出位置错误扣 2 分				
12		虹吸破坏斗位于虹吸破坏管出口处	5	缺少破坏斗扣 5 分				
				位置错误扣 2 分				
14	绘图要求	画出的线条要求直，并画出流向箭头	2	线条不直或未标箭头扣 2 分				
		标明设备或构筑物名称	3	未标明名称扣 3 分				
15	安全及其他	按国家法规或企业规定		违规一次总分扣 5 分；严重违规停止操作			—	
		在规定时间内完成操作		每超时 1min 总分扣 5 分，超时 3min 停止操作			—	
		合　计	100					

第三部分

高 级 工

一、理论知识鉴定要素细目表

行业通用理论知识鉴定要素细目表

鉴定范围						鉴定点		
一级		二级		三级		代码	名称	重要程度
代码	名称	代码	名称	代码	名称			
A	基本要求	B	基础知识	A	记录填写基础知识	001	班组交接记录的填写要求	X
						002	班组安全活动记录填写要求	X
				B	识图基础知识	001	剖视图知识	X
						002	断面图知识	X
						003	化工设备图表示方法	X
						004	零件图的内容	X
				C	安全环保基础知识	001	清洁生产审计的程序	X
						002	HSE 管理体系文件架构	X
						003	ISO 14001 环境管理体系的组成要素	X
						004	ISO 14000 系列标准的指导思想	X
						005	ISO 14001 环境管理体系的运行模式	X
						006	防尘防毒的技术措施	X
						007	防尘防毒的管理措施	X
						008	国家劳动安全卫生管理体制职责划分的内容	X
						009	ISO 14001 环境管理体系建立的步骤	X
						010	HSE 危害辨识	X
						011	HSE 风险评价的概念	X
						012	IISE 风险评价的日的	X
				D	质量基础知识	001	不合格品的处置途径	X
						002	ISO 9001 族标准质量管理审核的特点	X
						003	ISO 9000 族标准第一、第二、第三方审核的区别	X
						004	质量统计直方图	X
						005	质量统计排列图	X
						006	质量统计因果图	X
						007	质量统计控制图	X
						008	不良产品的分级	X
				E	计算机基础知识	001	Word 绘图	X
						002	Excel 公式与函数的运用	X
						003	Excel 数据的简单分析与管理	X
						004	Excel 简单的图表处理	X

续表

鉴定范围						鉴定点		
一级		二级		三级		代码	名称	重要程度
代码	名称	代码	名称	代码	名称			
B	相关知识	E	管理知识	A	生产管理	001	班组的管理	X
						002	班组的成本核算	X
				B	编写技术文件	001	总结的格式	X
						002	报告的格式	X
						003	请示的格式	X

工种理论知识鉴定要素细目表

鉴定范围						鉴定点		
一级		二级		三级		代码	名称	重要程度
代码	名称	代码	名称	代码	名称			
A	基本要求	B	基础知识	G	化学基础知识	001	化学平衡的概念	X
						002	非极性分子和极性分子	Y
						003	各种物态的分散系	X
						004	表面活性物质的性质	X
						005	原子结构中能量最低原理	X
						006	金属晶体的概念	X
						007	乳状液的稳定性	X
						008	电解原理	X
						009	原电池概念	X
						010	芳香烃的命名	X
						011	高聚物的分类	X
						012	高聚物的基本特性	X
						013	铬法测定 *COD* 的步骤	Y
						014	电导率的概念	X
				H	生物基础知识	001	生物酶的特点	X
						002	有机物的厌氧分解	X
						003	微生物间的共生关系	X
						004	微生物间的互生关系	X
						005	微生物间的寄生关系	X
						006	微生物间的拮抗关系	X

续表

鉴定范围						鉴定点		
一级		二级		三级		代码	名称	重要程度
代码	名称	代码	名称	代码	名称			
				I	石油化工与污染源	001	常减压装置废水	Y
						002	催化裂化装置废水	X
						003	催化重整装置废水	X
						004	延迟焦化装置废水	Y
						005	加氢精制装置废水	X
						006	合成氨装置废水	X
				J	化工原理知识	001	精馏的原理	X
						002	传热的基本方式	Y
						003	流体阻力计算	X
						004	斯托克斯公式的应用	X
						005	固体物料的去湿方法	Z
				K	电工基础知识	001	三相异步电动机的基本结构	Y
						002	三相异步电机的控制	X
						003	接零保护的一般要求	X
				L	仪表知识	001	DCS 的基本构成	X
						002	PLC 的特点	X
						003	气动执行器的分类	Y
						004	转子流量计的测量原理	X
						005	浮力式液位计的工作原理	X
				M	计量知识	001	误差和有效数字	X
				N	水污染与治理	001	水体的富营养化	Z
						002	水体的自净能力	X
						003	给水处理方法	X
						004	水体中常见污染物分类	X
						005	污水深度处理方法	X
						006	水中有机污染物的迁移转化	Y
B	相关知识	A	工艺操作	A	开车准备	001	污水好氧生物处理概念	X
						002	污水厌氧生物处理概念	X
						003	污水的化学指标	X
						004	乳化污水的特征	X
						005	BOD_5 与 COD 之间的关系	X
						006	(GB3095—1996)环境空气质量标准	Z
						007	污水中常见重金属的性质	X

续表

鉴定范围						鉴定点		
一级		二级		三级		代码	名称	重要程度
代码	名称	代码	名称	代码	名称			
						008	生化难降解有机物质分类	X
						009	公用工程系统基本条件	X
						010	污水处理装置开车条件	X
						011	混凝气浮系统开车条件	X
						012	混凝沉降系统开车条件	X
						013	好氧生物处理系统开车条件	X
						014	泥渣脱水系统开车条件	X
						015	膜分离系统开车条件	X
						016	污水深度处理系统产品水指标	Y
				B	开车操作	001	铝盐的水解产物	X
						002	压力溶气气浮工作原理	X
						003	涡凹气浮工作原理	X
						004	机械加速澄清池工作原理	X
						005	树脂离子交换反应机理	Z
						006	萃取分离基本原理	Y
						007	吹脱法基本原理	X
						008	吸附机理	X
						009	活性炭的吸附作用	X
						010	纤维束过滤器的工作原理	X
						011	微(超)滤工艺原理	X
						012	反渗透(纳滤)工艺原理	X
						013	聚丙烯酰胺类絮凝剂的特点	X
						014	助凝剂的作用	X
						015	混凝机理	X
						016	电解气浮原理	Y
						017	化学沉淀原理	Y
						018	催化湿式氧化基本原理	X
						019	氯消毒原理	X
						020	原生动物在生物处理过程中的作用	X
						021	生物的氨化作用	X
						022	生物的硝化作用	X
						023	生物的反硝化作用	X
						024	生物除磷机理	X

续表

鉴定范围						鉴定点		
一级		二级		三级		代码	名称	重要程度
代码	名称	代码	名称	代码	名称			
						025	普通活性污泥法工艺原理	X
						026	吸附再生法工艺原理	X
						027	完全混合法工艺原理	Y
						028	延时曝气法工艺原理	Y
						029	纯氧曝气法工艺原理	X
						030	A/O 法工艺原理	X
						031	SBR 法工艺原理	Y
						032	A-B 法工艺原理	X
						033	氧化沟法工艺原理	X
						034	生物接触氧化法工艺原理	X
						035	生物滤池法工艺原理	Y
						036	生物转盘法工艺原理	X
						037	MBR 反应器工艺原理	X
						038	UASB 法工艺原理	X
						039	AF 法工艺原理	X
						040	UBF 法工艺原理	X
						041	氧化塘法工艺原理	Y
						042	UASB 三相分离器的作用	X
				C	停车操作	001	污泥调理的作用	X
						002	污泥好氧消化机理	X
						003	污泥中水分结合状态	X
						004	污泥的脱水性能指标	X
						005	沼气储柜停车处理步骤	X
						006	膜分离装置停运保护方法	X
				D	正常操作	001	滤池反洗强度概念	Y
						002	吸附剂的解吸再生方法	X
						003	离子交换树脂的化学特性	Y
						004	反渗透与超滤的异同点	Y
						005	混凝气浮法与混凝沉淀法的异同点	X
						006	化学沉淀法与混凝沉淀法的异同点	Y
						007	混凝沉淀法与澄清法的异同点	X
						008	湿式氧化法与焚烧法的异同点	Y
						009	均质池运行管理	X
						010	电解气浮运行管理	Y

续表

鉴定范围						鉴定点		
一级		二级		三级		代码	名称	重要程度
代码	名称	代码	名称	代码	名称			
						011	丝状菌对活性污泥性能的影响	X
						012	纯氧曝气法运行管理	X
						013	A/O 法运行管理	X
						014	SBR 法运行管理	X
						015	氧化沟法运行管理	X
						016	UASB 法运行管理	X
						017	AF 法运行管理	X
						018	UBF 法运行管理	X
						019	厌氧与好氧生物处理工艺异同点	X
						020	污水处理装置运行管理	X
						021	泥渣脱水装置运行管理	X
						022	膜分离装置化学清洗的目的	X
						023	膜前过滤系统的运行管理	X
						024	膜分离系统的运行管理	X
		B	设备使用与维护	A	使用设备	001	轴流泵的结构	X
						002	螺旋输送泵的结构	X
						003	水环真空泵的结构	X
						004	潜污泵的结构	X
						005	计量泵的结构	X
						006	立式表曝机的结构	X
						007	转刷曝气机的结构	X
						008	罗茨风机的结构	X
						009	离心式鼓风机的结构	X
						010	往复式空气压缩机的结构	X
						011	离心式空气压缩机的结构	X
						012	带式压滤机结构	X
						013	离心脱水机结构	X
						014	板框压滤机的结构	X
						015	转鼓真空过滤机的结构	X
						016	回转式刮泥机结构	X
						017	链条刮板式刮泥机结构	X
						018	压力容器的安全附件	X
						019	电动阀门的结构	X
						020	水射器的结构	X

续表

鉴定范围						鉴定点		
一级		二级		三级		代码	名称	重要程度
代码	名称	代码	名称	代码	名称			
						021	垫片的种类及适应范围	X
						022	蜂窝斜、直管的材料的性能	Z
						023	接触氧化法常用填料的特点	X
				B	维护设备	001	设备维护保养制度	Y
						002	润滑油的选用原则	X
						003	机械密封的基本原理	X
		C	事故判断与处理	A	判断事故	001	生化池受冲击的原因	X
						002	处理单元出水严重超标的原因	X
				B	处理事故	001	生化池受冲击后的处理步骤	X
						002	大暴雨大水量分流处理原则	X
						003	装置停电的处理步骤	X
		D	绘图与计算	A	绘图	001	绘制管道布置图	X
						002	绘制空视图	X
						003	绘制设备零件图	X
				B	计算	001	颗粒的沉浮速度计算	X
						002	生化池氧转移率的计算	X
						003	曝气池实际水力停留时间的计算	X
						004	污泥消化率的计算	X
						005	生化池排泥量计算	X
						006	污泥龄计算	Z

二、理论知识试题

行业通用理论知识试题

判断题

1. 班组交接班记录必须凭旧换新。 (√)

2. 车间主要领导参加班组安全日活动每月不少于 2 次。 (×)

正确答案：车间主要领导参加班组安全日活动每月不少于 3 次。

3. 在剖视图中，零件后部看不见的轮廓线、虚线一律省略不画。 (×)

正确答案：在剖视图中，零件后部看不见的轮廓线、虚线一般省略不画，只有对尚未表达清楚的结构，才用虚线画出。

4. 剖面图是剖视图的一种特殊视图。 (×)

正确答案：剖面图是零件上剖切处断面的投影，而剖视图是剖切后零件的投影。

5. 化工设备图的视图布置灵活，俯(左)视图可以配置在图面任何地方，但必须注明“俯

(左)视图”的字样。 (√)

6. 化工设备图中的零件图与装配图一定分别画在不同的图纸上。 (×)

正确答案：化工设备图中的零件图可与装配图画在同张图纸上。

7. 零件图不需要技术要求，在装配图表述。 (×)

正确答案：零件图一般需要技术要求。

8. 零件图用视图、剖视图、剖面图及其他各种表达方法，正确、完整、清晰地表达零件的各部分形状和结构。 (√)

9. ISO 14000 系列标准管理标准的一个重大改进，就是建立了一套对组织环境行为的评价体系，这便是环境行为评价标准。 (√)

10. 环境管理体系的运行模式，遵守由查理斯·德明提供的规划策划(PLAN)、实施(DO)、验证(CHECK)和改进(ACTION)运行模式可简称 PDCA 模式。 (√)

11. 环境管理体系的运行模式与其他管理的运行模式相似，共同遵循 PDCA 运行模式，没有区别。 (×)

正确答案：环境管理体系的运行模式与其他管理的运行模式相似，除了共同遵循 PDCA 运行模式外，它还有自身的特点，那就是持续改进，也就是说它的环线是永远不能闭合的。

12. 采取隔离操作，实现微机控制，不属于防尘防毒的技术措施。 (×)

正确答案：采取隔离操作，实现微机控制是防尘防毒的技术措施之一。

13. 严格执行设备维护检修责任制，消除“跑冒滴漏”是防尘防毒的技术措施。 (×)

正确答案：严格执行设备维护检修责任制，消除“跑冒滴漏”是防尘防毒的管理措施。

14. 在 ISO 14001 环境管理体系中，初始环境评审是建立环境管理体系的基础。 (√)

15. 在 HSE 管理体系中，定量评价指不对风险进行量化处理，只用发生的可能性等级和后果的严重度等级进行相对比较。 (×)

正确答案：在 HSE 管理体系中，定性评价指不对风险进行量化处理，只用发生的可能性等级和后果的严重度等级进行相对比较。

16. HSE 管理体系规定，在生产日常运行中各种操作、开停工、检维修作业、进行基建及变更等活动前，均应进行风险评价。 (√)

17. 对某项产品返工后仍需重新进行检查。 (√)

18. ISO 9000 族标准中，质量审核是保证各部门持续改进工作的一项重要活动。 (√)

19. ISO 9000 族标准的三种审核类型中，第三方审核的客观程度最高，具有更强的可信度。 (√)

20. 平顶形直方图的形成由单向公差要求或加工习惯等引起。 (×)

正确答案：平顶形直方图的形成往往因生产过程有缓慢因素作用引起。

21. 质量统计排列图分析是质量成本分析的方法之一。 (√)

22. 质量统计因果图的作用是为了确定“关键的少数”。 (×)

正确答案：质量统计排列图的作用是为了确定“关键的少数”。

23. 质量统计控制图上出现异常点时，才表示有不良品发生。 (×)

正确答案：不一定。在质量统计控制图上，即使点子都在控制线内，但排列有缺陷，也要判做异常。

24. 国际上通用的产品不良项分级共分三级。 (×)

正确答案：国际上通用的产品不良项分级共分四级。

25. 在计算机应用软件 Word 中插入的文本框不允许在文字的上方或下方。 (×)

正确答案：Word 中插入的文本框通过设置文本框格式当中的版式允许在文字的上方或下方。

26. 在计算机应用软件 Word 中绘制图形要求两个图形能准确对齐可通过调整绘图网格的水平、垂直间距来实现。 (√)

27. 在计算机应用软件 Excel 中“COUNTIF(　　)”函数的作用是计算某区域满足条件的单元格数。 (√)

28. Excel 数据表中汉字排序一般是按拼音顺序排序，但也可以按笔画排序。 (√)

29. Excel 数据表中分类汇总的选项包括分类字段、汇总方式两方面的内容。 (×)

正确答案：Excel 数据表中分类汇总的选项包括分类字段、汇总方式多方面的内容。

30. Excel 数据表中修改图表中的数据标志是通过图表区格式选项中的数据标志选项实现的。 (×)

正确答案：Excel 数据表中修改图表中的数据标志是通过数据系列格式选项中的数据标志选项实现的。

31. 班组建设不同于班组管理，班组建设是一个大概念，班组管理从属于班组建设。 (√)

32. 一般来说，班组的成本核算是全面的统计核算、业务核算和会计核算。 (×)

正确答案：一般来说，班组的成本核算是局部核算和群众核算。

33. 总结的基本特点是汇报性和陈述性。 (×)

正确答案：总结的基本特点是回顾过去，评估得失，指导将来。

34. 报告的目的在于把已经实践过的事情上升到理论认识，指导以后的实践，或用来交流，加以推广。 (×)

正确答案：报告的主要目的是下情上达，向上级汇报工作、反映情况、提出意见和建议。

35. 为了减少发文，可以把若干问题归纳起来向上级写综合请示，但不能多方请示。 (×)

正确答案：要坚持“一文一事”的原则，切忌“一文数事”使上级机关无法审批。

单选题

1. 班组交接班记录填写时，一般要求使用的字体是(B)。

A. 宋体　　B. 仿宋　　C. 正楷　　D. 隶书

2. 下列选项中不属于班组安全活动的内容是(A)。

A. 对外来施工人员进行安全教育

B. 学习安全文件、安全通报

C. 安全讲座、分析典型事故，吸取事故教训

D. 开展安全技术座谈、消防、气防实地救护训练

3. 安全日活动常白班每周不少于(D)次，每次不少于 1h。

A. 4　　B. 3　　C. 2　　D. 1

4. 物体结构形状愈复杂，虚线就愈多，为此，对物体上不可见的内部结构形状采用(C)来表示。

A. 旋转视图　　B. 局部视图　　C. 全剖视图　　D. 端面图

5. 单独将一部分的结构形状向基本投影面投影需要用(B)来表示。

A. 旋转视图　　B. 局部视图　　C. 全剖视图　　D. 端面图

6. 用剖切平面把物体完全剖开后所得到的剖视图称为(D)。

A. 局部剖视图　　B. 局部视图　　C. 半剖视图　　D. 全剖视图

7. 画在视图外的剖面图称为(A)剖面图。

A. 移出　　B. 重合　　C. 局部放大　　D. 局部

8. 重合在视图内的剖面图称为(B)剖面图。

A. 移出　　B. 重合　　C. 局部放大　　D. 局部

9. 化工设备图中，表示点焊的焊接焊缝是(A)。

A. ○　　B. ∪　　C. △　　D. ⊿

10. 下列选项中，不属于零件图内容的是(D)。

A. 零件尺寸　　B. 技术要求　　C. 标题栏　　D. 零件序号表

11. 在 HSE 管理体系中，(C)是管理手册的支持性文件，上接管理手册，是管理手册规定的具体展开。

A. 作业文件　　B. 作业指导书　　C. 程序文件　　D. 管理规定

12. ISO 14001 环境管理体系共由(B)个要素所组成。

A. 18　　B. 17　　C. 16　　D. 15

13. ISO 14000 系列标准的指导思想是(D)。

A. 污染预防　　B. 持续改进

C. 末端治理　　D. 污染预防，持续改进

14. 不属于防尘防毒技术措施的是(C)。

A. 改革工艺　　B. 湿法除尘　　C. 安全技术教育　　D. 通风净化

15. 防尘防毒治理设施要与主体工程(A)、同时施工、同时投产。

A. 同时设计　　B. 同时引进　　C. 同时检修　　D. 同时受益

16. 在 HSE 管理体系中，物的不安全状态是指使事故(B)发生的不安全条件或物质条件。

A. 不可能　　B. 可能　　C. 必然　　D. 必要

17. 在 HSE 管理体系中,风险指发生特定危害事件的(C)性以及发生事件结果严重性的结合。

A. 必要　　B. 严重　　C. 可能　　D. 必然

18. 在(B)情况下不能对不合格品采取让步或放行。

A. 有关的授权人员批准　　B. 法律不允许

C. 顾客批准　　D. 企业批准

19. 不合格品控制的目的是(C)。

A. 让顾客满意　　B. 减少质量损失

C. 防止不合格品的非预期使用　　D. 提高产品质量

20. 在 ISO 9001 族标准中，内部审核是(D)。

A. 内部质量管理体系审核

B. 内部产品质量审核

C. 内部过程质量审核

D. 内部质量管理体系、产品质量、过程质量的审核

21. 在 ISO 9001 族标准中，第三方质量管理体系审核的目的是(C)。

A. 发现尽可能多的不符合项

B. 建立互利的供方关系

C. 证实组织的质量管理体系符合已确定准则的要求

D. 评估产品质量的符合性

22. ISO 9000 族标准规定，(C)属于第三方审核。

A. 顾客进行的审核　　B. 总公司对其下属公司组织的审核

C. 认证机构进行的审核　　D. 对协作厂进行的审核

23. 在 ISO 9000 族标准中，组织对供方的审核是(D)。

A. 第一方审核　　B. 第一、第二、第三方审核

C. 第三方审核　　D. 第二方审核

24. 数据分组过多或测量读数错误而形成的质量统计直方图形状为(A)形。

A. 锯齿　　B. 平顶　　C. 孤岛　　D. 偏峰

25. 把不同材料、不同加工者、不同操作方法、不同设备生产的两批产品混在一起时，质量统计直方图形状为(D)形。

A. 偏向　　B. 孤岛　　C. 对称　　D. 双峰

26. 在质量管理过程中，以下哪个常用工具可用于明确“关键的少数”(A)。

A. 排列图　　B. 因果图　　C. 直方图　　D. 调查表

27. 质量统计图中，图形形状像“鱼刺”的图是(D)图。

A. 排列　　B. 控制　　C. 直方　　D. 因果

28. 在质量统计控制图中，若某个点超出了控制界限，就说明工序处于(D)。

A. 波动状态　　B. 异常状态

C. 正常状态　　D. 异常状态的可能性大

29. 质量统计控制图的上、下控制限可以用来(B)。

A. 判断产品是否合格　　B. 判断过程是否稳定

C. 判断过程能力是否满足技术要求　　D. 判断过程中心与技术中心是否发生偏移

30. 产品的不良项分级分为 A、B、C、D 四级，A 级不良项是指产品的(C)不良项。

A. 轻微　　B. 一般　　C. 致命　　D. 严重

31. 产品的不良项分级分为 A、B、C、D 四级，C 级不良项是指产品的(B)不良项。

A. 轻微　　B. 一般　　C. 致命　　D. 严重

32. 在计算机应用软件 Word 中插入的图片(A)。

A. 可以嵌入到文本段落中

B. 图片的位置可以改变，但大小不能改变

C. 文档中的图片只能显示，无法用打印机打印输出

D. 不能自行绘制，只能从 Office 的剪辑库中插入

33. 在 Excel97 工作表中，单元格 C4 中有公式“＝A3+＄C＄5”，在第 3 行之前插入一行之后，单元格 C5 中的公式为（ A ）。

A. ＝A4+＄C＄6　　B. ＝A4+＄C＄5

C. ＝A3+＄C＄6　　D. ＝A3+＄C＄5

34. 图中所指的按钮是（ B ）。

A. 降序按钮　B. 升序按钮　C. 插入字母表　D. 删除字母表

35. 建立图表的方法是从（ C ）菜单里点击图表。

A. 编辑　B. 视图　C. 插入　D. 工具

36. 班组管理是在企业整个生产活动中，由（ D ）进行的管理活动。

A. 职工自我　B. 企业　C. 车间　D. 班组自身

37. 属于班组经济核算主要项目的是（ C ）。

A. 设备完好率　B. 安全生产　C. 能耗　D. 环保中的三废处理

多选题

1. 属于班组交接班记录的内容是（ A，B，C ）。

A. 生产运行　B. 设备运行　C. 出勤情况　D. 安全学习

2. 下列属于班组安全活动的内容是（ B，C，D ）。

A. 对外来施工人员进行安全教育

B. 学习安全文件、安全通报

C. 安全讲座、分析典型事故，吸取事故教训

D. 开展安全技术座谈，消防、气防实地救护训练

3. 化工设备装配图中，螺栓连接可简化画图，其中所用的符号可以是（ C，D ）。

A. 细实线+　B. 细实线×　C. 粗实线+　D. 粗实线×

4. 下列选项中，属于零件图内容的是（ A，C ）。

A. 零件尺寸　B. 零件的明细栏　C. 技术要求　D. 零件序号表

5. 清洁生产审计有一套完整的程序，是企业实行清洁生产的核心，其中包括以下（ B，C，D ）阶段。

A. 确定实施方案　B. 方案产生和筛选　C. 可行性分析　D. 方案实施

6. HSE 体系文件主要包括（ A，B，C ）。

A. 管理手册　B. 程序文件　C. 作业文件　D. 法律法规

7. 下列叙述中，属于生产中防尘防毒技术措施的是（ A，B，C，D ）。

A. 改革生产工艺　B. 采用新材料新设备

C. 车间内通风净化　D. 湿法除尘

8. 下列叙述中，不属于生产中防尘防毒的管理措施的有（ A，B ）。

A. 采取隔离法操作,实现生产的微机控制　B. 湿法除尘

C. 严格执行安全生产责任制　D. 严格执行安全技术教育制度

9. 我国在劳动安全卫生管理上实行“（ A，B，C，D ）”的体制。

A. 企业负责　B. 行业管理　C. 国家监察　D. 群众监督

10. 在 HSE 管理体系中，危害识别的状态是（ A，B，C ）。

A. 正常状态　B. 异常状态　C. 紧急状态　D. 事故状态

11. 在 HSE 管理体系中，可承受风险是根据企业的(A，B)，企业可接受的风险。

A. 法律义务　　B. HSE 方针　　C. 承受能力　　D. 心理状态

12. 在 HSE 管理体系中，风险控制措施选择的原则是(A，B)。

A. 可行性　　B. 先进性、安全性

C. 经济合理　　D. 技术保证和服务

13. 对于在产品交付给顾客及产品投入使用时才发现不合格产品，可采用以下方法处置(B，D)。

A. 一等品降为二等品　　B. 调换

C. 向使用者或顾客道歉　　D. 修理

14. 在 ISO 9000 族标准中，关于第一方审核说法正确的是(A，B，D)。

A. 第一方审核又称为内部审核

B. 第一方审核为组织提供了一种自我检查、自我完善的机制

C. 第一方审核也要由外部专业机构进行的审核

D. 第一方审核的目的是确保质量管理体系得到有效地实施

15. 质量统计排列图的作用是(A，B)。

A. 找出关键的少数　　B. 识别进行质量改进的机会

C. 判断工序状态　　D. 度量过程的稳定性

16. 质量统计因果图具有(C，D)特点。

A. 寻找原因时按照从小到大的顺序　　B. 用于找到关键的少数

C. 是一种简单易行的科学分析方法　　D. 集思广益，集中群众智慧

17. 质量统计控制图包括(B，C，D)。

A. 一个坐标系　　B. 两条虚线　　C. 一条中心实线　　D. 两个坐标系

18. 产品不良项的内容包括(A，C，D)。

A. 对产品功能的影响　　B. 对质量合格率的影响

C. 对外观的影响　　D. 对包装质量的影响

19. 在计算机应用软件 Word 中页眉设置中可以实现的操作是(A，B，D)。

A. 在页眉中插入剪贴画　　B. 建立奇偶页内容不同的页眉

C. 在页眉中插入分隔符　　D. 在页眉中插入日期

20. 在计算机应用软件 Excel 中单元格中的格式可以进行(A，B，C)等操作。

A. 复制　　B. 粘贴　　C. 删除　　D. 链接

21. 自动筛选可以实现的条件是(A，C，D)。

A. 自定义　　B. 数值　　C. 前 10 个　　D. 全部

22. 对于已生成的图表，说法正确的是(A，B，D)。

A. 可以改变图表格式　　B. 可以更新数据

C. 不能改变图表类型　　D. 可以移动位置

23. 班组的劳动管理包括(A，B，D)。

A. 班组的劳动纪律　　B. 班组的劳动保护管理

C. 对新工人进行“三级教育”　　D. 班组的考勤、考核管理

24. 班组生产技术管理的主要内容有(A，C，D)。

A. 定时查看各岗位的原始记录，分析判断生产是否处于正常状态

B. 对计划完成情况进行统计公布并进行分析讲评
C. 指挥岗位或系统的开停车
D. 建立指标管理账

25. 在班组经济核算中，从项目的主次关系上看，属于主要项目的有(A，C，D)指标。
A. 产量　B. 安全生产　C. 质量　D. 工时

26. 总结与报告的主要区别是(A，C，D)不同。
A. 人称　B. 文体　C. 目的　D. 要求

27. 报告与请示的区别在于(A，B，C，D)不同。
A. 行文目的　B. 行文时限　C. 内容　D. 结构

28. 请示的种类可分为(A，B，C，D)的请示。
A. 请求批准　B. 请求指示　C. 请求批转　D. 请求裁决

简答题

1. 清洁生产审计有哪几个阶段？

答：①筹划与组织；②预评估；③评估；④方案产生和筛选；⑤可行性分析；⑥方案实施；⑦持续清洁生产。

2. ISO 14001 环境管理体系由哪些基本要素构成？

答：ISO 14001 环境管理体系由环境方针、规划、实施、测量和评价、评审和改进等五个基本要素构成。

3. 防尘防毒的主要措施是什么？

答：我国石化工业多年来治理尘毒的实践证明，在大多数情况下，靠单一的方法防尘治毒是行不通的，必须采取综合治理措施。即首先改革工艺设备和工艺操作方法，从根本上杜绝和减少有害物质的产生，在此基础上采取合理的通风措施，建立严格的检查管理制度，这样才能有效防止石化行业尘毒的危害。

4. 什么叫消除二次尘毒源？

答：对于因“跑冒滴漏”而散落地面的粉尘、固、液体有害物质要加强管理，及时清扫、冲洗地面，实现文明生产，叫消除二次尘毒源。

5. 什么是劳动安全卫生管理体制中的“行业管理”？

答：劳动安全卫生管理体制中的“行业管理”就是行业主管部门根据本行业的实际和特点切实提出本行业的劳动安全卫生管理的各项规章制度，并监督检查各企业的贯彻执行情况。

6. 简述 ISO 14001 环境管理体系建立的步骤。

答：一般而言，建立环境管理体系过程包括以下六大阶段：①领导决策与准备；②初始环境评审；③体系策划与设计；④环境管理体系文件编制；⑤体系运行；⑥内部审核及管理评审。

7. HSE 管理体系中危害识别的思路是什么？

答：①存在什么危害(伤害源)？②谁(什么)会受到伤害？③伤害怎样发生？

8. 什么是第一方审核？第二方审核？第三方审核？

答：第一方审核又称为内部审核，第二方审核和第三方审核统称为外部审核。①第一方审核指由组织的成员或其他人员以组织的名义进行的审核。这种审核为组织提供了一种自我检查、自我完善的机制。②第二方审核是在某种合同要求的情况下，由与组织有某种利益关系的相关方或由其他人员以相关方的名义实施的审核。这种审核旨在为组织的相关方提供信任的证据。③第三方审核是由独立于受审核方且不受其经济利益制约的第三方机构依据特定的审核准则，按规定的程序和方法对受审核方进行的审核。

9. 什么是排列图？

答：排列图又叫帕累托图，在质量管理中，排列图是用来寻找影响产品质量的主要问题，确定质量改进关键项目的图。

10. 控制图的主要用途是什么？

答：①分析用的控制图主要用于分析工艺过程的状态，看工序是否处于稳定状态；②管理用的控制图主要用于预防不合格品的产生。

11. 国际上通用的产品不良项分级分为几级？

答：国际上通用的产品不良项分级共分为：致命(A 级)、严重(B 级)、一般(C 级)、轻微(D 级)四级。

12. 班组在企业生产中的地位如何？

答：①班组是企业组织生产活动的基本单位；②班组是企业管理的基础和一切工作的立脚点；③班组是培养职工队伍，提高工人技能的课堂；④班组是社会主义精神文明建设的重要阵地。

13. 班组管理有哪些基本内容？

答：①建立和健全班组的各项管理制度；②编制和执行生产作业计划，开展班组核算；③班组的生产技术管理；④班组的质量管理；⑤班组的劳动管理；⑥班组的安全管理；⑦班组的环境卫生管理；⑧班组的思想政治工作。

14. 班组经济核算的基本原则和注意事项是什么？

答：班组经济核算应遵循“干什么、管什么、算什么”的原则，力求注意三个问题：①计算内容少而精；②分清主次；③方法简洁。

15. 总结的写作要求是什么？

答：①要新颖独特，不能报流水账；②要重点突出，找出规律，避免事无巨细面面俱到；③要实事求是，全面分析问题，从中找出经验教训；④要材料取舍得当；⑤要先叙后议或夹叙夹议。

16. 什么是报告？

答：报告是下级机关向上级机关汇报工作、反映情况、提出意见或建议，答复上级机关的询问时使用的行文。

17. 请示的特点是什么？

答：请示的最大特点是请求性。指本机关、本部门打算办理某件事情，而碍于无权自行决定，或者无力去做，或不知该不该办，必须请求上级机关批准、同意后方可办理。

工种理论知识试题

判断题

1. 化学平衡只有在一定条件下才能保持。 (√)

2. 以极性键结合的分子都是极性分子。 (×)

正确答案：以极性键结合的双原子分子都是极性分子。

3. 一个原子如果含有多个电子，那么各电子的能量均相同。 (×)

正确答案：在含有多个电子的原子里，电子的能量并不相同。

4. 把电能转变为化学能的装置叫做原电池。 (×)

正确答案：把化学能转变为电能的装置叫做原电池。

5. 高聚物按合成产物可分为加聚物和缩聚物。 (√)

6. 在重铬酸钾法测水中COD的加热过程中，溶液颜色由黄变绿，说明重铬酸钾溶液过量。 (×)

正确答案：在重铬酸钾法测水中COD的加热过程中，溶液颜色由黄变绿，说明试样化学耗氧量太高，重铬酸钾溶液数量不够。

7. 水越纯净，其含盐量越少，电阻越小，电导率越小。 (×)

正确答案：水越纯净，其含盐量越少，电阻越大，电导率越小。

8. 主酶与辅基或辅酶组成全酶，两者不能单独起催化作用，只有结合成全酶才能起催化作用。 (√)

9. 互生关系是指一种微生物的生命活动创造或改善了另一种微生物的生活条件，这种有利条件只能是双方面的互惠共生。 (×)

正确答案：互生关系是指一种微生物的生命活动创造或改善了另一种微生物的生活条件，这种有利作用可以是单方面的偏利共生，或双方面的互惠共生。

10. 细菌间的寄生现象较为普遍。 (×)

正确答案：细菌间的寄生现象较为少见。

11. 加氰精制装置工艺冲洗水中含硫含氨浓度很高。 (√)

12. 在滞流区内形状系数对阻力系数的影响不大。 (√)

13. 定子是电动机静止不动的部分，它的作用是输出机械转矩。 (×)

正确答案：定子是电动机静止不动的部分，它的作用是输入功率带动转子转动。

14. 从结构上看，PLC是固定式的。 (×)

正确答案：从结构上看，PLC分为固定式和组合式两种。

15. 对于一台直立安装的气动执行器，当气压信号增加时，阀杆上移动的为正作用。 (×)

正确答案：对于一台直立安装的气动执行器，当气压信号增加时，阀杆上移动的为负作用。

16. 转子流量计的环形流通截面是变化的，基本上同流量大小成正比，但流过环形间隙的流速变化不大。 (√)

17. 水体自净包括物理过程、物化过程及生物化学过程，各种过程相互影响，并且相继发生。 (×)

正确答案：水体自净包括物理过程、物化过程及生物化学过程，各种过程相互影响，同时发生并相互交织进行。

18. 挥发作用是有机物由溶解态转入气相的一种重要的迁移过程，挥发速率取决于水体的特征。 (×)

正确答案：挥发作用是有机物由溶解态转入气相的一种重要的迁移过程，挥发速率取决于污染物的性质和水体的特征。

19. 有机物厌氧分解过程中，产酸阶段的时间要比产气阶段时间长。（×）

正确答案：有机物厌氧分解过程中，产酸阶段的时间要比产气阶段时间短。

20. 如果一个化合物在一种特定的环境下，经历任意长时间仍然保持它的同一性，就可将这个化合物定义为难生物降解化合物。（√）

21. 压力为 1.0MPa 饱和蒸汽的温度理论上应为 100℃。（×）

正确答案：压力为 1.0MPa 饱和蒸汽的温度理论上应为 180℃。

22. 消防水的压力应高于生产水的压力。（√）

23. 好氧生物处理供氧方式主要为鼓风曝气。（×）

正确答案：好氧生物处理供氧方式主要分为鼓风曝气和机械曝气两类。

24. 空气是难溶于水的气体，其溶气过程的主要阻力来自气膜。（×）

正确答案：空气是难溶于水的气体，其溶气过程的主要阻力来自液膜。

25. 萃取操作方式可分为间歇萃取和连续萃取两种。（√）

26. 使水中溶解性挥发物质由液相转为气相，扩散到大气中去，是属于传质过程。（√）

27. 吸附是一种界面现象，作用发生在一个相的界面上。（×）

正确答案：吸附是一种界面现象，作用发生在两个相的界面上。

28. 将溶质聚集在固体表面的作用称为聚集作用。（×）

正确答案：将溶质聚集在固体表面的作用称为吸附作用。

29. 活性炭从水中吸附有机污染物质的效果，一般随溶液 pH 值的增加而降低。（√）

30. 纤维束过滤器采用“气-水”反冲洗时，在反冲洗结束后，即可立即投入运行。（×）

正确答案：纤维束过滤器采用“气-水”反冲洗时，在反冲洗结束前，继续冲洗3~5min，将过滤器内的残留空气排出，才可投入运行。

31. 在超滤工艺中，温度高可增加料液的黏度，增加传质效率，提高透过通量。（×）

正确答案：在超滤工艺中，温度高可降低料液的黏度，增加传质效率，提高透过通量。

32. 阴离子型有机高分子絮凝剂对未经脱稳的胶体来说，由于静电斥力有碍于吸附架桥作用的充分发挥，通常作为助凝剂使用。（√）

33. 投加助凝剂是为了加大矾花粒度和密度，一般是在投加絮凝剂之前投加。（×）

正确答案：投加助凝剂是为了加大矾花粒度和密度，一般是在投加絮凝剂之后投加。

34. 高分子电解质在混凝处理过程中的作用是以压缩胶体双电层，使其发生凝聚为主。（×）

正确答案：低分子电解质在混凝处理过程中的作用，是以压缩胶体双电层，使其发生凝聚为主。

35. 当氯加入废水中时会发生水解反应，这种水解反应是指氯气与水结合生成次氯酸。（√）

36. 污水中有机氮经生物处理后全部转化为氨氮。（×）

正确答案：污水中有机氮经生物处理后部分转化为氨氮。

37. 硝化菌的增殖速率很低，因此硝化反应必须有足够长的泥龄才能获得较好的硝化作用效果。（√）

38. 反硝化过程中硝酸盐的转化是通过反硝化细菌的同化作用完成的。 (×)

正确答案：反硝化过程中硝酸盐的转化是通过反硝化细菌的同化作用和异化作用来完成的。

39. 普通活性污泥法的曝气池中污染物质纵向呈均匀分布。 (×)

正确答案：普通活性污泥法的曝气池中污染物质纵向呈梯度分布。

40. 用纯氧进行曝气能够提高氧向混合液中的传递能力。 (√)

41. 在处理水质较好的情况下，AB 法 B 段微生物除菌胶团外，占优势的微生物种群为原生动物和后生动物。 (√)

42. 氧化沟在厌氧区内通过活性污泥吸收磷，然后在好氧区内释放磷，从而将污水中磷去除。 (×)

正确答案：氧化沟在厌气区内通过活性污泥释放磷，然后在好氧区再次吸收磷，随剩余污泥排放将污水中磷去除。

43. 生物滤池构造简单，滤池内各层生物膜的细菌在数量和种属上基本相同。 (×)

正确答案：生物滤池构造简单，但滤池内各层生物膜的细菌在数量和种属上均不同。

44. 增厚的生物膜在圆盘转动形成的剪切力作用下自动从盘面剥落下来。 (√)

45. 膜生物反应器组合工艺一般由两部分组成：生物反应器和膜分离组件。 (√)

46. 分置式膜生物反应器的膜组件一般采用抽真空的方式，使混合液透过膜。 (×)

正确答案：分置式膜生物反应器的膜组件一般采用加压的方式，使混合液透过膜。

47. 与 UASB 反应器相比，AF 反应器的启动或停运后的再启动时比较难，所需时间较长。 (×)

正确答案：与 UASB 反应器相比，AF 反应器的启动或停运后的再启动时比较容易，所需时间较短。

48. UBF 反应器适于处理含溶解性有机物的废水，也适于处理含 SS 较多的有机废水。 (×)

正确答案：UBF 反应器适于处理含溶解性有机物的废水，不适于处理含 SS 较多的有机废水，否则填料层易于堵塞。

49. 采用多级串联氧化塘，每级氧化塘作用必须相同。 (×)

正确答案：采用多级串联氧化塘，每级氧化塘作用可以各不相同。

50. 污泥淘洗包括用洗涤水稀释污泥、搅拌、沉淀分离、撇除上清液等过程。 (√)

51. 好氧消化为放热反应，池内温度要稍高于入池污泥温度。 (√)

52. 污泥的比阻 R 和毛细吸水时间 CST 值越大，表示污泥的脱水性能越好。 (×)

正确答案：污泥的比阻 R 和毛细吸水时间 CST 值越大，表示污泥的脱水性能越差。

53. 湿式沼气储柜停车时首先要将气柜内的水放掉。 (×)

正确答案：湿式沼气储柜停车时首先要将气柜的排空阀打开，然后才能将气柜内的水放掉。

54. 滤池反洗时，反洗强度过大，滤层膨胀过低，使反洗效果变差。 (×)

正确答案：滤池反洗时，反洗强度过大，滤层膨胀过高，使反洗效果变差。

55. 反渗透和超滤都是以压力为驱动力的。 (√)

56. 化学沉淀与混凝沉淀相比较，化学沉淀不存在带电离子及压缩胶体双电层过程。 (√)

57. 电解气浮运行时要投加一定量的混凝剂。（×）

正确答案：电解气浮运行时不需要投加混凝剂。

58. A/O 法入流污水 BOD_5 与 TN 比值偏低时，可向池内补充氮源。（×）

正确答案：A/O 法入流污水 BOD_5 与 TN 比值偏低时，可向池内补充(有机)碳源。

59. 厌氧污泥增殖很慢，UASB 反应器的污泥积累很少，不需排放剩余污泥。（×）

正确答案：厌氧污泥增殖虽然很慢，但随着 UASB 反应器运行时间的延长，污泥积累会逐渐增多，如果不及时排出，泥龄过长会导致厌氧污泥活性下降，出水悬浮物的含量也会增高。

60. 相对而言，污水的好氧生物处理适用于处理难以生物降解物质，而厌氧生物处理适于处理容易生物降解的物质。（×）

正确答案：相对而言，污水的好氧生物处理适用于处理容易生物降解物质，而厌氧生物处理适于处理难以生物降解的物质。

61. 污水处理过程产生的浮渣及污泥如果不能有效地从系统分离出来，会对污水处理系统产生恶性循环。（√）

62. 污水深度处理膜前过滤系统中，在滤速一定的条件下，过滤周期的长短受水温的影响较大，水温越高，周期越长。（√）

63. 为防止微滤系统发生水锤，在每次化学清洗之后再次投入到过滤/产水运行状态时，应当快速开启出水阀门。（×）

正确答案：为防止微滤系统发生水锤，在每次化学清洗之后再次投入到过滤/产水运行状态时，应当缓缓开启进水阀门。

64. 干式安装的潜污泵效率远低于湿式安装。（√）

65. 立式表曝机的叶轮性能与曝气池的池型结构没有关系。（×）

正确答案：立式表曝机的叶轮性能与曝气池的池型结构有密切关系。

66. 罗茨鼓风机的主动齿轮和从动齿轮结构完全相同。（×）

正确答案：罗茨鼓风机的主动齿轮和从动齿轮结构不完全相同，从动齿轮开有调整径向间隙的孔。

67. 高速离心机通常采用顺流始端进泥方式。（×）

正确答案：低速离心机通常采用顺流始端进泥方式。

68. 安全阀比爆破片泄压来得快。（×）

正确答案：安全阀比爆破片泄压来得慢。

69. 水射器安装时严防漏水，并应水平安装，不可将喷口向上。（×）

正确答案：水射器安装时严防漏气，并应水平安装，不可将喷口向下。

70. 弹性填料比表面积大，不会堵塞，质量轻，运输方便，可用于处理高浓度废水。（×）

正确答案：软性填料比表面积大，不会堵塞，质量轻，运输方便，可用于处理高浓度废水。

71. 发现设备有不正常情况应立即停车。（×）

正确答案：发现设备有不正常情况，紧急情况下应立即停车。

72. 生化受冲击的主要原因与活性污泥或生物膜中毒无关。（×）

正确答案：生化受冲击的主要原因是活性污泥或生物膜中毒所致。

73. 生化进水 *COD* 增加，出水 *COD* 也一定增加。 (×)

正确答案：生化进水 *COD* 增加，出水 *COD* 值不一定增加，这与进水 *COD* 增加的幅度及工艺参数调整有关。

74. 微生物通过驯化后，对毒物的承受能力会有较大幅度的提高。 (√)

75. 污水处理场内超越管线随时可以打开。 (×)

正确答案：污水处理场内超越管线只有在特殊情况下才可以打开。

76. 突然停电时，现场要迅速恢复电器开关的位置。 (√)

77. 用细实线按比例画出带有管口方位的设备布置图，不需要注位号及名称。 (×)

正确答案：用细实线按比例画出带有管口方位的设备布置图，加注位号及名称。

78. 标注尺寸的步骤是先标注基本形体的定形尺寸，后标注反映位置关系的定位尺寸。 (√)

79. 从公式 $u=\dfrac{g}{18\mu}(\rho_g-\rho_y)d^2$ 可知对于 $Re<1$ 时，沉淀速率 u 与颗粒直径 d 的平方成正比，加大颗粒的粒径是有助于提高沉淀效率的。 (√)

80. 废水在曝气池内的实际停留时间要比理论停留时间长。 (×)

正确答案：废水在曝气池内的实际停留时间要比理论停留时间短。

81. 铝盐主要是以其在一定 pH 条件下的水解产物发挥混凝作用。 (√)

单选题

1. 对于可逆反应 $FeCl_3+3KSCN \rightleftharpoons Fe(SCN)_3+3KCl$ 来说，(C)可以使化学平衡向正反应方向移动。

A. 增加反应系统的压强　　B. 减小 $FeCl_3$ 的浓度
C. 增大 KSCN 的浓度　　D. 增大 KCl 的浓度

2. 下列选项中，(D)不属于分散剂为气体的气溶胶。

A. 烟　　B. 云　　C. 雾　　D. 雨

3. 离子型表面活性物质分类可分为三种，其中不包括(A)。

A. 亲水型　　B. 阳离子型　　C. 两性型　　D. 阴离子型

4. 对于表面活性物质的基本性质，下列描述不正确的是(C)。

A. 表面活性物质都是由亲水性极性基团和憎水性的非极性基团所组成
B. 表面活性物质定向排列在任意两相的界面上，降低了表面张力
C. 各种表面活性物质分子具有对称性结构
D. 表面活性物质分子量在数百左右，介于低分子和高分子之间的一类物质

5. 原子结构中，核外电子的分层排布是有一定规律的，各电子层最多容纳的电子数目是(C)个。

A. 8　　B. $2n$　　C. $2n^2$　　D. $2n^3$

6. 金属晶体是(D)相互结合在一起形成的。

A. 金属原子　　B. 金属质子　　C. 自由电子　　D. 金属离子

7. 金属的导热性与(A)有关。

A. 自由电子　　B. 金属离子　　C. 金属原子　　D. 金属的原子核

8. 分散物系最基本的分类方法是(A)。

A. 以被分散物质粒子大小来划分　　B. 以分散相粒子大小来划分

C. 以被分散物质粒子质量来划分　　D. 以分散相粒子质量来划分

9. 使电流通过电解质溶液而在阴阳两极引起(B)的过程叫做电解。

A. 置换反应　　B. 氧化还原反应

C. 分解反应　　D. 化合反应

10. 在原电池中，(D)。

A. 正极发生的是氧化反应，是电子流出的一极

B. 正极发生的是还原反应，是电子流出的一极

C. 正极发生的是氧化反应，是电子流入的一极

D. 正极发生的是还原反应是电子流入的一极

11. 从苯环上去掉一个氢原子后所剩下的原子团叫(B)。

A. 苯基　　B. 芳基　　C. 芳香基　　D. 苯环基

12. 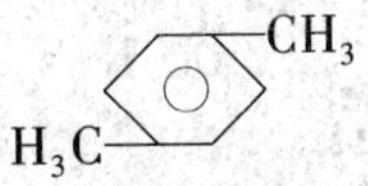

读作(B)。

A. 二甲基苯　　B. 对二甲苯　　C. 邻二甲苯　　D. 间二甲苯

13. 下列高聚物的类型中，(B)不属于按大分子的形态分类类型。

A. 线型高聚物　　B. 杂链高聚物　　C. 支链高聚物　　D. 体型高聚物

14. 下列关于高聚物的物理性能说法中，(C)是正确的。

A. 有明确的熔点，也有沸点　　B. 无明确的熔点，有沸点

C. 无明确的熔点，也无沸点　　D. 有明确的熔点，无沸点

15. 水的电导率与电阻率存在一定关系，其正确的表述是(B)。

A. 电导率越大，电阻率越大　　B. 电导率与电阻率的乘积等于 1

C. 水越纯净，电阻率越小，电导率越大　　D. 水的电导率和电阻率均是常数

16. 对于同一反应，酶比一般化学催化剂的催化速度高(D)倍。

A. 2~5　　B. 5~10　　C. $10 \sim 10^5$　　D. $10^6 \sim 10^{13}$

17. 下列物质中，(B)不可能出现在厌氧分解的产酸阶段。

A. 乙酸　　B. NH_3　　C. 乙醇　　D. CO_2

18. 分解纤维素的细菌和固氮菌之间的关系是土壤微生物间(A)。

A. 互生关系　　B. 共生关系　　C. 寄生关系　　D. 拮抗关系

19. 地衣是(C)关系最典型的例子，它是真菌和藻类的结合体。

A. 偏利共生　　B. 互惠共生　　C. 共生　　D. 寄生

20. 人们广泛利用(C)关系来杀灭有害微生物，防治动植物病害。

A. 偏利共生　　B. 互生　　C. 寄生　　D. 拮抗

21. 微生物能产生特异的代谢产物，具有选择性抑制或杀灭其他一定类群的微生物，这就是(A)关系。

A. 特异性拮抗　　B. 互生　　C. 寄生　　D. 非特异性拮抗

22. 抗菌素是(A)关系间微生物产生的代谢物。

A. 特异性拮抗　　B. 互生　　C. 寄生　　D. 非特异性拮抗

23. 常减压装置废水中主要污染物有(C)。

A. 氰化物　　B. 苯　　C. 油　　D. 氨氮

24. 以渣油为原料的合成氨装置废水中的主要污染物是(C)。

A. 油　　B. 硫化物　　C. 氨氮　　D. 悬浮物

25. 辐射传热(B)做媒介。

A. 需要介质　　B. 不需要任何介质

C. 需要特定介质　　D. 需要根据辐射源选定介质

26. 在斯托克斯定律区即滞流区，Re_t 的范围是(A)。

A. $10^{-4}<Re_t<1$　　B. $1<Re_t<10^3$

C. $10^3<Re_t<2\times10^5$　　D. $Re_t>2\times10^5$

27. 鼠笼式转子绕组是在转子导线槽内嵌放(C)，并用铜环将其全部焊接成鼠笼形式。

A. 铝条　　B. 铁条　　C. 铜条　　D. 硅钢条

28. 对于 30kW 以下的异步电动机一般都是采用(A)起动的。

A. 直接　　B. 间接　　C. 降压　　D. 升压

29. 在接零保护中，保护接地装置的接地电阻一般不超过(B)Ω。

A. 1　　B. 4　　C. 7　　D. 10

30. 与常规模拟仪表相比，分散控制系统 DCS 具有的优点，下列描述错误的是(B)。

A. 功能丰富

B. 采用模块式结构，但不可以扩大或缩小系统的规模

C. 改变控制方案容易

D. 实现了集中监视、操作和管理

31. 所谓简单控制系统，通常是指由一个测量元件、变送器、一个控制器、一个控制阀和一个对象所构成的(B)控制系统。

A. 单开环　　B. 单闭环　　C. 双开环　　D. 双闭环

32. 气动执行器一般是由气动执行机构和(A)两部分组成的。

A. 控制阀　　B. 手轮　　C. 阀门定位器　　D. 压力表

33. 转子流量计中转子上下的压差由(C)决定。

A. 流体的流速　　B. 流体的压力　　C. 转子的重量　　D. 转子的大小

34. 浮筒式液位计的工作原理是(B)。

A. 浮筒随液面变化而升降　　B. 所受浮力随液面变化而变化

C. 连通器原理　　D. 静压随液位变化而变化

35. 下列不属于系统误差的是(A)。

A. 操作错误出现的误差　　B. 方法上的误差

C. 仪器误差　　D. 试剂不纯引起的误差

36. 水体富营养化的征兆是(B)的大量出现。

A. 绿藻　　B. 蓝藻　　C. 硅藻　　D. 鱼类

37. 保证水体生化自净顺利进行的条件是(C)。

A. 水体的 pH 值在一定范围　　B. 水中必须含有足够多的微生物

C. 水中必须含有足够的溶解氧　　D. 水必须达到一定温度

38. 常规的给水处理方法主要以去除(C)为主要目标。

A. *BOD*　　B. *COD*　　C. 浊度　　D. 色度

39. 下列选项中，(B)仍是目前广泛采用的消毒剂和氧化剂。

A. 活性溴　　B. 液氯　　C. 液氨　　D. 液氮

40. 下列污水深度处理的概念中，主要与脱氮除磷相关的是(B)。

A. 生化后处理　　B. 二级强化处理

C. 三级处理　　D. 污水深度处理

41. 光解过程一般可分为三类，其中不包括(D)。

A. 直接光解　　B. 敏化光解　　C. 氧化反应　　D. 还原反应

42. 污水厌氧生物处理是一种在没有(A)的条件下，以厌氧微生物为主的使有机物降解、稳定的无害化处理方法。

A. 游离氧　　B. 二氧化碳　　C. 化合氧　　D. 一氧化碳

43. 高能位的有机物通过一系列的好氧生化反应后，使其变为小分子的无机物，其能位(A)。

A. 降低　　B. 增高　　C. 不变　　D. 不能确定

44. 下列与水中碱度组成无关的物质是(A)。

A. 强酸弱碱盐　　B. 强碱　　C. 弱碱　　D. 强碱弱酸盐

45. 与炼油高浓度乳化污水的特点不相符的描述是(B)。

A. 高浊度　　B. 稳定性低　　C. 高 *COD*　　D. 高乳化油

46. 就同一种水质进行监测，数值最大的是(A)。

A. COD_{cr}　　B. BOD_{U}　　C. BOD_{5}　　D. BOD_{20}

47. 重铬酸钾法测定 *COD*，其中未包括的物质是(A)。

A. 非还原性无机物　　B. 不可生物降解的有机物

C. 无机还原性物质　　D. 可生物降解的有机物

48. 国家环境空气质量标准(GB3095—1996)中规定苯并[a]芘日平均浓度限值为(C)mg/m^3(标准状态)。

A. 1.0　　B. 0.1　　C. 0.01　　D. 0.05

49. 重金属铬毒性最大的是(D)。

A. 金属铬　　B. 二价铬　　C. 三价铬　　D. 六价铬

50. 汞进入水体后，对人体的危害主要是通过(C)。

A. 皮肤接触　　B. 饮用水　　C. 食物链的富集　　D. 农作物

51. 下列不属于难降解有机物的是(D)。

A. 多氯联苯　　B. 吡啶　　C. 蒽　　D. 葡萄糖

52. 在污水处理场开车准备过程中，不正确的做法是(D)。

A. 确认水、电、汽、风条件　　B. 检查并确定工艺流程

C. 检查化工材料的落实情况　　D. 未提前恢复生物的活性

53. 在检查并确定部分回流加压溶气气浮流程时，下列做法错误的是(A)。

A. 关闭减压阀　　B. 检查溶气罐及附件是否完好

C. 打开溶气罐进水阀和进气阀

D. 检查回流泵及空压机是否处在备用状态

54. 混凝沉淀法与自然沉淀法相比其主要缺点是(B)。

A. 沉降效率高　　B. 需要投加混凝剂

C. 促使胶粒沉降　　D. 沉降速度加快

55. 在浓缩池开车准备过程中，错误的做法是(B)。

A. 清除浓缩池内的杂物　　B. 打开高位切水阀

C. 检查切水流程是否畅通　　D. 关闭进出泥阀

56. 加快平行于膜面的水流速度，可以减缓浓差极化，提高膜通量，但会增加耗能，一般将平行流速控制在(B)m/s。

A. 0.5~1　　B. 1~3　　C. 3~5　　D. 5~7

57. 微滤产水余氯量最适宜的是(B)mg/L。

A. ≤0.1　　B. 0.1~0.3　　C. 0.3~0.5　　D. ≥0.5

58. 空气在水中的溶解度与(C)成正比。

A. 温度　　B. 水量

C. 所受压力　　D. 气液相之间浓度差

59. 安装于曝气段的曝气机叶轮在液下高速旋转产生空穴形成负压，将水面上的空气通过抽气管进入水中，并使气泡撕裂成微气泡，从而产生气浮过程。这种气浮方法被称为(A)。

A. 涡凹气浮　　B. 溶气气浮

C. 射流气浮　　D. 扩散板曝气气浮

60. 涡凹气浮从气浮室到曝气室设置了回流管，其作用是(A)。

A. 使占总水量的20%~30%水循环　　B. 减小布气水量

C. 确保空穴的形成　　D. 降低叶轮导向阻力

61. 废水先进第一反应室，然后经叶轮提升进入第二反应室，再由导流室进入分离室，分离出来的泥渣大部分回到第一反应室。根据以上的工作特点，判断是(B)。

A. 上浮式澄清池　　B. 机械加速澄清池

C. 脉冲澄清池　　D. 水力循环澄清池

62. 离子交换过程中，离子交换速度取决于(B)。

A. 交换反应速度　　B. 扩散速度　　C. 酸碱性的强弱　　D. 交换容量

63. 解吸的必要条件是(A)。

A. 气相中溶质气体的分压小于与液相浓度相平衡的气相分压

B. 气相中溶质气体的分压等于与液相浓度相平衡的气相分压

C. 气相中溶质气体的分压大于与液相浓度相平衡的气相分压

D. 气相中气体的分压小于与液相浓度相平衡的气相分压

64. 纤维束过滤器的滤床由许多(D)组成。

A. 规则排放的纤维球　　B. 不同粒径的果壳滤料

C. 水平拉伸的纤维束　　D. 垂直拉伸的纤维束

65. 污水处理中有机高分子絮凝剂不能电离的基团是(D)。
A. 阴离子型基团　B. 两性型基团
C. 阳离子型基团　D. 非离子型基团
66. 有关助凝剂的作用，下列叙述不正确的是(D)。
A. 提高絮凝体的强度　B. 增加絮体密度，促进沉降
C. 调节 pH 值　D. 降低胶体的电动电位
67. 电解就是借助(D)进行化学反应的过程。
A. 导电离子　B. 电极　C. 电压　D. 电流
68. 在难溶盐的饱和溶液中，各种离子浓度的乘积为一常数，形成沉淀的基本条件是(B)。
A. $[A^{m+}]^n[B^{n-}]^m<K_{SP}$　B. $[A^{m+}]^n[B^{n-}]^m>K_{SP}$
C. $[A^{m+}]^n[B^{n-}]^m\leqslant K_{SP}$　D. $[A^{m+}]^n[B^{n-}]^m=K_{SP}$
69. WAO(湿式氧化)反应机理比较复杂，根据有关研究提出的氧化反应主要属于自由基反应，通常分为三个阶段，其中没有(A)阶段。
A. 氧化剂诱发　B. 链的引发
C. 链的发展或传递　D. 链的终止
70. 原生动物通过分泌黏液可促使细菌(B)，从而对污泥沉降有利。
A. 繁殖加快　B. 发生絮凝　C. 迅速死亡　D. 活动加剧
71. 原生动物通过(A)可减少曝气池剩余污泥。
A. 捕食细菌　B. 分解有机物　C. 氧化污泥　D. 抑制污泥增长
72. 污水中的有机氮通过微生物氨化作用后，主要产物为(C)。
A. 蛋白质　B. 氨基酸　C. 氨氮　D. 氮气
73. 硝化菌属(A)。
A. 自养型好氧菌　B. 异养型厌氧菌　C. 自养型厌氧菌　D. 兼性细菌
74. 硝酸盐经反硝化反应后最终转化为(C)。
A. 氨氮　B. 亚硝酸盐　C. 氮气　D. 氧化氮
75. 生物除磷最终主要通过(C)将磷从系统中除去。
A. 氧化分解　B. 吸收同化　C. 排放剩余污泥　D. 气体挥发
76. 活性污泥在厌氧状态下(B)。
A. 吸收磷酸盐　B. 释放磷酸盐　C. 分解磷酸盐　D. 生成磷酸盐
77. 通常情况下，传统曝气池的尾端溶解氧一般处于过剩状态，主要是因为(C)。
A. 污泥浓度低　B. 污泥浓度高
C. 混合液有机物浓度低　D. 混合液有机物浓度高
78. 吸附再生法由于污水在吸附池停留时间短，使该段(B)。
A. 吸附有机物量少　B. 有机氮化物水解程度低
C. 分解有机物量多　D. 有机氮化物水解程度高
79. 延时曝气法生化池中活性污泥长期处于(D)，剩余污泥量非常少。
A. 好氧增殖阶段　B. 吸附凝聚阶段

C. 厌气发酵阶段　　　　D. 内源呼吸阶段

80. 圆盘在旋转过程中，(A)上的生物膜不断交替和废水、空气接触，从而达到降解有机物的目的。

A. 盘片　　B. 转刷　　C. 氧化槽　　D. 转轴

81. AF 反应器中的微生物以固着生长的(C)为主，不需要污泥回流和使用搅拌设备。

A. 颗粒污泥　　B. 污泥　　C. 生物膜　　D. 生物酶

82. 氧化塘内细菌与藻类有着(B)关系。

A. 寄生　　B. 共生　　C. 互生　　D. 拮抗

83. UASB 三相分离器的主要功能是(D)。

A. 气固分离　　B. 气液分离　　C. 固液分离　　D. 气固液分离

84. 污泥的化学调质作用机理不包括(D)选项。

A. 脱稳凝聚　　B. 吸附卷扫

C. 架桥絮凝　　D. 加快颗粒运动速度

85. 理论上硝化 1g 氨氮，需要投加(D)g 以上的熟石灰才能维持污水原来的碱度。

A. 1.5　　B. 2.1　　C. 4.4　　D. 5.4

86. 由于 SBR 反应池在沉淀阶段处于(C)，所以沉淀效果比传统活性污泥法二沉池好。

A. 紊流状态　　B. 层流状态　　C. 静止状态　　D. 辐流状态

87. 氧化沟内混合液溶解氧浓度自曝气机后沿沟长(C)。

A. 不断升高　　B. 不变　　C. 不断降低　　D. 时高时低

88. 接触氧化池内的填料可以起到(A)作用，提高了氧的利用率。

A. 切割气泡　　B. 分离空气　　C. 提高氧气纯度　　D. 产生氧气

89. 当生物膜达到一定厚度后，在(D)作用下脱落。

A. 水流冲刷　　B. 自身代谢气体

C. 机械搅动　　D. 自身代谢气体和水流冲刷

90. 塔式生物滤池运行时，污水(C)流动。

A. 横向　　B. 自下而上　　C. 自上而下　　D. 与空气相同方向

91. 好氧消化相对于厌氧消化所存在的缺点，下列叙述不正确的是(D)。

A. 上清液中 BOD_5、COD_{Cr}、SS、氨氮浓度低

B. 运行成本高　　C. 不能产生沼气

D. 污泥量少，有臭味

92. 污泥中的水可分为四类，其中不能通过浓缩、调质、机械脱水方法去除的水是(B)。

A. 间隙水　　B. 内部水　　C. 表面吸附水　　D. 毛细结合水

93. 水在污泥中有四种存在状态，其中含量最多的是(D)。

A. 毛细结合水　　B. 内部水　　C. 表面吸附水　　D. 间隙水

94. 拆洗反渗透膜元件时，从压力容器进水端将膜元件依次推出，每次只能推出(A)元件。

A. 一只　　B. 二只　　C. 三只　　D. 四只

95. 滤池运行到一定的水头损失时，需进行反洗，(D)是用来度量反洗强度的指标。

A. 最大允许滤速　　B. 水头损失　　C. 截污能力　　D. 滤层膨胀率

96. 用热的 NaOH 溶液对吸附了酚的活性炭进行再生属于(C)法。

A. 热处理再生　B. 化学氧化再生　C. 药剂再生　D. 生物再生

97. 废水处理中，被吸附的污染物种类较多，解吸程度差别较大，热处理法再生主要脱附(A)。

A. 有机物　B. 无机物

C. 不可气化的金属　D. 金属盐

98. 指离子交换树脂交换能力大小的化学特性是(A)。

A. 交换容量　B. 交换选择性

C. 酸碱性　D. 离子交换的可逆性

99. 下列能使离子交换树脂形成立体的网状结构物质是(D)。

A. 有机化合物　B. 官能团离子　C. 可交换离子　D. 交联剂

100. 混凝气浮法与混凝沉淀法相比，主要存在的缺点是(C)。

A. 渣量大　B. 可去除的污染物范围窄

C. 能耗高　D. 渣脱水困难

101. 化学沉淀法与混凝沉淀法的本质区别在于：化学沉淀法投加的药剂与水中物质形成(D)而沉降。

A. 胶体　B. 重于水的大颗粒絮体

C. 疏水颗粒　D. 难溶盐

102. 澄清法与混凝沉淀法相比较，澄清池的混合区增加了(B)。

A. 反应时间　B. 泥渣回流　C. 沉降时间　D. 混合时间

103. 关于混凝沉淀法与澄清法相同点，下列的说法不正确的是(D)。

A. 都要排泥　B. 都有固液分离过程

C. 都有混合、反应过程　D. 都有稳定的泥渣悬浮层

104. 湿式氧化法与焚烧法的最主要区别在于其氧化条件为(C)。

A. 高温自燃　B. 高温助燃　C. 高温高压　D. 低温高压

105. 湿式氧化法和焚烧法处理高浓度废水，其相同点在于(C)。

A. 有烟道气产生　B. 所有有机物质完全氧化分解

C. 最终产物主要为二氧化碳和水　D. 发生了相变

106. 电解气浮运行管理的内容中，与可溶电极更换及防钝化有关的选项是(D)。

A. 工艺参数控制　B. 定期对电解槽进行清理

C. 定时排渣　D. 电极的维护管理

107. 活性污泥膨胀可分为两类，一类是因(D)异常增殖所导致的膨胀，一类是微生物代谢产物的大量积累而造成的高黏性膨胀。

A. 真菌　B. 藻类　C. 病毒　D. 丝状菌

108. 由于丝状菌(C)，当其在污泥中占优势生长时会阻碍絮粒间的凝聚。

A. 比重大　B. 活性高　C. 比表面积大　D. 种类单一

109. A/O 法运行中，如果曝气池 *DO* 过高、产泥量少，易使污泥低负荷运行出现过度曝气现象，造成(C)。

A. 污泥膨胀　B. 污泥矿化　C. 污泥解体　D. 污泥活性高

110. SBR 法进水工序的厌氧状态满足释磷的要求，当污水中 *BOD/TP* 偏低时，可(C)厌氧时间。

A. 不改变　B. 缩短　C. 延长　D. 不考虑

111. UBF 反应器在启动初期一般进水容积负荷率控制在(B)kgCOD/(m^3·d)。

A. 0.5~1　B. 1~2　C. 2~3　D. 0.5 以下

112. UBF 反应器在高负荷运行时，其 COD 去除率可达(C)以上。

A. 60%　B. 70%　C. 80%　D. 90%

113. 污水的厌氧生物处理与好氧生物处理的本质区别在于(C)前提下，以厌氧微生物为主对有机物进行降解、稳定的一种无害化处理方法。

A. 供风　B. 提供游离氧　C. 无游离氧　D. 化合态氧

114. 根据污泥性质控制离心机的分离因素，下列污泥类别中需要分离因素最高的是(A)。

A. 污泥指数高的活性污泥　B. 消化污泥

C. 初沉污泥　D. 含无机大颗粒的污泥

115. 轴流泵的(C)越高，则泵的高效区狭窄。

A. 流量　B. 压力　C. 比转数　D. 功率

116. 保证螺旋泵高效运行的关键是(B)。

A. 确保螺旋泵安装倾角为 30°

B. 确保螺旋泵叶片与泵槽的间隙准确均匀

C. 定期为上下轴承加注润滑油

D. 螺旋泵的吸水位高于标准点

117. 真空泵是一种输送(C)机械。

A. 液体　B. 气体　C. 气体的液体　D. 液体的气体

118. 潜污泵叶轮与传统叶轮相比，独到之处在于(A)。

A. 大流道　B. 单叶片、小流道

C. 多叶片、大流道　D. 多叶片、小流道

119. 计量泵的水力部分是(B)。

A. 传动箱部件　B. 液缸部件　C. 柱塞　D. 行程调节机构

120. 计量泵利用(B)直接改变旋转偏心，来达到改变行程的目的。

A. 调量表　B. 轴　C. 柱塞　D. 连杆

121. 转刷曝气机电机的功率由(A)决定。

A. 转刷的大小　B. 控制装置

C. 驱动装置　D. 空心轴的直径

122. 大型离心式风机的结合面多以(C)密封。

A. 机械密封　B. 填料密封　C. 密封剂　D. 迷宫密封

123. 带式压滤机滤布张紧依靠(B)完成。

A. 调偏杆　B. 气缸　C. 调偏辊　D. 气动换向阀

124. 板框压滤机由(B)相间排列而成。

A. 滤板和滤布　B. 滤板和滤框

C. 滤布和滤框　D. 滤板、滤布和滤框

125. 转鼓真空过滤机错气轴为内有条孔的(C)形。

A. 圆筒　　B. 月牙　　C. 喇叭　　D. 半圆框

126. 回转式刮泥机的主体是(B)。

A. 刮泥板　　B. 桥架　　C. 稳流筒　　D. 控制系统

127. 链条刮板式刮泥机 (C) 的作用是控制主链条的运动轨迹。

A. 主动轴　　B. 主动链轮　　C. 导向链轮　　D. 导轨

128. 电动偏心旋转阀的组成为(A)。

A. 电动执行机构和偏心旋转机构　　B. 电动蜗轮蜗杆机构和偏心旋转机构

C. 电动手轮机构和偏心旋转机构　　D. 电动蜗轮蜗杆机构和电动手轮机构

129. 下列表示电-液动阀门传动方式的符号是(A)。

A. 2　　B. 5　　C. 3　　D. 4

130. 水射器在安装时要保证(B)的同心度。

A. 喷嘴、喉管和工作管　　B. 喷嘴、喉管和扩散管

C. 喷嘴、工作管和扩散管　　D. 喉管、工作管和扩散管

131. 下列选项中，(A)填料寿命较长，但比表面积较小且易堵塞。

A. 蜂窝弹性填料　　B. 软性纤维填料

C. 半软性填料　　D. 悬浮填料

132. 设备运行中，要做到(D)。

A. 认真准备　　B. 反复检查　　C. 妥善处理　　D. 搞好调整

133. 当 $D_m N$(D)时，应选用低黏度润滑油。(注：D_m 平均轴承直径；N 每分钟转速)

A. <10000　　B. 10000~50000

C. 50000~100000　　D. >200000

134. 当工作负荷为(A)MPa 时，选用高黏度润滑油。

A. <10　　B. 10~100　　C. 100~200　　D. >200

135. 生化池受冲击严重时，处理顺序不正确的是(A)。

A. 先调节水质，后进行闷曝　　B. 先停生化进水，后调节营养比

C. 先停生化进水，再调节水质　　D. 先停生化进水，再调整单元操作

136. 当暴雨所形成的大水量可能对污水处理场造成冲击时，其错误的做法是(D)。

A. 上游清污分流　　B. 隔油系统提前收油

C. 提高污水处理场的储存能力

D. 暴雨前紧急处理系统内存水，使污水处理场超负荷运行

137. 用(A)投影画出管段及其所附管件、阀门、控制点等图形、符号。

A. 正等轴侧　　B. 主视　　C. 侧视　　D. 俯视

138. 沉淀池固体颗粒的沉降速率可以用(C)进行计算。

A. 莫诺特方程　　B. 米氏方程

C. 斯托克斯公式　　D. 柏努利方程

139. 已知生化池的平均供气量为 1400m^3/h，氧的平均转移量为 336m^3/h，氧气的密度为 1.43kg/m^3，空气中氧气的体积分数为 20.1%，那么此池氧的转移率为(D)。

A. 0.5　　B. 0.6　　C. 0.7　　D. 0.8

140. 已知曝气池的有效容积 $620m^3$，日处理污水量为 $2700m^3/d$，污泥回流比为 0.245，则曝气池的实际水力停留时间为(A)h。

A. 4.4　　B. 5.5　　C. 3.3　　D. 6.6

141. 污泥消化率 P 可以用(A)来计算。（R—生污泥的挥发物含量,%；D—熟污泥的挥发物含量,%。）

A. $P=\left[1-\frac{(100-R)D}{(100-D)R}\right]\times 100$　　B. $P=\frac{(100-R)D}{(100-D)R}\times 100$

C. $P=\left[1-\frac{(100-D)R}{(100-R)D}\right]\times 100$　　D. $P=\frac{(100-D)R}{(100-R)D}\times 100$

142. 已知污泥消化率为40%，进入消化池的污泥挥发物含量为65%，经消化后，挥发物的含量为(C)。

A. 36.7%　　B. 46.2%　　C. 52.7%　　D. 63.2%

143. 某活性污泥法处理污水系统，理论合成系数 Y 为 0.5mg$MLVSS$/mgBOD_5，则此系统的污泥龄为(C)d。($k_d=0.06d^{-1}$)

A. 5　　B. 8　　C. 10　　D. 12

144. 下列关于污泥龄的计算公式，正确的是(C)。(Q_c—污泥龄，V—曝气池容积，x—曝气池中污泥浓度，Q'_W—回流污泥管排泥量，x_R—回流污泥浓度，Q—进水量，x_e—二沉池出水挟带污泥浓度)

A. $Q_c=\frac{Vx}{Q'_W x_R+(Q+Q'_W)x_e}$　　B. $Q_c=\frac{Vx}{Qx+(Q+Q'_W)x_e}$

C. $Q_c=\frac{Vx}{Q'_W x_R+(Q-Q'_W)x_e}$　　D. $Q_c=\frac{Vx}{Qx+(Q-Q'_W)x_e}$

145. 活性污泥产量的计算公式是(B)。(其中 W—活性污泥产量，V—曝气池容积，x—污泥浓度，a—污泥合成系数，b—污泥自身氧化系数，L_r—去除负荷)

A. $W=aL_r+bVx$　　B. $W=dL_r-bVx$

C. $W=aVx+bL_r$　　D. $W=dVx-bL_r$

多选题

1. 下列选项中(A，C)是非极性分子。

A. C_2H_2　　B. HBr　　C. CCl_4　　D. CH_2Cl_2

2. 下列各项中，属分散系的是(A，B，C，D)。

A. 溶液　　B. 悬浊液　　C. 乳浊液　　D. 胶体

3. 破乳常用的方法有(A，B，C，D)。

A. 用不能生成牢固膜的表面活性物质来代替原乳化剂

B. 用试剂来破坏乳化膜

C. 加入类型相反的乳化剂　　D. 加入电解质

4. 下列关于高聚物的说法中，(A，C)是正确的。

A. 天然高聚物的相对分子质量分布比合成高聚物的相对分子质量分布窄

B. 天然高聚物的相对分子质量分布比合成高聚物的相对分子质量分布宽

C. 只有少数的单分散高聚物，它们由单一相对分子质量的品种构成

D. 大多数的单分散高聚物，它们由单一相对分子质量的品种构成

5. 催化裂化装置废水中的主要污染物有(A，B，C)。

A. 油　B. 硫化物　C. 挥发酚　D. 盐

6. 催化重整装置废水的主要污染物是(A，D)。

A. 酚　B. 硫化物　C. 氰化物　D. 油

7. 精馏塔内的温度自下而上变化，下列描述错误的是(A，C，D)。

A. 升高　B. 降低

C. 不变　D. 塔板温度上部低，下部高

8. 固体物料的去湿方法包括(B，C)。

A. 吸收法　B. 干燥法

C. 重力或离心分离法　D. 扩散法

9. 三相异步电动机的转子是由(B，C，D)组成的。

A. 机座　B. 转轴　C. 转子铁芯　D. 转子线组

10. 三相异步电动机的调速方法有(A，B，C)。

A. 变频调速　B. 变极调速　C. 变转差率调速　D. 变压调速

11. 在接零保护中，对接零装置的要求有(A，B，C，D)。

A. 导电的连续性　B. 连接可靠性

C. 足够的机械强度　D. 防腐蚀

12. 浮力式液位计的特点有(B，C，D)。

A. 易受外界环境的影响　B. 测量范围大

C. 维修方便　D. 工作可靠

13. 废水中污染物的(A，B)是选择处理工艺的主要因素。

A. 种类　B. 含量　C. 来源　D. 毒性

14. 好氧生物的营养源是以(A，C)为主。

A. 溶解状的有机物　B. 溶解性的无机物

C. 胶粒状有机物　D. 无机元素

15. 炼油高浓度乳化污水对污水处理过程的影响是(B，D)。

A. 使污水 pH 降低　B. 使除油设施不能正常运转

C. 使生化磷盐投量增加　D. 使混凝效果变差

16. 下列与混凝效果直接相关的选项是(C，D)。

A. 排渣效果　B. 气浮池水平流速

C. 投药量　D. 加药混合条件

17. 混凝沉淀工艺可设置在(A，B)。

A. 生物处理工艺前　B. 生物处理工艺后

C. 气浮工艺前　D. 气浮工艺后

18. 在反渗透系统启动前，应确保进水的(A，B，C)指标合格。

A. 温度　B. pH 值　C. *SDI* 值　D. 电导率

19. 涡凹气浮是通过(A，D)的综合作用，将空气粉碎成细小气泡。

A. 空穴作用　B. 气流　C. 水流　D. 叶轮的剪切力

20. 一般认为，溶液 pH 值在 4~5 之间，铝盐水解溶液中会平行交错进行(B，D)两类反应。

A. 氢氧化铝继续水解　　B. 羟基桥联的络合反应

C. 水解形成单核络合物　　D. 多核络合物的继续水解

21. 由于加速澄清池搅拌机叶轮的转动，在第一反应室形成涡流，使(A，B，C)充分接触混合。

A. 废水　　B. 混凝剂　　C. 回流泥渣　　D. 浓缩泥渣

22. 离子交换脂结构中的活性基团由不能自由移动的官能团离子和可以自动移动的可交换离子两部分所组成，官能团离子性质决定离子交换树脂的(A，B)。

A. 酸碱性强弱　　B. 交换能力强弱　　C. 密度　　D. 交联度

23. 萃取过程是一个传质过程，与传质速率有关的因素是(B，C，D)。

A. 萃取液分离效果　　B. 两相接触界面

C. 达到相平衡时，溶质在萃取相的浓度

D. 传质总系数

24. 吸附剂与吸附质之间的作用力，除了分子之间引力外，还有(B，D)。

A. 接触凝聚力　　B. 静电引力　　C. 重力沉降　　D. 化学键力

25. 有机高分子絮凝剂与无机混凝剂相比，其特点是(A，C)。

A. 相对分子质量大　　B. 配制较容易　　C. 投加量小　　D. 价格便宜

26. 水中的胶体结构是由(A，B，C)组成。

A. 胶核　　B. 吸附层　　C. 扩散层　　D. 反离子层

27. 电解气浮是选用可溶性材料铁或铝作为电解槽的阳电极，在电解槽中通入一定电压的电流，阳极发生电化学反应，形成包括(A，B，C)电凝聚过程。

A. 电极被溶解　　B. 形成氢氧化亚铁

C. 与废水中的微颗粒发生混凝反应　　D. 产生氧气

28. 按催化剂在体系中存在的形式，催化湿式氧化法分为(A，D)两类。

A. 均相催化氧化法　　B. 离子催化氧化

C. 固体催化氧化　　D. 非均相催化氧化法

29. 表面曝气池中叶轮的主要作用有(A，B，C)。

A. 充氧　　B. 混合　　C. 提升　　D. 导流

30. 对于 AB 法 A 段在处理污水过程中主要特征，描述正确的是(A，C)。

A. 负荷高　　B. 剩余污泥产率低

C. 水力停留时间较短　　D. 泥龄长

31. 下列与 UASB 反应器特点不相符的选项是(C，D)。

A. 颗粒污泥浓度高，沉降性能好，生物活性高

B. 容积负荷高，沼气产量大

C. 不可处理高浓度污水　　D. 反应池与沉淀池分开设置

32. 长期停运时，必须对所有要停止的微滤装置进行(B，D)，让微滤装置在干净状态下保持停机。

A. 物理清洗　　B. 化学清洗　　C. 生物清洗　　D. 在线反洗

33. 活性炭吸附的再生法中，热再生法操作步骤有(B，C，D)。
A. 正、反洗　B. 干燥　C. 炭化　D. 活化
34. 混凝沉淀法在废水处理的(A，B，C，D)阶段得到应用。
A. 预处理　B. 中间处理　C. 深度处理　D. 污泥脱水
35. 湿式氧化法和焚烧法比较，其优点是(B，D)。
A. 回收热量大　B. 不需要补充燃料
C. 处理效率高　D. 处理费用较低
36. 下列与炼油污水均质池(罐)运行管理相关的事项是(A，D)。
A. 定期清理沉淀物　B. 定期清理漂浮物
C. 定期投加混凝剂　D. 定期收油
37. SBR 法一般可通过调整(A，B)，使处理出水实现达标。
A. 反应时间　B. 运行周期　C. 污泥回流量　D. 反应器结构
38. 氧化沟的曝气强度可以通过(A，D)调节。
A. 调节出水溢流堰高度　B. 调节进水水量
C. 调节污泥回流量　D. 调节曝气器的转速
39. 下列与 AF 反应器的主要优点不相符的选项是(A，C)。
A. 不易发生堵塞　B. 滤池内可以保持很高的微生物浓度
C. 适应处理悬浮物含量较高的污水　D. 不需设搅拌设备
40. 选择膜清洗用的化学药剂的条件是(A，B，C)。
A. 清洗剂必须对污染物有很好的溶解能力
B. 清洗剂必须对污染物有很好的分解能力
C. 清洗剂不能污染和损伤膜面
D. 清洗剂纯度必须达到分析纯级
41. 轴流泵按泵轴的工作位置可以分为(A，B，C)流泵。
A. 立轴　B. 横轴　C. 斜轴　D. 曲轴
42. 轴流泵按叶轮结构形式可分为(A，B，D)。
A. 半调节式　B. 全调节式　C. 微调式　D. 旋桨式
43. 螺旋泵的缺点有(B，C，D)。
A. 扬水效率低　B. 体积大　C. 扬程低　D. 必须倾斜安装
44. 转刷曝气机由(A，B，C，D)组成。
A. 转刷　B. 驱动装置　C. 混凝土桥　D. 控制装置
45. 罗茨鼓风机的机壳有(A，C)。
A. 整体式　B. 垂直剖分式　C. 水平剖分式　D. 斜剖分式
46. 离心式风机叶片的基本形状有(A，B，D)。
A. 弧形叶片　B. 直线形叶片　C. 锥形叶片　D. 机翼形叶片
47. 离心压缩机常采用的密封有(A，B，C，D)。
A. 迷宫密封　B. 浮环油膜密封　C. 机械接触式密封　D. 干气密封
48. 转鼓真空过滤机分为(C，D)两种。
A. 上错气式　B. 下错气式　C. 内错气式　D. 外错气式

49. 回转式刮泥机刮泥机常见的形式有(A，D)。

A. 斜板式　　B. 垂直板式　　C. 直线式　　D. 曲线式

50. 链条刮板式刮泥机电控装置包括(B，C，D)。

A. 超温保护　　B. 过载保护　　C. 漏电保护　　D. 定时开关系统

51. 压力容器的安全附件包括(A，B，C，D)。

A. 爆破片　　B. 压力表　　C. 液面计　　D. 温度计

52. 可用于高温高压场合的是(B，C)。

A. 非金属垫片　　B. 金属复合型垫片

C. 金属垫片　　D. 石棉浸渍垫片

53. 采用机械密封时，(B，C，D)是静密封。

A. 静环和动环的接触面间的密封　　B. 静环与端盖之间的密封

C. 端盖与泵体之间的密封　　D. 动环与轴之间的密封

54. 石化污水生化处理过程中，进水中的一些物质会对生物产生毒性作用，下列物质中属于无机有毒物质的是(A，C)。

A. 硫化物　　B. 油　　C. 氰化物　　D. 磷酸盐

55. 与布气气浮出水超标相关的选择是(A，C)。

A. 进水水质乳化　　B. 处理水量一定

C. 加药中断　　D. 浮渣产率高

56. 生化池受轻度冲击时，正确的调节方法是(C，D)。

A. 长时间闷曝　　B. 增加排泥量

C. 一段时间内适当限制进水量　　D. 调节进水水质

57. 大暴雨形成大水量时，生产装置应遵循的原则是(A，B)。

A. 源头限制污染物的排放　　B. 严防雨水进入污水处理系统

C. 加大生产废水排放量　　D. 稀释排放

58. 污水处理装置停电时，处理方法正确的是(A，C，D)。

A. 迅速查找停电原因，并联系送电　　B. 正常过水

C. 使动设备处在备用状态　　D. 将来水引进储存池或调节池

59. 在管道平面布置图上应画出(A，B，C，D)。

A. 管件　　B. 阀门　　C. 仪表控制点　　D. 管架

60. 零件图的定义为具有技术要求的，并能表示加工后零件的(A，B，C)的图样。

A. 形状　　B. 结构　　C. 大小　　D. 性能

61. 蜂窝填料材质有(A，B，C)。

A. 聚丙烯　　B. 玻璃钢　　C. 聚氯乙烯　　D. 尼龙

62. 在(B，C，D)情况下，选用高黏度润滑油。

A. 运动速度高　　B. 运动速度低　　C. 工作负荷大　　D. 工作温度高

简答题

1. 简述用重铬酸钾法测水中 *COD* 的步骤。

答：①取 25mL 水样于烧瓶中，加入 15mL 重铬酸钾溶液，在不断摇动的情况下，慢慢加入 40mL 浓硫酸，使混合后硫酸浓度约 50%，加入 0.5g 硫酸银；②加入数粒玻璃珠，在

回流情况下加热煮沸 2h；③稍冷却，用 25mL 蒸馏水洗冷凝管，将烧瓶中溶液移入 250mL 锥形烧瓶中，使溶液的总体积约为 150mL；④冷却后加 2～3 滴试亚铁灵指示剂，用硫酸亚铁铵标准溶液滴定至溶液由黄色经绿蓝色变为红蓝色，记录消耗硫酸亚铁铵毫升数；⑤以蒸馏水代替水样，按同样操作做空白试验。

2. 简述常减压装置废水的主要来源。

答：①常减压蒸馏塔顶油水分离器排水；②电脱盐排水；③酸碱洗后的水洗水。

3. 简述催化裂化装置废水的主要来源。

答：①催化分馏塔顶油水分离器排水；②富气水洗水。

4. 简述催化重整装置废水的主要来源。

答：①预分馏塔顶；②蒸发脱水塔顶；③减压塔塔顶；④苯塔塔顶。

5. 简述延迟焦化装置废水的主要来源。

答：①冷焦；②水力除焦；③分流塔顶。

6. 以渣油为原料的合成氨装置废水主要来源有哪些？

答：①炭黑回收工段排水；②甲醇工段排水；③来自机泵、罐区的冲洗水。

7. 为什么液体的黏度随温度的升高而减小，气体的黏度随温度的升高而增加？

答：①液体的黏度随温度升高而减小，而黏度越大的液体越明显，这是因为：温度升高液体分子之间的距离增大，造成分子间引力减小的缘故。②气体分子之间的吸引力本来就不大，虽然温度升高也引起体积膨胀，但对分子间引力的影响不大，而分子运动速度却增加了，气体层与层之间相对运动所产生的摩擦力增加了，而造成气体的黏度随温度升高而增加。

8. PLC 有哪些特点？

答：①PLC 具有通用性强、适用广，②使用方便，③可靠性高，④抗干扰能力强，⑤编程简单等特点。

9. 水体中的污染物种类有哪些(列出八种)？

答：①无机有害物；②无机有毒物；③耗氧有机物；④植物营养物；⑤有机有毒物；⑥病原微生物；⑦放射性污染；⑧热污染等。

10. 废水的深度处理一般由哪些单元组成？

答：①生物除磷脱氮；②混凝(澄清、气浮)；③过虑；膜分离；④消毒。

11. 什么是好氧生物处理？

答：利用好氧微生物在有氧的条件下，使有机物降解成稳定的小分子无机物，并释放出能量，微生物利用释放出的能量合成新的原生质的组成部分。

12. 按化学组成难降解有机污染物可分为哪几类？

答：按化学组成难降解有机污染物可分为：①多环芳烃类化合物；②杂环类化合物；③有机氰化物；④有机合成高分子化合物等。

13. 活性污泥由哪些物质组成？

答：①活性污泥由有机物和无机物两部分组成；②一般有机成分占 75%～85%，无机成分仅占 15%～25%；③活性污泥是一个以好氧菌为主的群体，其中，除细菌外，还有一些其他的菌及原生动物。④活性污泥还挟带着来自废水中的有机和无机悬浮物、胶体物。

14. 描述污泥的特性指标有哪些？

答：①含水率；②挥发性物质和灰分；③污泥的可消化程度；④湿污泥容重与干污泥容重；⑤污泥的肥分；⑥污泥的燃烧值；⑦污泥流动性；⑧污泥量。

15. 深度处理中反渗透进水的控制指标有哪些？

答：*SDI* 值；电导率；浊度；余氯；温度；低压冲洗压力；还原剂投加量；阻垢剂投加量；杀菌剂投加量及氧化还原电位。

16. 铝盐溶于水后，在不同 pH 值条件下水解产物主要有哪几种形式？

答：①未水解铝离子；②单核羟基配位化合物；③多核羟基配位化合物；④聚合度无限大的难溶的氢氧化铝。

17. 离子交换过程通常分为哪五个阶段？

答：①交换离子从溶液中扩散到树脂颗粒表面；②交换离子在树脂颗粒内部扩散；③交换离子与活性基团上可交换离子发生交换反应；④被交换下来的离子在树脂颗粒内部扩散；⑤被交换下来的离子在溶液中扩散。

18. 简述反渗透的工艺原理。

答：在进水(浓溶液)侧施加操作压力以克服自然渗透压，当高于自然渗透压的操作压力施加于浓溶液侧时，水分子自然渗透的流动方向就会逆转，进水(浓溶液)中的水分子部分通过膜成为稀溶液侧的净化产水。

19. 什么是催化湿式氧化法？

答：在高温、高压条件下，借助催化剂的作用，利用空气中的氧，使溶解或悬浮在废水中的有机物的无机还原性物质，在液相中氧化成二氧化碳和水的一种高浓度污水处理方法。

20. 简述二氧化氯的消毒机理。

答：二氧化氯对细菌的细胞壁有较强的吸附和穿透能力，从而有效的破坏细菌内巯基的酶，并且可快速控制微生物蛋白质的合成，故二氧化氯对细菌、病毒等又很强的灭活能力。

21. UASB 反应器由哪几部分组成？

答：UASB 反应器主要由进水配水系统；反应区；三相分离器；集气排气系统；排泥系统；出水系统；和浮渣清除系统组成。

22. AF 反应器的工作原理是什么？

答：AF 反应器也称厌氧生物滤池，是装有填料的厌氧生物反应器；其基本特征是在反应器内装填了为微生物提供附着生长的表面和悬浮生长的空间的载体；在厌氧生物滤池填料的表面有以生物膜形态生长的微生物群体，构成了厌氧生物滤池厌氧微生物的主要部分；而被截留在填料之间的空隙中、悬浮生长的厌氧活性污泥中的微生物群体是厌氧生物滤池厌氧微生物的次要部分；污水流过填料层时，其中有机物被厌氧微生物截留、吸附及代谢分解、最后达到稳定化。

23. UBF 反应器有何特点？

答：UBF 反应器综合了 UASB 反应器和 AF 的优点，使反应器具有很高的处理效能；它的下部为厌氧污泥床，与 UASB 反应器下部的污泥床相同，有很高的生物量浓度，床内的污泥可形成厌氧颗粒污泥，污泥具有很高的产甲烷活性和良好的沉降性能；上部为厌氧滤池填料过滤层，填料表面可附着大量厌氧微生物；在反应器启动初期具有较大的截留厌氧污泥能力，减少污泥的流失，可缩短启动期；由于反应器的上下两部均保持很高的生物量浓度，所以提高了整个反应器的总的生物量，从而提高了反应器的处理能力和抗冲击负荷的能力。

24. 污泥好氧消化的机理是什么?

答：①好氧消化的微生物是好氧菌和兼性菌；②它们利用曝气鼓入的氧气，分解生物可降解的有机物及细菌原生质，并从中获得能量；③消化池中微生物处于内源呼吸阶段；④污泥经消化后，生成 CO_2、H_2O、NH_3 等物质；⑤使污泥量减少。

25. 什么是污泥的比阻?

答：污泥的比阻是指在一定压力下，在单位过滤介质面积上单位质量的干污泥所受到的阻力，常用 R 表示，单位为 m/kg。

26. 沼气储柜的停车有哪些步骤?

答：①关闭储气柜进气阀；②关闭储气柜送气阀；③打开储气柜排空阀；④用水进行置换；⑤用氮气置换；⑥排掉储气柜内水。

27. 反渗透和超滤的异同点有哪些?

答：反渗透是利用半透膜只能透过水而不能透过溶质的选择透过性，使水溶液中溶质与水分离的技术；超滤是利用截留孔径为 0.002~0.1μm 的滤膜对水进行过滤的一种精密过滤技术。两者都是以压力为驱动力的。反渗透主要是用于水质的脱盐处理，超滤主要去除细小的悬浮固体、以及部分非可溶性 COD 和细菌。另外二者的操作压力以及对进水水质的要求也都不相同。

28. 纯氧曝气运行管理需注意哪些问题?

答：①为避免溶解氧动力的浪费，混合液溶解氧应控制在 4mg/L 左右。②严格控制池内可燃气浓度，一般将其报警值设定为 25%，并控制进水中油的含量。③为避免池内压力超标，曝气池首尾两段的正压负压双向安全阀要定期进行校验复核。④溶解氧探头的测定值必须准确可靠，必须按照有关规定定期校验复核。⑤避免纯氧曝气池泡沫的积累，设法控制进水中产生泡沫物质的含量，否则要有有效的消泡手段。

29. UASB 反应器的工艺控制参数有哪些?

答：UASB 反应器的主要工艺控制参数有颗粒污泥的性能及污泥浓度进水水量及水力负荷、进水 *COD* 浓度、进水 pH 值、进水 *SS* 和毒物浓度反应器内部温度、挥发酸、碱度等。

30. AF 反应器对填料有何要求?

答：填料是厌氧滤池的主要部分，填料的选择对厌氧滤池的运行有重要影响；这些影响因素包括填料的材质、粒度、表面状况、比表面积和孔隙率等；从截留污泥在表面生成生物膜的角度来讲，表面粗糙、空隙率高、比表面积大、宜于生物膜附着是对填料的基本要求；同时还要求填料的化学及生物学的稳定性强、机械强度高等。

31. 膜前过滤系统最佳滤速如何确定?

答：最佳滤速与待处理水的水质有关。在实际运行时，可以先以低速过滤，此时出水水质好，然后逐步提高滤速，出水水质降低到接近或达到要求的水质时，对应的滤速即为最佳滤速。

32. 如何预防氯对反渗透膜造成的化学损伤?

答：污水深度处理过程中的氯用于控制微生物的增长，但氯因其氧化性会对反渗透膜造成损伤，水进入反渗透装置之前必需将其还原，常用过量的亚硫酸氢钠作为还原剂；此外，还应该在反渗透进水前在线检测氧化还原电位，以确保将氯还原彻底。

33. 往复式压缩机连杆的作用是什么？

答：作用是将曲轴的旋转运动转换为活塞的往复运动，同时又将作用在活塞上的推力传递给曲轴的部件。

34. 往复式压缩机的主要零件有哪些？

答：①机座；②曲柄连杆机构，是由曲轴、连杆、十字头和活塞等组成；③中间接筒；④气缸；⑤气阀，有吸气阀和排气阀；⑥活塞；⑦填料。

35. 离心压缩机转子各零件装配技术要求有哪些？

答：①转子在装配前，所有叶轮应做超速实验，检查叶轮的变形和表面质量情况。②叶轮和转子上的所有其他零件都必须紧密装在轴上，在运行过程中不允许有松动。③转子装配时应进行严格的动平衡。④转子装配后，有关部位的径向及轴向跳动值应小于允许值。

36. 板框压滤机的特点有哪些？

答：特点：构造简单，过滤推动力大，但操作比较麻烦，不能连续运行，产率较低。

37. 蜂窝填料的特点有哪些？

答：特点有：比表面积大，孔隙率高，通风阻力小。不仅处理效率较高，而且水力负荷、有机负荷均能明显提高；动力消耗低，产生的污泥量少且沉降性能好；耐水质、水量的冲击。

38. 空视图的标题栏包括哪些内容？

答：①图名；②图号；③比例；④设计阶段；⑤签名；⑥日期。

39. 如何读识零件图？

答：①读标题栏，了解零件名称、材料、比例等；②识读视图，分析形体，想象零件；③分析尺寸标注，了解各部分大小、相互位置及基准；④了解技术要求，分析尺寸公差，形位公差，表面粗糙度及表面处理等内容，从而掌握加工精度要求。

40. 机械密封工作原理是什么？

答：至少有一对垂直于旋转轴线的端面，该端面在流体压力及补偿机械弹力(或磁力)的作用下，加之辅助密封的配合，与另一端面保持贴合并相对滑动，从而防止流体泄漏。

计算题

1. 25℃时，在0.1mol/L的醋酸溶液里每10000个醋酸分子里有132个分子电离成离子，求它的电离度是多少？

解：

$$\alpha = \frac{\text{已电离的电解质分子数}}{\text{溶液中原有电解质的分子总数}} \times 100\%$$

$$= \frac{132}{10000} \times 100\%$$

$$= 1.32\%$$

答：该醋酸溶液的电离度是1.32%。

2. 尼龙-66的单体为—$NH(CH_2)_6NH-CO(CH_2)_4CO$-重复单元相对分子质量 M_o 为226，当聚合度为150时，计算其相对分子质量 M。

解：据公式：

$$M = M_o \times X_n$$

$$= 226 \times 150$$

$$= 33900$$

答：尼龙-66的相对分子质量为33900。

3. 有一段长150m内径为38mm的塑料管道用来输送蒸馏水，设已知流速为1m/s，水的密度为996kg/m^3 黏度为1Pa·s，试求这段管道的压头损失和压强降。(Re=37850时，λ=0.021)

解：已知：$l=150\text{m}$，$d=0.038\text{m}$，$u=1\text{m/s}$，$\mu=1\times10^{-3}\text{Pa}\cdot\text{s}$

$$Re=\frac{du\rho}{\mu}=\frac{0.038\times1\times996}{1\times10^{-3}}=37848$$

$$H_{损}=\lambda\cdot\frac{l}{d}\cdot\frac{u^2}{2g}=0.021\times\frac{150}{0.038}\times\frac{1^2}{2\times9.81}=4.23\text{m}$$

$$\Delta P=H_{损}\rho g=4.23\times996\times9.81=41330\text{Pa}$$

答：这段管道的压头损失为4.23m，压强降为41330Pa。

4. 试计算直径为95μm，密度为3000kg/m^3 的固体颗粒在20℃的水中的自由沉降速度。(20℃时水的密度为998.2kg/m^3，黏度为$1.005\times10^{-3}\text{Pa}\cdot\text{s}$)

解：沉降操作所涉及的粒径很小，常在斯托克斯定律区进行沉降，故假设颗粒在滞流区内沉降，沉降速度可用下式计算：

$$U_t=\frac{d^2(\rho_s-\rho)g}{18\mu}$$

$$U_t=(95\times10^{-6})^2(3000-998.2)\times9.81/(18\times1.005\times10^{-3})=9.8\times10^{-3}\text{m/s}$$

核算流型：

$$Re_t=dU_t\rho/\mu=95\times10^{-6}\times9.8\times10^{-3}\times998.2/(1.005\times10^{-3})=0.9244<1$$

原设滞流区正确，求得的沉降速度有效。

答：沉降速度为9.8×10^{-3}m/s。

5. 设有醋酸CH_3COOH和醋酸钠CH_3COONa的混合溶液，浓度均各为0.1M，醋酸的电离常数$K_a=1.75\times10^{-5}$，求混合液的pH值为多少？

解：

$$\text{pH}=pK_a-\lg\left(\frac{C_a}{C_m}\right)$$

$$pK_a=-\lg(1.75\times10^{-5})=5-0.243=4.757$$

已知：$C_a=0.1$，$C_m=0.1$

$$\text{pH}=4.757-\lg\left(\frac{0.1}{0.1}\right)=4.757$$

答：混合液的pH值是4.757。

6. 污泥量为900m^3/d，污泥的固体浓度为7.2kg/m^3，取固体负荷为60kg/m^2·d，浓缩池有效水深取4m，求浓缩池所需面积为多少平方米？

解：①所需面积：$S=\dfrac{7.2\times900}{60}=108\text{m}^2$

② 核算停留时间：$\theta=\dfrac{108\times4\times24}{900}=11.52\text{h}$（符合设计规定）

答：浓缩池所需面积为108m^2。

7. 计算温度为25℃时，0.5mol/L 的 NaCl 溶液的渗透压。(g 渗透系数取2，R 气体常数取 8.314J/mol·K)

解：根据溶液渗透压公式：

$$p = gRT\sum_i c_i$$

$$p = 2 \times 8.314 \times (273 + 25) \times 500$$
$$= 2.48 \times 10^6 \text{Pa}$$

答：25℃时，0.5mol/L 的 NaCl 溶液的渗透压为 2.48×10^6Pa。

8. 在反渗透工艺中，进水电导率为 3000μS/cm，出水电导率为 500μS/cm，求反渗透的脱盐率 R？

解：

$$R = [(\text{进水电导率} - \text{出水电导率})/\text{进水电导率}] \times 100\%$$
$$= [(3000 - 500)/3000] \times 100\%$$
$$= 83.3\%$$

答：反渗透的脱盐率为 83.3%。

9. 设计污水处理水量为 600m³/h，采用二级气浮处理工艺，药剂采用硫酸铝，一级气浮投药量为 40mg/L；二级气浮投药量为 20mg/L，药剂浓度为 10%，每天配药 3 次。求每次应配制药液的量？

解：

$$w = \frac{24 \times u \times Q}{10^6 \times b \times n} = \frac{24 \times (40 + 20) \times 600}{10^6 \times 0.1 \times 3} = 2.88\text{m}^3$$

答：每次应配制药液的量为 2.88m³。

10. 25℃时，AgBr 的溶度积 K_{sp} 为 5.0×10^{-18}，求 AgBr 在水中的溶解度(g/L)？

解：设 25℃时 AgBr 的溶解度 S 为 $x$mol/L

$$AgBr(s) \rightleftharpoons Ag^+ + Br^-$$
$$\qquad\qquad\quad x \qquad x$$

$$K_{sp\ AgBr} = [Ag^+][Br^-]$$
$$x^2 = 5.0\times10^{-18}$$
$$x = 7.1\times10^{-7}\text{mol/L}$$

因 AgBr 的相对分子质量为 187.8，所以

$$S = 187.8 \times 7.1 \times 10^{-7} = 1.3 \times 10^{-4}\text{g/L}$$

答：AgBr 在水中的溶解度为 1.3×10^{-4}g/L。

11. 某厂二沉池直径 D 为 18m，池深 H 为 3m，吸附再生池进水量 Q_1 为 300m/h，回流量 Q_2 为 170m³/h，求污水在二沉池的停留时间？

解：根据公式：

$$t = \frac{\pi D^2 H}{Q_1 + Q_2} = \frac{\left(\frac{18}{2}\right)^2 \times 3.14 \times 3}{300 + 170} = 1.62\text{h}$$

答：污水在二沉池的停留时间为 1.62h。

12. 已知曝气系统实际供氧速率 N 为 1555kgO_2/d，运转时饱和溶解氧 C_{sw} 为 8.4mg/L，混合液剩余 DO 值 C_o 为 2mg/L，标准条件下清水中饱和溶解氧 C_s 为 9.17mg/L。试求 25℃时，表曝机的标准供氧速度 N_o？（已知：运转时污水与清水氧转移系数比为 0.8，饱和溶解氧比为 0.9）

解：根据公式：

$$N = \alpha N_o \frac{\beta C_{sw} - C_o}{C_s} \times 1.024^{(T-20)}$$

$$N_o = \frac{NC_s}{\alpha \times (\beta C_{sw} - C_o) \times 1.024^{(T-20)}}$$

$$= \frac{1555 \times 9.17}{0.8 \times (0.9 \times 8.4 - 2) \times 1.024^5}$$

$$= 2847\text{kg/d}$$

答：25℃时表曝机的标准供氧速度为 2847kg/d。

13. 某厂采用延时曝气活性污泥法处理污水，污水最大量 Q 为 3600m³/d，进入曝气池的 BOD_5 为 180mg/L，曝气池中生物固体浓度 x 为 4000mg/L，微生物的产率系数 y 为 0.4，微生物体内源呼吸衰减系数 $k_d = 0.02d^{-1}$，要使出水 BOD_5 不大于 0.5mg/L，那么曝气池的容积应为多大？

解：已知：

$$y = 0.4;\ Q = 3600\text{m}^3/\text{d};\ L_o = 180\text{mg/L}$$

$$L_e = 0.5\text{mg/L};\ x = 4000\text{mg/L};\ K_d = 0.02\text{d}^{-1}$$

根据公式：

$$V = \frac{yQ(L_o - L_e)}{xk_d} = \frac{0.4 \times 3600 \times (180 - 0.5)}{4000 \times 0.02} = 3231\text{m}^3$$

答：曝气池的容积应为 3231m³。

14. 某 A/O 池混合液回流比为 3，在其他条件满足下，试计算理论上脱氮率是多少？

解：根据脱氮率公式

$$\eta(\%) = \frac{R}{R+1}$$

得

$$\text{脱氮率 } \eta = \frac{3}{3+1} = 75\%$$

答：理论脱氮率为 75%。

15. 某污水厂采用 SBR 处理工艺，曝气阶段活性污泥浓度 $MLSS$ 为 3000mg/L，SVI 值为 100，反应池有效水深为 6m，试计算排水阶段应控制的合理排水深度。（安全余量取 0.1m）

解：根据最佳排水深度公式：

$$h = H \times \left(1 - \frac{SVI \cdot MLSS}{10^3}\right) - \Delta h \text{ 得}$$

$$h = 6 \times \left(1 - \frac{100 \times 3}{10^3}\right) - 0.1 = 4.1\text{m}$$

答：排水阶段应控制的合理排水深度为 4.1m。

16. 某污水处理厂采用 AB 法工艺，日处理废水 48000m³，入流 BOD_5 为 240mg/L，经测定，A 段曝气池的曝气效率 $E_a = 8\%$，毫氧系数 f_o 取 0.35。试计算当中间沉淀池出水 BOD_5

为 120mg/L 时，A 段曝气池所需空气量。

解：已知：$Q=48000m^3/d=2000m^3/h$，$L_a=240mg/L$，$L_e=120mg/L$，$E_a=8\%$，$f_o=0.35$

代入公式：

① $G=\dfrac{f_o(L_a-L_e)Q}{300E_a}$ 得

$$G=\frac{0.35\times(240-120)\times2000}{300\times0.08}=3500m^3/h$$

即 A 段曝气池中微生物处理所需空气量为 $3500m^3/h$。

②此时气水比为：3500/2000=1.75<3∶1

故实际供气量应为：$2000\times3=6000m^3/h$

答：A 段曝气池实际所需空气量为 $6000m^3/h$。

17. 某废水进生物滤池前需进行废水回流稀释，回流比为 1.5，废水来水 BOD_5 浓度为 270mg/L，要求处理后的 BOD_5 浓度小于 20mg/L，求经回流水稀释后的 BOD_5 浓度。

解：已知：

$$R=1.5,\ L_o=270mg/L,\ L_e=20mg/L$$

据公式：

$$L_a=\frac{L_o+RL_e}{1+R}=\frac{270+1.5\times20}{1+1.5}=120mg/L$$

答：经回流水稀释后的 BOD_5 浓度为 120mg/L。

18. 已知生物滤池最大设计流量 Q 为 46L/s，每根布水横管上的布水小孔数 m 为 192 个，布水孔直径 d 为 15mm，布水器直径 D 为 22800mL，试求布水器转速 n_o 为多少 rad/min?

解：根据公式：

$$n_o=\frac{34.78\times10^6\times Q}{md^2D}=\frac{34.78\times10^6\times46}{192\times15^2\times22800}=1.62rad/min$$

答：布水器转速 n_o 为 1.62rad/min。

19. 已知废水设计流量为 $2000m^3/d$，现采用淹没式生物转盘进行反硝化脱氮，要求出水硝酸氮浓度 c_e 不大于 7mg/L，现废水经硝化后的硝酸氮浓度 c_o 为 40mg/L，反硝化速率为 209mg 硝酸氮/$(m^2\cdot h)$，试问所需的盘片面积应为多少？

解：根据公式：

$$F=Q(c_o-c_e)/K$$

$$=\frac{2000\times10^3}{24}(40-7)/209=13158m^2$$

答：所需的盘片面积应为 $13158m^2$。

20. 某污水处理厂需将污水由集水池送到高为 4m 的均质池，要求污水在管内的流速为 3m/s，试求要至少多大的外加压头才能达到输送目的？（g 取 9.8N/kg，$h_f=1.5m$）

解：以集水池液面为截面 1，均质池入口处为截面 2，以集水池液面为基准面列伯努利方程：

$$Z_1+\frac{u_1^2}{2g}+\frac{P_1}{\rho g}+h_e=Z_2+\frac{u_2^2}{2g}+\frac{P_2}{\rho g}+h_f$$

$$u_1=0,\ u_2=3m/s,\ P_1=P_2=0(\text{表压}),\ h_f=1.5,\ Z_1=0,\ Z_2=4m$$

代入方程式： $h_e = 4 + 1.5 + \dfrac{3^2}{2g} = 1.5 + 4 + \dfrac{9}{2 \times 9.81} \approx 5.96\text{m}$

答：至少要外加压头为5.96m。

21. 某处理厂采用T形氧化沟系统，氧化沟有效总容积为37500m³，三沟内的污泥浓度分别为4800mg/L，2400mg/L和4800mg/L，试计算污泥龄为30d时，每天的剩余污泥排放体积？

解：已知：

$$t_s = 30\text{d},\ V = 37500\text{m}^3,\ X_1 = 4800\text{mg/L} = 4.8\text{kg/m}^3 = X_3$$

$$X_2 = 2400\text{mg/L} = 2.4\text{kg/m}^3$$

代入公式：

$$W_s = \frac{X_1 + X_2 + X_3}{3X_2} \times \frac{V}{t_s} = \frac{4.8 + 2.4 + 4.8}{3 \times 2.4} \times \frac{37500}{30} = 2083\text{m}^3/\text{d}$$

答：每天排放剩余污泥量为2083m³。

22. 已知回流污泥量 $Q_r = 100\text{m}^3/\text{h}$，污泥提升高度 $H = 2.5\text{m}$，布气器淹没深度 $h = 1.6\text{m}$，设空气提升器的效率 $Z = 50\%$，试求空气提升器所需的空气量 D_r 为多少？

解：根据公式：

$$① V_a = \frac{H}{23Z\lg\left(\dfrac{h+10}{10}\right)} = \frac{2.5}{23 \times 0.51\lg\left(\dfrac{1.6+10}{10}\right)} \approx 3.4(\text{m}^3\text{空气}/\text{m}^3\text{污泥})$$

$$② D_r = V_a Q_r = 3.4 \times 100 = 340\text{m}^3/\text{h}$$

答：空气提升器所需空气量 D_r 为340m³/h。

23. 某污水处理场采用带式压滤机脱水，采用阳离子PAM进行污泥调质。试验确定干污泥投药量为0.35%，待脱水污泥的含固量为4.5%。试计算每天污泥量为1800m³/d时所需投加的总药量？

解：已知：$Q = 1800\text{m}^3/\text{d}$，$C_0 = 4.5\% = 45\text{kg/m}^3$，$f = 0.35\%$

代入公式：$M = QC_0f = 1800 \times 45 \times 0.35\% = 283.5\text{kg/d}$

答：即每天污泥调质所投加的阳离子PAM量为283.5kg。

24. 已知某真空泵真空系统的容积为0.1m³，真空泵的抽气流量为120L/min，真空系统初使压力为大气压，真空系统抽气终了真空度为−0.02MPa，则该真空泵的抽气时间是多少？

解：

$$\begin{aligned} t &= 2.3(V/S)\lg(P_1/P_2) \\ &= 2.3(0.1/0.12)\lg(101.32/81.32) \\ &= 0.18\text{min} \end{aligned}$$

答：该真空泵的抽气时间约0.18min。

25. 已知一单作用计量泵柱塞直径为100mm，行程为50mm，往复次数为120次/min，一个泵缸，则该计量泵的平均理论流量为多少？

解：

$$Q_{th} = \frac{ZnS}{240}\pi D^2 = \frac{1 \times 120 \times 0.05}{240} \times 3.14 \times 0.1^2 = 0.000785\text{m}^3/\text{s}$$

答：该计量泵的平均理论流量为0.000785m³/s。

26. 设生活污水流量 q 为 0.2m³/s，河水的流量 Q 为 4m³/s，河水中 COD 浓度 C_Q 为 5mg/L，污水 COD 浓度 C_q 为 200mg/L，求污水排入水体并完全混合后的稀释平均浓度？

解：

$$C_m = \frac{QC_q + qC_q}{Q + q} = \frac{4 \times 5 + 0.2 \times 200}{0.2 + 4} = 14.29\text{mg/L}$$

答：污水排入水体并完全混合后的 COD 平均浓度为 14.29mg/L。

27. 已知曝气池的容积为 980m³，污水量 $Q = 3600\text{m}^3/\text{d}$，去除负荷 L_r 为 230mg/L，曝气池混合液中挥发性悬浮固体浓度 X_V 为 2250mg/L，试求曝气池每天污泥量为多少千克？（a—产率系数，可取 0.52；b—污泥自身氧化系数，可取 0.07）

解：此系统中的污泥产量 W_V：

$$\begin{aligned} W_V &= aQL_r - bX_VV \\ &= 0.52 \times 3600 \times 230 \times 10^{-3} - 0.07 \times 2250 \times 980 \times 10^{-3} \\ &= 430.56 - 154.35 \\ &= 276.21\text{kg/d} \end{aligned}$$

答：曝气池污泥量为 276.21kg/d。

三、技能操作鉴定要素细目表

鉴定范围						鉴定点	
一级		二级		三级		代码	名称
代码	名称	代码	名称	代码	名称		
A	技能要求	A	工艺操作	A	开车准备	001	泥、渣脱水系统开车前检查
						002	UBF 法反应器开车前检查
				B	正常操作	001	生化池切换操作
						002	气浮池切换操作
						003	压力溶气气浮溶气罐压力调整
				C	开车操作	001	泥渣脱水系统开车操作
						002	SBR 法工艺参数控制
						003	微(超)滤系统开车操作
						004	纯氧曝气法开车操作
				D	停车操作	001	微(超)滤系统的停车操作
						002	泥渣脱水系统停车操作
						003	纯氧曝气法停车操作
		B	设备使用和维护	A	使用设备	001	带式压滤机开停操作
						002	离心脱水机开停操作
						003	转鼓真空过滤机开停操作
						004	加氯机开停操作
				B	维护设备	001	往复式空气压缩机日常维护
						002	离心式空气压缩机日常维护
						003	带式压滤机日常维护
						004	转鼓真空过滤机日常维护

续表

鉴定范围						鉴定点	
一级		二级		三级		代码	名称
代码	名称	代码	名称	代码	名称		
		C	异常情况判断与处理	A	判断异常情况	001	罗茨风机常见故障判断
						002	离心式鼓风机常见故障判断
						003	活性污泥法的泡沫现象原因判断
						004	二沉池出现黑色块状污泥的原因判断
						005	活性污泥解体的原因判断
						006	二沉池出水 *SS* 含量增大的原因判断
						007	污泥浓度长时间偏低的原因判断
				B	处理异常情况	001	二沉池出现黑色块状污泥的处理
						002	活性污泥解体的处理
						003	二沉池出水 *SS* 含量增大的处理
						004	污泥浓度长时间偏低的处理
		D	绘图与计算	A	绘图	001	射流器构造图绘制

四、技能操作试题

试题 1：泥、渣脱水装置开车前检查

（考核时间：25min）

序号	考核内容	考核要点	配分	评分标准	检测结果	扣分	得分	备注
1	准备工作	穿戴劳保用品	3	未穿戴整齐扣 3 分				
		工具、用具准备	2	工具选择不正确扣 2 分				
2	开车准备	检查集泥池（好氧消化池）内是否有杂物等	10	未检查集泥池扣 10 分				
3		检查污泥提升泵是否处在备用状态	10	未按规程进行检查，每少一项扣 3 分				
4		检查污泥调理剂配制相关事项，检查溶解池（桶）内是否有杂物	10	未检查调理剂品种扣 5 分				
				未检查调理剂数量扣 5 分				
				未检查池内杂物扣 5 分				
5		检查搅拌机是否处在备用状态	10	未按规范进行检查，每少一项扣 5 分				
6		检查污泥泵是否处在备用状态	10	未按规范进行检查，每少一项扣 5 分				
7		检查污泥脱水机是否处在备用状态	10	未按规范进行检查，每少一项扣 3 分				
8		检查螺旋输送机或皮带输送机是否处在备用状态	10	未按规范进行检查，每少一项扣 3 分				
9		检查系统蒸汽、生产水压力是否正常	10	未检查生产水压力扣 5 分				
				未检查管线、阀门扣 5 分				

续表

序号	考核内容	考核要点	配分	评分标准	检测结果	扣分	得分	备注
10		确认电气、仪表及联锁系统具备条件	10	未确认电气条件扣5分				
				未确认仪表条件扣5分				
11	使用工具	正确使用工具	2	工具使用不正确扣2分				
		正确维护工具	3	工具乱摆乱放扣3分				
12	安全及其他	按国家法规或企业规定		违规一次总分扣5分；严重违规停止操作			—	
		在规定时间内完成操作		每超时1min总分扣5分，超时3min停止操作			—	
		合　计	100					

试题 2：UBF 法反应器开车前检查

（考核时间：25min）

序号	考核内容	考核要点	配分	评分标准	检测结果	扣分	得分	备注
1	准备工作	穿戴劳保用品	3	未穿戴整齐扣3分				
		工具、用具准备	2	工具选择不正确扣2分				
2	开车准备	反应器内有无杂物、内壁防腐是否完好、进出水口有无堵塞	15	未检查清除杂物扣5分				
				未检查内壁防腐扣5分				
				未检查进出水口扣5分				
3		检查水封、气柜、输气管道有无漏气现象	15	未检查水封扣5分				
				未检查沼气柜扣5分				
				未检查输气管道扣5分				
4		检查气液分离器有无破损或漏气现象	10	未检查气液分离器扣5分				
				未检查气室扣5分				
5		检查送料泵是否备用	10	未检查回流泵扣5分				
				未检查输送泵扣5分				
6		检查鼓风机是否备用	15	未检查鼓风机扣10分				
				未检查沼气输送管扣5分				
7		检查阀门是否安装齐全，灵活好用	15	未检查水系统阀门扣5分				
				未检查泥系统阀门扣5分				
				未检查气系统阀门扣5分				
8		确认电气、仪表及联锁系统具备条件	10	未确认电气条件扣5分				
				未确认仪表条件扣5分				
9	使用工具	正确使用工具	2	工具使用不正确扣2分				
		正确维护工具	3	工具乱摆乱放扣3分				

续表

序号	考核内容	考核要点	配分	评分标准	检测结果	扣分	得分	备注
10	安全及其他	按国家法规或企业规定		违规一次总分扣 5 分；严重违规停止操作			—	
		在规定时间内完成操作		每超时 1min 总分扣 5 分，超时 3min 停止操作			—	
合 计			100					

试题 3：生化池切换操作

（考核时间：35min）

序号	考核内容	考核要点	配分	评分标准	检测结果	扣分	得分	备注
1	准备工作	穿戴劳保用品	3	未穿戴整齐扣 3 分				
		工具、用具准备	2	工具选择不正确扣 2 分				
2	操作程序	检查待切换生化池设备是否处在备用状态	5	未检查扣 5 分				
3		打开待切换生化池风阀，启运鼓风机供风	10	启运鼓风机操作不对每步扣 3 分				
				供风流程操作不对扣 5 分				
4		检查待切换生化池液位、污泥浓度及污泥活性是否符合要求	15	未检查液位扣 5 分				
				未检查污泥浓度扣 5 分				
				未检查污泥活性扣 5 分				
5		备用生化池进水	10	操作不对扣 10 分				
6		向备用生化池投加药剂	5	操作不对扣 10 分				
7		启运备用生化池污泥回流泵	5	启运回流污泥泵操作不对每步扣 3 分				
8		被切换池停止进水	5	操作不对扣 5 分				
9		被切换池停止加药	5	操作不对扣 5 分				
10		被切换池鼓风机停止曝气	5	停鼓风机操作不对每步扣 2 分				
11		被切换池停止污泥回流	5	操作不当扣 5 分				
12		再次调节运行池进水量	5	调节不当扣 5 分				
13		根据进水量调节运行池控制参数	15	调节不当每项扣 5 分				
14	使用工具	正确使用工具	2	工具使用不正确扣 2 分				
		正确维护工具	3	工具乱摆乱放扣 3 分				
15	安全及其他	按国家法规或企业规定		违规一次总分扣 5 分；严重违规停止操作			—	
		在规定时间内完成操作		每超时 1min 总分扣 5 分，超时 3min 停止操作			—	
合 计			100					

试题 4：部分回流加压溶气气浮切换操作

（考核时间：35min）

序号	考核内容	考核要点	配分	评分标准	检测结果	扣分	得分	备注
1	准备工作	穿戴劳保用品	3	未穿戴整齐扣 3 分				
		工具、用具准备	2	工具选择不正确扣 2 分				
2	操作程序	检查切换溶气罐、搅拌机、刮渣机是否备用	10	每少检查一项扣 5 分				
3		检查切换气浮池液位（水位低，提前打开进水阀）	5	未检查或未操作扣 5 分				
4		打开切换池溶气罐减压阀	5	未操作扣 5 分				
				操作不到位扣 2 分				
5		打开切换池溶气罐进风阀	5	未操作扣 5 分				
				操作不到位扣 2 分				
6		打开切换池溶气罐进水阀	5	未操作扣 5 分				
				操作不到位扣 2 分				
7		检查、调整切换池溶气罐工艺控制参数	10	未检查扣 5 分				
				未调整扣 5 分				
8		打开切换池加药阀，启动混合搅拌机	10	未按规程操作每少或错一步扣 3 分				
9		打开切换池进水阀	5	未操作扣 5 分				
				操作不到位扣 2 分				
10		关闭被切换池加药阀并按规程停运混合搅拌机	10	未按规程操作每少或错一步扣 3 分				
11		关闭停运池进水阀	5	未操作扣 5 分				
				操作不到位扣 2 分				
12		先后关闭被切换池溶气罐进风阀、进水阀、减压阀	10	未操作或次序错每项扣 3 分				
13		检查各运行池进水量及溶气罐压力是否符合工艺要求	10	未检查扣 10 分				
14	使用工具	正确使用工具	2	工具使用不正确扣 2 分				
		正确维护工具	3	工具乱摆乱放扣 3 分				
15	安全及其他	按国家法规或企业规定		违规一次总分扣 5 分；严重违规停止操作			—	
		在规定时间内完成操作		每超时 1min 总分扣 5 分，超时 3min 停止操作			—	
		合　　计	100					

试题 5：压力溶气气浮溶气罐压力调整

（考核时间：25min）

序号	考核内容	考核要点	配分	评分标准	检测结果	扣分	得分	备注
1	准备工作	穿戴劳保用品	3	未穿戴整齐扣 3 分				
		工具、用具准备	2	工具选择不正确扣 2 分				
2	操作程序	检查确定溶气罐压力是偏高还是偏低	10	未检查扣 10 分				
3		观察溶气释放情况	10	未检查扣 10 分				
4		调节风阀的开度	10	未调节扣 10 分				
				调节不到位扣 5 分				
5		调节减压阀或溶气罐进水阀的开度	15	未调节减压阀扣 10 分				
				未调节溶气罐进水阀扣 10 分				
6		必要时开大或关小加压泵出口流量	15	必要时未调节扣 10 分				
				操作不到位扣 5 分				
7		均衡调节系统内溶气罐压力	10	未均衡调节相关溶气罐压力扣 10 分				
8		检查调整后的溶气罐压力是否符合工艺指标要求	10	未检查扣 10 分				
9		确认溶气释放是否正常	10	未确认扣 10 分				
10	使用工具	正确使用工具	2	工具使用不正确扣 2 分				
		正确维护工具	3	工具乱摆乱放扣 3 分				
11	安全及其他	按国家法规或企业规定		违规一次总分扣 5 分；严重违规停止操作			—	
		在规定时间内完成操作		每超时 1min 总分扣 5 分，超时 3min 停止操作			—	
		合　计	100					

试题 6：污泥脱水装置开车操作（现场模拟）

（考核时间：25min）

序号	考核内容	考核要点	配分	评分标准	检测结果	扣分	得分	备注
1	准备工作	穿戴劳保用品	3	未穿戴整齐扣 3 分				
		工具、用具准备	2	工具选择不正确扣 2 分				
2	操作程序	检查集泥池（好氧消化池）内活性污泥性能及含水率	10	未检查污泥性能扣 10 分				
3		确认污泥泵、脱水机、皮带输送机、加药计量泵、搅拌机备用	10	每少检查一项扣 3 分				
4		确认蒸气、生产水压力正常	10	未确认蒸气压力扣 5 分				
				未确认生产水压力扣 5 分				
5		按规程配制一定浓度的调理剂	10	未按规程进行配制调理剂每少或错一项扣 2 分				

续表

序号	考核内容	考核要点	配分	评分标准	检测结果	扣分	得分	备注
6		启运加药混合搅拌机	5	未按规程进行操作，每少或错一步扣2分				
7		启运污泥提升泵	5	未按规程进行操作，每少或错一步扣2分				
8		启运脱水机，并确定相关运行参数	10	未按规程进行操作，每少或错一步扣2分				
				未确定运行参数扣5分				
9		污泥进入搅拌桶后，启运加药计量泵投加药剂	10	未及时操作扣5分				
				未按规程启运加药计量泵，每少或错一步扣2分				
10		使加药混合的污泥自流进入污泥脱水机进行处理	5	操作不当扣5分				
11		调节污泥量和加药量	10	未调节污泥量扣5分				
				未调节加药量扣5分				
12		启运皮带输送机检查并调节脱水机运行参数	5	未按规程进行操作，每少或错一步扣2分				
13	使用工具	正确使用工具	2	工具使用不正确扣2分				
		正确维护工具	3	工具乱摆乱放扣3分				
14	安全及其他	按国家法规或企业规定		违规一次总分扣5分；严重违规停止操作			—	
		在规定时间内完成操作		每超时1min总分扣5分，超时3min停止操作			—	
合计			100					

试题7：SBR法工艺参数控制

（考核时间：35min）

序号	考核内容	考核要点	配分	评分标准	检测结果	扣分	得分	备注
1	准备工作	穿戴劳保用品	3	未穿戴整齐扣3分				
		工具、用具准备	2	工具选择不正确扣2分				
2	操作程序	检查各主要控制参数是否正常	15	未检查处理负荷扣3分				
				未检查曝气时间及强度扣3分				
				未检查沉淀时间扣3分				
				未检查排水量扣3分				
				未检查排泥量扣3分				
3		均衡调节周期进水水质	10	调节不当扣10分				
4		调节周期进水水量	10	调节不当扣10分				
5		调整不同的曝气时间及强度，分别实现BOD、氨氮和磷的去除	20	曝气时间调整不当扣10分				
				曝气强度调整不当扣10分				

续表

序号	考核内容	考核要点	配分	评分标准	检测结果	扣分	得分	备注
6		调整污泥沉淀时间	10	调整不当扣10分				
7		设定最佳排水深度，调节滗水器，控制排水量	15	排水深度设定不当扣5分				
				排水量调节不当扣10分				
8		调节剩余污泥排放量，控制污泥龄	10	调节不当扣10分				
9	使用工具	正确使用工具	2	工具使用不正确扣2分				
		正确维护工具	3	工具乱摆乱放扣3分				
10	安全及其他	按国家法规或企业规定		违规一次总分扣5分；严重违规停止操作				—
		在规定时间内完成操作		每超时1min总分扣5分，超时3min停止操作				—
合　计			100					

试题8：微滤装置开车操作

（考核时间：35min）

序号	考核内容	考核要点	配分	评分标准	检测结果	扣分	得分	备注
1	准备工作	穿戴劳保用品	3	未穿戴整齐扣3分				
		工具、用具准备	2	工具选择不正确扣2分				
2	操作程序	确认进水泵、循环泵备用	10	每少检查一项扣5分				
3		确认未启动的各机组的所有阀门处于正常状态	10	未确认阀门状态扣10分				
4		将该机组的“自动/手动”切换挡切换至手动	5	未确定手动挡扣5分				
5		开启进水电动阀，开启度达到50%时按下停止按钮	10	未开启进水电动阀扣10分				
				未控制开启度扣5分				
6		启动进水泵	10	未按规程进行操作，每少或错一步扣3分				
7		缓慢调整进水电动阀的开启度，观察在线流量计的读数，达到设定值后，停止电动阀	10	未调整电动阀的开启度扣10分				
				操作不到位扣5分				
8		1min后，启动该机组的循环水泵	10	未按规程进行操作，每少或错一步扣3分				
				未按时操作扣5分				
9		重复上述3~7步骤，开启其他要求的机组	10	未重复操作扣10分				
				操作不到位扣3分				
10		根据流量计显示，微调各机组进水电动阀，使每组进水量基本相同	10	不操作不得分				
				操作不到位扣5分				
11		将系统转自动控制	5	未操作扣5分				

续表

序号	考核内容	考核要点	配分	评分标准	检测结果	扣分	得分	备注
12	使用工具	正确使用工具	2	工具使用不正确扣2分				
		正确维护工具	3	工具乱摆乱放扣3分				
13	安全及其他	按国家法规或企业规定		违规一次总分扣5分；严重违规停止操作			—	
		在规定时间内完成操作		每超时1min总分扣5分，超时3min停止操作			—	
		合　计	100					

试题9：UNOX纯氧曝气装置开车操作

（考核时间：30min）

序号	考核内容	考核要点	配分	评分标准	检测结果	扣分	得分	备注
1	准备工作	穿戴劳保用品	3	未穿戴整齐扣3分				
		工具、用具准备	2	工具选择不正确扣2分				
2	操作程序	确认纯氧曝气装置各设备仪表完好，联锁投用，设备完好	10	未确认不得分				
				确认不到位扣5分				
3		通知供氧单位做好供氧准备	5	未通知扣5分				
4		启动曝气机	5	未启动扣5分				
5		补充密封水	5	未补充扣5分				
6		确认活性污泥恢复活性，打开进水阀并控制一定的进水量和进水浓度	10	未确认污泥恢复活性扣5分				
				未控制进水量及进水浓度扣5分				
7		开启刮泥机，开启回流污泥泵并控制一定的回流量	10	未开启刮泥机扣5分				
				未开启污泥泵扣5分				
				控制回流量未按要求扣3分				
8		二沉池水满后停进水	5	未操作不得分				
				操作不到位扣3分				
9		确认可燃气浓度低于设定值，盖上曝气池各人孔盖	5	未确认扣3分				
				未盖人孔盖扣3分				
10		恢复供氧运行	10	未恢复供氧扣10分				
				未平稳增加供氧量扣3分				
11		检测各密封处的气密性	5	未检查扣5分				
12		按正常水量进低浓度废水	5	未控制进水量及进水浓度扣5分				
13		逐步增加进水浓度，直至正常负荷	10	未逐步增加进水浓度扣5分				
				未调整回流比扣5分				
14		设定各联锁控制参数及运行参数	5	未正确设定不得分				
				未在要求的时间设定和调整扣3分				

续表

序号	考核内容	考核要点	配分	评分标准	检测结果	扣分	得分	备注
15	使用工具	正确使用工具	2	工具使用不正确扣 2 分				
		正确维护工具	3	工具乱摆乱放扣 3 分				
16	安全及其他	按国家法规或企业规定		违规一次总分扣 5 分；严重违规停止操作			—	
		在规定时间内完成操作		每超时 1min 总分扣 5 分，超时 3min 停止操作			—	
		合　　计	100					

试题 10：微滤装置的停车操作

（考核时间：20min）

序号	考核内容	考核要点	配分	评分标准	检测结果	扣分	得分	备注
1	准备工作	穿戴劳保用品	3	未穿戴整齐扣 3 分				
		工具、用具准备	2	工具选择不正确扣 2 分				
2	操作程序	短期停车指装置停运时间在 72h(夏季为 48h)以内	10	未确定停运时间扣 5 分				
				停运时间错误扣 5 分				
3		将机组的“自动/手动”切换挡切至手动	5	未操作扣 5 分				
				操作不到位扣 3 分				
4		停运循环泵	5	未按规程进行操作，每少或错一步扣 2 分				
5		关闭进水电动阀	5	不操作不得分				
				操作不到位扣 2 分				
6		停运供水泵	5	未按规程进行操作，每少或错一步扣 2 分				
7		开启反冲洗出水阀，将装置放空	5	未开出水阀扣 5 分				
				未放空扣 5 分				
8		关闭反冲洗出水阀	5	未关闭阀门扣 5 分				
9		长期停车指装置停运时间超过 72h(夏季为 48h)以上	10	未确定停运时间扣 5 分				
				停运时间错误扣 5 分				
10		对需要停止的微滤装置进行在线反冲洗	10	未在线反冲洗扣 10 分				
				操作不到位扣 5 分				
11		对需要停止的微滤装置进行化学清洗	10	未进行化学清洗扣 10 分				
				操作不到位扣 5 分				
12		将装置再次反冲洗后，放空	10	未进行反冲洗扣 10 分				
				未放空扣 5 分				
13		注入保护液，封存	10	未注入保护液扣 5 分				
				未封存扣 5 分				

续表

序号	考核内容	考核要点	配分	评分标准	检测结果	扣分	得分	备注
14	使用工具	正确使用工具	2	工具使用不正确扣2分				
		正确维护工具	3	工具乱摆乱放扣3分				
15	安全及其他	按国家法规或企业规定		违规一次总分扣5分；严重违规停止操作			—	
		在规定时间内完成操作		每超时1min总分扣5分，超时3min停止操作			—	
		合　　计	100					

试题11：污泥脱水装置停车操作

（考核时间：25min）

序号	考核内容	考核要点	配分	评分标准	检测结果	扣分	得分	备注
1	准备工作	穿戴劳保用品	3	未穿戴整齐扣3分				
		工具、用具准备	2	工具选择不正确扣2分				
2	操作程序	检查集泥池（好氧消化池）内液位	10	未检查液位扣5分				
				正常情况下未将池内污泥处理完扣5分				
3		停运加药系统	15	未按规程进行操作，每少或错一步扣5分				
4		停运污泥提升泵	10	未按规程进行操作，每少或错一步扣5分				
5		关闭脱水机进泥阀	5	未操作扣5分				
6		停运集泥池搅拌设施（好氧消化池要停运鼓风机，并关闭各池风阀）	10	未停运搅拌设施扣5分				
				消化池停运未按规程进行操作，每少或错一步扣5分				
7		待系统内剩余污泥处理完毕后，对脱水设备进行必要的清洗	10	未待污泥处理完扣5分				
				脱水设备未进行清洗扣5分				
8		停运脱水机	10	未按规程进行操作，每少或错一步扣5分				
9		待泥饼基本输送完后停运螺旋输送机或皮带输送机	10	未待泥饼输送完扣5分				
				未按规程停运输送机，每少或错一步扣5分				
10		检查脱水机系统，并打开放空阀进行必要的放空	10	未检查脱水机系统扣5分				
				未进行必要的放空扣5分				
11	使用工具	正确使用工具	2	工具使用不正确扣2分				
		正确维护工具	3	工具乱摆乱放扣3分				
12	安全及其他	按国家法规或企业规定		违规一次总分扣5分；严重违规停止操作			—	
		在规定时间内完成操作		每超时1min总分扣5分，超时3min停止操作			—	
		合　　计	100					

试题 12：UNOX 纯氧曝气装置停车操作

（考核时间：30min）

序号	考核内容	考核要点	配分	评分标准	检测结果	扣分	得分	备注
1	准备工作	穿戴劳保用品	3	未穿戴整齐扣 3 分				
		工具、用具准备	2	工具选择不正确扣 2 分				
2	操作程序	确认来水已改流程或切断，具备停车条件	5	未确认不得分				
3		通知供氧单位	5	未通知扣 5 分				
4		停止供氧	10	未关闭手动自动供氧阀扣 5 分				
				未关闭自动供氧阀扣 5 分				
5		停止进水	10	未关闭进水阀或停进水泵扣 5 分				
6		停运二沉池的运转设备	10	未停运刮泥机扣 5 分				
				未停运回流泵扣 5 分				
7		当气相压力降为零后，停运曝气机	10	未停曝气机不得分				
				未等气相压力降为零扣 3 分				
8		用压缩空气对曝气池进行空气置换	15	未打开手动或电动空气阀不得分				
				置换时间不到 10min 扣 5 分				
9		打开所有人孔盖	10	未操作不得分				
				操作不到位扣 5 分				
10		将纯氧曝气装置各控制仪表、联锁装置停运或摘除	15	未操作不得分				
				操作不到位扣 5 分				
11	使用工具	正确使用工具	2	工具使用不正确扣 2 分				
		正确维护工具	3	工具乱摆乱放扣 3 分				
12	安全及其他	按国家法规或企业规定		违规一次总分扣 5 分；严重违规停止操作			—	
		在规定时间内完成操作		每超时 1min 总分扣 5 分，超时 3min 停止操作			—	
合　计			100					

试题 13：带式压滤机开停操作

（考核时间：30min）

序号	考核内容	考核要点	配分	评分标准	检测结果	扣分	得分	备注
1	准备工作	穿戴劳保用品	3	未穿戴整齐扣 3 分				
		工具、用具准备	2	工具选择不正确扣 2 分				
2	操作程序	确认滤机及配套设备处于备用状态	10	未确认扣 10 分				
3		确认污泥、药液、冲洗水管路中的阀门灵活	5	未确认扣 5 分				

续表

序号	考核内容	考核要点	配分	评分标准	检测结果	扣分	得分	备注
4		调整气动系统中减压阀，使其达到规定要求	5	未调整扣5分				
5		确认机动换向阀及滤布控制等安全装置可靠	5	未确认扣5分				
6		清理冲洗水箱、水嘴	5	未清理扣5分				
7		启动空压机，打开电磁阀，滤布张紧	10	操作不当扣5分				
				未打开电磁阀扣5分				
8		开启冲洗水泵，泵出口压力符合要求	5	操作不当扣3分				
				压力不符扣3分				
9		按规程开启压滤机，空转3~4min	10	操作不当扣6分				
				未空转扣6分				
10		启动混合搅拌器，开加药泵	5	操作不当扣5分				
11		打开进泥阀，进料	5	未操作扣5分				
12	停机操作	依次停运污泥泵、加药泵、搅拌机	10	操作不当扣6分				
				未按顺序操作扣6分				
13		待滤布清洗干净后停压滤机	10	未按要求操作扣10分				
14		停空压机、冲洗水泵	5	操作不当扣5分				
15	使用工具	正确使用工具	2	工具使用不正确扣2分				
		正确维护工具	3	工具乱摆乱放扣3分				
16	安全及其他	按国家法规或企业规定		违规一次总分扣5分；严重违规停止操作			—	
		在规定时间内完成操作		每超时1min总分扣5分，超时3min停止操作			—	
合计			100					

试题14：离心脱水机开停操作

（考核时间：30min）

序号	考核内容	考核要点	配分	评分标准	检测结果	扣分	得分	备注
1	准备工作	穿戴劳保用品	3	未穿戴整齐扣3分				
		工具、用具准备	2	工具选择不正确扣2分				
2	开机操作	确认配套设备处于备用状态	10	未确认扣10分				
3		确认污泥、药液、冲洗水管路中的阀门灵活	5	未确认扣5分				
4		按规程配制污泥调理剂溶液	5	未按规程进行操作，每少一步扣2分				
5		按规程开启脱水机，并空转1~2min	10	未按规程进行操作，每少或错一步扣2分				
				未空转扣5分				

续表

序号	考核内容	考核要点	配分	评分标准	检测结果	扣分	得分	备注
6	操作程序	按规程启运加药泵	5	未按规程进行操作，每少或错一步扣2分				
7		按规程启运污泥泵	5	未按规程进行操作，每少或错一步扣2分				
8		进泥，检查是否有较大浮渣和沙粒进入	5	未检查扣5分				
9		经常检查油箱油位、轴承的油流量、冷却水及冷却油温度，设备振动情况、电流表读数	10	未检查油位扣2分				
				未检查油流量扣2分				
				未检查冷却水扣2分				
				未检查油温2分				
				未检查振动2分				
				未检查电流扣2分				
10		调节各项运行参数	5	未进行调节扣5分				
11	停机操作	按规程停运加药泵	5	未按规程进行操作，每少或错一步扣2分				
12		按规程停运污泥泵	5	未按规程进行操作，每少或错一步扣2分				
13		待离心机继续空转几分钟，排出转筒内剩余固体	5	未等待，或等待时间不够扣5分				
14		开冲洗阀冲洗离心机10min左右	5	未冲洗扣2分				
				未冲洗干净扣3分				
15		按规程停运离心机	10	未按规程进行操作，每少或错一步扣2分				
16	使用工具	正确使用工具	2	工具使用不正确扣2分				
		正确维护工具	3	工具乱摆乱放扣3分				
17	安全及其他	按国家法规或企业规定		违规一次总分扣5分；严重违规停止操作			—	
		在规定时间内完成操作		每超时1min总分扣5分，超时3min停止操作			—	
		合　计	100					

试题15：转鼓真空过滤机开车操作

（考核时间：30min）

序号	考核内容	考核要点	配分	评分标准	检测结果	扣分	得分	备注
1	准备工作	穿戴劳保用品	3	未穿戴整齐扣3分				
		工具、用具准备	2	工具选择不正确扣2分				
2	开机操作	确认真空泵是否备用，确认气水分离罐排液阀关闭，并打开进出口阀	5	未确认真空泵扣2分				
				未关闭相关阀门扣3分				

续表

序号	考核内容	考核要点	配分	评分标准	检测结果	扣分	得分	备注
3		确认转鼓滤机完好备用，关闭滤机吸气(液)阀，关闭转鼓储槽放空阀	5	未确认滤机扣2分				
				未检查阀门扣3分				
4		确认泥饼输送机处在备用状态	5	未确认扣5分				
5		确认调理剂配制系统完好	5	未确认扣5分				
6		确认污泥调理剂投加系统具备条件	5	未按规范进行确认，每少一项扣2分				
7		配制一定浓度及一定量的污泥调理剂溶液	5	未按规程进行操作，每少或错一步扣2分				
8		确定滤机运行控制参数	5	未确定扣5分				
9		打开滤机进泥阀	5	操作不当扣5分				
10		启运加药混合搅拌机	5	操作不当扣5分				
11		启运污泥泵	5	操作不当扣5分				
12		启运加药泵	5	操作不当扣5分				
13		启运真空泵	5	操作不当扣5分				
14		启运转鼓真空过滤机	5	操作不当扣5分				
15		待分离罐真空度上来，缓慢打开转鼓滤机吸气(液)阀	5	操作不当扣5分				
16		打开与滤机反吹区相连接的压缩空气阀，并控制开度	5	未操作扣5分				
17		按规程启运泥饼输送机	5	未操作扣5分				
18		调节滤机各项控制参数	10	每少调节一项扣3分				
19	使用工具	正确使用工具	2	工具使用不正确扣2分				
		正确维护工具	3	工具乱摆乱放扣3分				
20	安全及其他	按国家法规或企业规定		违规一次总分扣5分；严重违规停止操作			—	
		在规定时间内完成操作		每超时1min总分扣5分，超时3min停止操作			—	
		合　　计	100					

试题16：转鼓真空过滤机停车操作

（考核时间：30min）

序号	考核内容	考核要点	配分	评分标准	检测结果	扣分	得分	备注
1	准备工作	穿戴劳保用品	3	未穿戴整齐扣3分				
		工具、用具准备	2	工具选择不正确扣2分				
2	操作程序	按规程停运加药泵	10	未操作扣10分				
3		按规程停运污泥泵	10	未操作扣10分				
4		停运污泥加药混合搅拌机	10	未操作扣10分				

续表

序号	考核内容	考核要点	配分	评分标准	检测结果	扣分	得分	备注
5		待泥槽内的污泥处理完后，停运真空泵	10	未按要求进行操作扣10分				
6		按规程停运转鼓真空过滤机，并关闭吸气(液)阀	10	未按规程停机扣5分				
				未关闭阀门扣5分				
7		关闭反冲区压缩风阀	10	未操作扣10分				
8		打开气液分离罐放空阀	10	未操作扣10分				
9		待泥饼输送完毕后，停运泥饼输送机	10	未待泥饼输送完扣10分				
10		进行必要的冲洗	5	未操作扣5分				
11		打开污泥槽放空阀进行放空	5	未操作扣5分				
12	使用工具	正确使用工具	2	工具使用不正确扣2分				
		正确维护工具	3	工具乱摆乱放扣3分				
13	安全及其他	按国家法规或企业规定		违规一次总分扣5分；严重违规停止操作			—	
		在规定时间内完成操作		每超时1min总分扣5分，超时3min停止操作			—	
合计			100					

试题17：转子加氯机开停操作

（考核时间：25min）

序号	考核内容	考核要点	配分	评分标准	检测结果	扣分	得分	备注
1	准备工作	穿戴劳保用品	3	未穿戴整齐扣3分				
		工具、用具准备	2	工具选择不正确扣2分				
2	启动操作	打开压力水阀门，使水射器开始工作	10	水射器未工作扣10分				
				操作不到位扣5分				
3		待中转玻璃罩内有气泡翻腾后，开启平衡水箱进水阀门，使水箱适当有少量水从溢流管溢走	15	未打开平衡水箱进水阀门扣10分				
				操作不到位扣5分				
				没有少量水溢流扣5分				
4		打开氯瓶或其他氯源的出口阀门	10	未打开氯源的出口阀扣10分				
				操作不到位扣5分				
5		打开加氯机控制阀并调节加氯量	10	未打开控制阀扣5分				
				未调节加氯量扣5分				
6	停止操作	关闭氯瓶或其他氯源的出口阀门	10	未关氯源出口阀扣10分				
				操作不到位扣5分				
7		待转子跌落到零点后，关闭加氯机控制阀	10	未关闭控制阀扣10分				
				操作不到位扣5分				

续表

序号	考核内容	考核要点	配分	评分标准	检测结果	扣分	得分	备注
8		关闭平衡水箱进水阀门	10	未关闭水箱进水阀扣10分				
				操作不到位扣5分				
9		待中转玻璃罩内翻泡逐渐无色后关闭压力水阀门	15	未关闭压力水阀扣10分				
				操作不到位扣5分				
10	使用工具	正确使用工具	2	工具使用不正确扣2分				
		正确维护工具	3	工具乱摆乱放扣3分				
11	安全及其他	按国家法规或企业规定		违规一次总分扣5分；严重违规停止操作			—	
		在规定时间内完成操作		每超时1min总分扣5分，超时3min停止操作			—	
		合　计	100					

试题18：活塞式压缩机日常维护

（考核时间：20min）

序号	考核内容	考核要点	配分	评分标准	检测结果	扣分	得分	备注
1	准备工作	穿戴劳保用品	3	未穿戴整齐扣3分				
		工具、用具准备	2	工具选择不正确扣2分				
2	操作程序	排放油、水	10	未操作扣10分				
3		调整注油量	10	未调整扣10分				
4		观察机身运动机构的耗油量	10	未观察扣10分				
5		向余隙阀加压缩机油	10	未操作扣10分				
6		向放空阀加压缩机油	10	未操作扣10分				
7		向吸气阀压开装置的小气缸内压入黄油	10	未操作扣10分				
8		观察机器声音、振动	10	未观察声音扣5分				
				未观察振动扣5分				
		维持最佳供气压力	10	未维持扣10分				
9		记录机器运转数据	5	未记录扣5分				
10		冬季室温低于5℃时，停车后应放掉容腔里的冷却水	5	未操作扣5分				
11	使用工具	正确使用工具	2	工具使用不正确扣2分				
		正确维护工具	3	工具乱摆乱放扣3分				
12	安全及其他	按国家法规或企业规定		违规一次总分扣5分；严重违规停止操作			—	
		在规定时间内完成操作		每超时1min总分扣5分，超时3min停止操作			—	
		合　计	100					

试题 19：离心式压缩机日常维护

（考核时间：30min）

序号	考核内容	考核要点	配分	评分标准	检测结果	扣分	得分	备注
1	准备工作	穿戴劳保用品	3	未穿戴整齐扣 3 分				
		工具、用具准备	2	工具选择不正确扣 2 分				
2	操作程序	检查润滑系统各部位的温度、压力、压差和液位是否符合要求	15	温度未检查扣 5 分				
				压力未检查扣 5 分				
				压差未检查扣 5 分				
				液位未检查扣 5 分				
3		检查密封系统各部位的温度、压力、压差和液位是否符合要求	15	温度未检查扣 5 分				
				压力未检查扣 5 分				
				压差未检查扣 5 分				
				液位未检查扣 5 分				
4		检查真空复水系统各部位的温度、压力、压差和液位是否符合要求	15	温度未检查扣 5 分				
				压力未检查扣 5 分				
				压差未检查扣 5 分				
				液位未检查扣 5 分				
5		检查工艺和蒸汽系统各部位的温度、压力、压差和液位是否符合要求	15	温度未检查扣 5 分				
				压力未检查扣 5 分				
				压差未检查扣 5 分				
				液位未检查扣 5 分				
6		检查主机各轴承的声音、振动、温升、回油情况、转速和轴位移是否正常	30	未检查声音扣 5 分				
				未检查振动扣 5 分				
				未检查温升扣 5 分				
				未检查回油情况扣 5 分				
				未检查转速扣 5 分				
				未检查轴位移扣 5 分				
7	使用工具	正确使用工具	2	工具使用不正确扣 2 分				
		正确维护工具	3	工具乱摆乱放扣 3 分				
8	安全及其他	按国家法规或企业规定		违规一次总分扣 5 分；严重违规停止操作			—	
		在规定时间内完成操作		每超时 1min 总分扣 5 分，超时 3min 停止操作			—	
合计			100					

试题 20：带式压滤机日常维护

（考核时间：30min）

序号	考核内容	考核要点	配分	评分标准	检测结果	扣分	得分	备注
1	准备工作	穿戴劳保用品	3	未穿戴整齐扣 3 分				
		工具、用具准备	2	工具选择不正确扣 2 分				
2	操作程序	检查滤带的损坏情况，并及时联系更换新滤带	10	未检查扣 10 分				
3		保证足够的冲洗时间	10	未检查扣 10 分				
4		检查气动元件	10	未检查扣 10 分				
5		定期对机械部分进行维护，如按时加润滑油	10	未操作扣 10 分				
6		检查纠偏系统	10	未检查扣 10 分				
7		检查冲洗水压是否正常	10	未检查扣 10 分				
8		检查气压是否正常	10	未检查扣 10 分				
9		检查易损件损坏情况，及时联系更换易损件	10	未检查、联系扣 10 分				
10		检查易腐蚀部位腐蚀情况，及时联系防腐处理	10	未检查、联系扣 10 分				
11	使用工具	正确使用工具	2	工具使用不正确扣 2 分				
		正确维护工具	3	工具乱摆乱放扣 3 分				
12	安全及其他	按国家法规或企业规定		违规一次总分扣 5 分；严重违规停止操作			—	
		在规定时间内完成操作		每超时 1min 总分扣 5 分，超时 3min 停止操作			—	
合计			100					

试题 21：转鼓真空过滤机日常维护

（考核时间：30min）

序号	考核内容	考核要点	配分	评分标准	检测结果	扣分	得分	备注
1	准备工作	穿戴劳保用品	3	未穿戴整齐扣 3 分				
		工具、用具准备	2	工具选择不正确扣 2 分				
2	操作程序	检查水环真空泵作为液封和冷却泵体的液体流量是否正常	10	未检查扣 10 分				
3		检查气液分离罐真空度量否正常	5	未检查扣 5 分				
4		检查滤机滤饼形成区和吸干区的真空度是否正常，并分析相关情况	10	未检查扣 5 分				
				针对检查情况，未作相关分析扣 5 分				
5		检查转鼓滤布是否跑偏，滤布表面是否有损伤	5	未检查扣 5 分				

续表

序号	考核内容	考核要点	配分	评分标准	检测结果	扣分	得分	备注
6		检查气液分离罐液位，并进行排水操作	10	未检查扣5分				
				未进行操作扣5分				
7		检查调节反冲区的压缩风量	10	未检查扣5分				
				未调节扣5分				
8		检查泥饼含水率是否符合要求	10	未检查或未进行调节扣10分				
9		检查分离液含固量是否正常	10	未检查或未进行调节扣10分				
10		定期对机械部分进行维护，如按时加润滑油	10	未操作扣10分				
11		检查易损件损坏情况，及时联系更换易损件	10	未检查联系扣10分				
12	使用工具	正确使用工具	2	工具使用不正确扣2分				
		正确维护工具	3	工具乱摆乱放扣3分				
13	安全及其他	按国家法规或企业规定		违规一次总分扣5分；严重违规停止操作			—	
		在规定时间内完成操作		每超时1min总分扣5分，超时3min停止操作			—	
合计			100					

试题22：罗茨鼓风机振动噪音过大的原因判断和处理

（考核时间：30min）

序号	考核内容	考核要点	配分	评分标准	检测结果	扣分	得分	备注
1	准备工作	穿戴劳保用品	3	未穿戴整齐扣3分				
		工具、用具准备	2	工具选择不正确扣2分				
2	原因判断	检查转子平衡否	7	未检查扣7分				
3		检查轴承是否失效	7	未检查扣7分				
4		检查齿轮是否损坏	7	未检查扣7分				
5		检查紧固件是否松动	7	一处松动未检查扣2分				
6		检查有否磨卡现象	7	未检查扣7分				
7		检查工况点是否合适	7	未检查扣7分				
8		检查消音器是否完好	7	未检查扣7分				
9	处理	若转子不平衡，联系检修调整	5	未联系扣5分				
10		若轴承失效，联系检修更换	7	未联系扣7分				
11		若齿轮损坏，联系修理或更换	5	未联系扣5分				
12		若紧固件松动，进行紧固	5	未操作扣5分				

续表

序号	考核内容	考核要点	配分	评分标准	检测结果	扣分	得分	备注
13		若有磨卡现象，联系解体修理	7	未联系扣7分				
14		若工况点不合适，调整工况点	7	操作不当扣7分				
15		若消音器损坏，联系检修	5	未联系扣5分				
16	使用工具	正确使用工具	2	工具使用不正确扣2分				
		正确维护工具	3	工具乱摆乱放扣3分				
17	安全及其他	按国家法规或企业规定		违规一次总分扣5分；严重违规停止操作			—	
		在规定时间内完成操作		每超时1min总分扣5分，超时3min停止操作			—	
		合　计	100					

试题23：离心式鼓风机轴承温度高的原因和处理

（考核时间：30min）

序号	考核内容	考核要点	配分	评分标准	检测结果	扣分	得分	备注
1	准备工作	穿戴劳保用品	3	未穿戴整齐扣3分				
		工具、用具准备	2	工具选择不正确扣2分				
2	原因判断	检查油脂是否过多	10	未检查扣10分				
3		检查油脂是否不足	10	未检查扣10分				
4		检查油质是否变质	10	未检查扣10分				
5		检查轴承是否有烧痕	10	未检查扣10分				
6		检查是否对中	10	未检查扣10分				
7		检查机组是否振动	10	未检查扣10分				
8	处理	若油脂过多，减少油脂	5	未操作扣5分				
9		若油脂不足，添加油脂	5	未操作扣5分				
10		若油脂变质，更换油脂	5	未操作扣5分				
11		若轴承有烧痕，联系更换	5	未联系扣5分				
12		若不对中，联系重新找正	5	未联系扣5分				
13		若机组振动，联系检修	5	未联系扣5分				
14	使用工具	正确使用工具	2	工具使用不正确扣2分				
		正确维护工具	3	工具乱摆乱放扣3分				
15	安全及其他	按国家法规或企业规定		违规一次总分扣5分；严重违规停止操作			—	
		在规定时间内完成操作		每超时1min总分扣5分，超时3min停止操作			—	
		合　计	100					

试题24：活性污泥法的泡沫现象原因判断

（考核时间：25min）

序号	考核内容	考核要点	配分	评分标准	检测结果	扣分	得分	备注
1	准备工作	穿戴劳保用品	3	未穿戴整齐扣3分				
		工具、用具准备	2	工具选择不正确扣2分				
2	原因判断	检查曝气池是否处于运行启动初期，污泥是否成熟	10	未检查曝气池运行期扣5分				
				未检查污泥成熟度扣5分				
3		检查曝气池进水是否含较多量的表面活性剂、疏水性脂类等有害物质	15	未检查表面活性剂扣8分				
4				未判断疏水性脂类扣7分				
5		检查曝气池是否长期低负荷运行	5	未检查扣5分				
		检查曝气量及曝气方式是否不当产生泡沫	15	未检查曝气量扣7分				
				未检查曝气方式扣8分				
6		检查污泥停留时间是否过长	10	未检查扣10分				
7		检查污泥中丝状微生物是否异常生长	10	未检查扣10分				
8		检查二沉池是否发生反硝化反应，产生 N_2 而出现泡沫	10	未检查扣10分				
9		检查水温是否适合产生生物泡沫	5	未检查扣5分				
10		检查季节性气温、气压和水温交替变化而产生泡沫	10	未检查气温变化扣5分				
				未检查气压变化扣5分				
				未检查水温变化扣5分				
11	使用工具	正确使用工具	2	工具使用不正确扣2分				
		正确维护工具	3	工具乱摆乱放扣3分				
12	安全及其他	按国家法规或企业规定		违规一次总分扣5分；严重违规停止操作			—	
		在规定时间内完成操作		每超时1min总分扣5分，超时3min停止操作			—	
		合　计	100					

试题25：二沉池出现黑色块状污泥的原因判断

（考核时间：20min）

序号	考核内容	考核要点	配分	评分标准	检测结果	扣分	得分	备注
1	准备工作	穿戴劳保用品	3	未穿戴整齐扣3分				
		工具、用具准备	2	工具选择不正确扣2分				

续表

序号	考核内容	考核要点	配分	评分标准	检测结果	扣分	得分	备注
2	原因判断	检测曝气池污泥浓度是否过高	15	未检测扣15分				
3		检查二沉池进水 *DO* 浓度是否过低，造成池内缺氧	15	未检查扣15分				
4		检查二沉池剩余污泥是否及时排放，排放量是否过小	15	未检查排泥是否及时扣7分				
				未检查排泥量扣8分				
5		检查二沉池污泥回流量是否过小，污泥停留时间过长	15	未检查回流量扣10分				
				未检查停留时间扣5分				
6		检查二沉池刮泥机吸泥管、集泥槽(泥斗)及排泥管畅通情况	15	未检查吸泥管扣5分				
				未检查集泥槽扣5分				
				未检查排泥管扣5分				
7		检查二沉池污泥沉积有无死角，局部污泥有无腐化	15	未检查扣15分				
8	使用工具	正确使用工具	2	工具使用不正确扣2分				
		正确维护工具	3	工具乱摆乱放扣3分				
9	安全及其他	按国家法规或企业规定		违规一次总分扣5分；严重违规停止操作			—	
		在规定时间内完成操作		每超时1min总分扣5分，超时3min停止操作			—	
		合　计	100					

试题26：活性污泥解体的原因判断

（考核时间：20min）

序号	考核内容	考核要点	配分	评分标准	检测结果	扣分	得分	备注
1	准备工作	穿戴劳保用品	3	未穿戴整齐扣3分				
		工具、用具准备	2	工具选择不正确扣2分				
2	原因判断	检查曝气池进水有机物含量是否突然大幅升高导致污泥解絮	15	未检查扣15分				
3		检查曝气池进水是否含高浓度有毒物使污泥中毒	15	未检查扣15分				
4		检查污泥所需N、P等营养物是否严重不足	15	未检查N营养物扣8分				
				未检查P营养物扣8分				
5		检查曝气池进水水量是否长期偏低	15	未检查扣15分				
6		检查曝气池进水污染物浓度是否长期偏低	15	未检查扣15分				
7		检查曝气池曝气量是否长期过大	15	未检查扣15分				

续表

序号	考核内容	考核要点	配分	评分标准	检测结果	扣分	得分	备注
8	使用工具	正确使用工具	2	工具使用不正确扣 2 分				
		正确维护工具	3	工具乱摆乱放扣 3 分				
9	安全及其他	按国家法规或企业规定		违规一次总分扣 5 分；严重违规停止操作			—	
		在规定时间内完成操作		每超时 1min 总分扣 5 分，超时 3min 停止操作			—	
合　计			100					

试题 27：二沉池出水 SS 含量增大的原因判断

（考核时间：30min）

序号	考核内容	考核要点	配分	评分标准	检测结果	扣分	得分	备注
1	准备工作	穿戴劳保用品	3	未穿戴整齐扣 3 分				
		工具、用具准备	2	工具选择不正确扣 2 分				
2	原因判断	检查曝气池是否发生污泥膨胀，导致污泥结构松散	10	未检查扣 10 分				
3		检查曝气池内污泥是否发生解絮，导致污泥破碎	10	未检查扣 10 分				
4		检查曝气池进水有机负荷是否过高，对污泥造成冲击	10	未检查扣 10 分				
5		检查曝气池 *MLSS* 是否过高，影响二沉池泥层厚度	10	未检查 *MLSS* 扣 6 分				
				未检查泥层厚度扣 5 分				
6		检查二沉池进水量是否突涨，破坏二沉池污泥沉降	10	未检查扣 10 分				
7		检查二沉池进水 *DO*，判定池内污泥是否发生厌氧或反硝化反应	10	未检查 *DO* 扣 5 分				
				厌氧或反硝化反应判定不对扣 5 分				
8		检查二沉池污泥回流量、剩余污泥排放量是否偏小，使污泥停留时间过长	15	未检查污泥回流量扣 5 分				
				未检查污泥排放量扣 5 分				
				未检查停留时间扣 5 分				
9		检查二沉池出水堰水平度，二沉池是否出现短流	5	未检查扣 5 分				
10		检查刮泥机运行情况	5	未检查扣 5 分				
11		检查渣斗是否堵塞	5	未检查扣 5 分				
12	使用工具	正确使用工具	2	工具使用不正确扣 2 分				
		正确维护工具	3	工具乱摆乱放扣 3 分				
13	安全及其他	按国家法规或企业规定		违规一次总分扣 5 分；严重违规停止操作			—	
		在规定时间内完成操作		每超时 1min 总分扣 5 分，超时 3min 停止操作			—	
合　计			100					

试题 28：污泥浓度长时间偏低的原因判断

（考核时间：30min）

序号	考核内容	考核要点	配分	评分标准	检测结果	扣分	得分	备注
1	准备工作	穿戴劳保用品	3	未穿戴整齐扣 3 分				
		工具、用具准备	2	工具选择不正确扣 2 分				
2	原因判断	检查曝气池是否发生污泥膨胀，导致污泥流失严重	15	未检查污泥膨胀扣 10 分				
				未判断污泥流失扣 5 分				
3		检查曝气池是否发生污泥解絮，导致污泥流失严重	15	未检查污泥解絮扣 10 分				
				未判断污泥流失扣 5 分				
4		检查曝气池进水量或有机物浓度是否长时间偏低，导致污泥自身氧化	15	未检查进水量扣 5 分				
				未检查有机负荷扣 5 分				
				未判断污泥氧化扣 5 分				
5		检查营养物含量是否不平衡，造成污泥絮凝性差	10	未检查营养物含量扣 5 分				
				未检查污泥絮凝性扣 5 分				
6		检查曝气池曝气量是否过大使活性污泥过度氧化	15	未检查曝气量扣 8 分				
				未判断污泥氧化扣 7 分				
7		检查二沉池出水带泥是否严重	10	未检查扣 10 分				
8		检查剩余污泥排放量是否过大	10	未检查扣 10 分				
9	使用工具	正确使用工具	2	工具使用不正确扣 2 分				
		正确维护工具	3	工具乱摆乱放扣 3 分				
10	安全及其他	按国家法规或企业规定		违规一次总分扣 5 分；严重违规停止操作			—	
		在规定时间内完成操作		每超时 1min 总分扣 5 分，超时 3min 停止操作			—	
		合　计	100					

试题 29：二沉池出现黑色块状污泥的处理

（考核时间：25min）

序号	考核内容	考核要点	配分	评分标准	检测结果	扣分	得分	备注
1	准备工作	穿戴劳保用品	3	未穿戴整齐扣 3 分				
		工具、用具准备	2	工具选择不正确扣 2 分				
2	处理措施	若曝气池出水 *DO* 浓度低，加大曝气池末端供风量	15	未检测 *DO* 浓度扣 5 分				
				未加大供风量扣 10 分				
3		若曝气池 *MLSS* 高，加大剩余污泥排放量	15	未检测 *MLSS* 扣 5 分				
				未加大排泥量扣 10 分				

续表

序号	考核内容	考核要点	配分	评分标准	检测结果	扣分	得分	备注
4		若二沉池污泥停留时间长，提高污泥回流量	15	未检查停留时间扣5分				
				未提高回流量扣10分				
5		检查刮泥机运行情况，消除刮泥死角	15	未检查刮泥机扣5分				
				未消除刮泥死角扣10分				
6		疏通维修吸泥管、集泥槽(泥斗)、排泥管	15	未疏通维修吸泥管扣5分				
				未疏通维修集泥槽扣5分				
				未疏通维修排泥管扣5分				
7		清除二沉池池面、内壁及局部死角的腐泥	15	未清除池面扣5分				
				未清除内壁扣5分				
				未清除局部腐泥扣5分				
8	使用工具	正确使用工具	2	工具使用不正确扣2分				
		正确维护工具	3	工具乱摆乱放扣3分				
9	安全及其他	按国家法规或企业规定		违规一次总分扣5分；严重违规停止操作			—	
		在规定时间内完成操作		每超时1min总分扣5分，超时3min停止操作			—	
		合　　计	100					

试题30：活性污泥解体的处理

（考核时间：25min）

序号	考核内容	考核要点	配分	评分标准	检测结果	扣分	得分	备注
1	准备工作	穿戴劳保用品	3	未穿戴整齐扣3分				
		工具、用具准备	2	工具选择不正确扣2分				
2	处理措施	若曝气池进水有机物浓度过高或含有毒物质，减少曝气池进水量	15	未判定有机物浓度或有毒物质扣5分				
				未减少进水量扣10分				
3		将其余高浓度有机物或含有毒物质污水切入事故池	10	操作不当扣10分				
4		利用低浓度污水配水稀释高浓度有机物进水	10	操作不当扣10分				
5		若曝气池进水有机负荷偏低，适当提高进水量或配水提高进水有机物浓度	15	未提高进水量扣8分				
				未提高进水浓度扣8分				
6		根据处理负荷调节曝气池曝气量	10	调节不当扣10分				
7		调节曝气池N、P盐投加量，提高污泥活性	10	N营养物投加量调节不当扣5分				
				P盐投加量调节不当扣5分				
8		向曝气池投加絮凝剂，促进污泥凝聚	10	操作不当扣10分				

续表

序号	考核内容	考核要点	配分	评分标准	检测结果	扣分	得分	备注
9		污泥解体严重时，直接向曝气池引入活性污泥驯化	10	操作不当扣10分				
10	使用工具	正确使用工具	2	工具使用不正确扣2分				
		正确维护工具	3	工具乱摆乱放扣3分				
11	安全及其他	按国家法规或企业规定		违规一次总分扣5分；严重违规停止操作			—	
		在规定时间内完成操作		每超时1min总分扣5分，超时3min停止操作			—	
		合　计	100					

试题31：二沉池出水SS含量增大的处理

（考核时间：35min）

序号	考核内容	考核要点	配分	评分标准	检测结果	扣分	得分	备注
1	准备工作	穿戴劳保用品	3	未穿戴整齐扣3分				
		工具、用具准备	2	工具选择不正确扣2分				
2	处理措施	若发生污泥膨胀，分析原因并采取措施解决	15	原因分析不当扣5分				
				采取措施不当扣10分				
3		若发生污泥解体，分析原因并采取措施解决	15	原因分析不当扣5分				
				采取措施不当扣10分				
4		若曝气池*MLSS*过高，加大剩余污泥排放量	5	操作不当扣5分				
5		若曝气池进水有机负荷过高，配水稀释有机物浓度	10	操作不当扣10分				
6		适当降低曝气池进水量，减小二沉池水力负荷	5	操作不当扣10分				
7		若二沉池*DO*浓度过低，加大曝气池末端曝气量	10	操作不当扣10分				
8		提高二沉池污泥回流量，降低泥层厚度	10	操作不当扣5分				
9		调节二沉池出水堰板水平度，清理集水槽藻类	10	未调节堰板水平度扣5分				
				未清理集水槽藻类扣5分				
10		调节刮渣板，提高刮渣效果	5	未调节扣5分				
11		疏通渣斗	5	未疏通扣5分				
12	使用工具	正确使用工具	2	工具使用不正确扣2分				
		正确维护工具	3	工具乱摆乱放扣3分				

续表

序号	考核内容	考核要点	配分	评分标准	检测结果	扣分	得分	备注
13	安全及其他	按国家法规或企业规定		违规一次总分扣5分；严重违规停止操作			—	
		在规定时间内完成操作		每超时1min总分扣5分，超时3min停止操作			—	
		合　　计	100					

试题32：污泥浓度长时间偏低的处理

（考核时间：35min）

序号	考核内容	考核要点	配分	评分标准	检测结果	扣分	得分	备注
1	准备工作	穿戴劳保用品	3	未穿戴整齐扣3分				
		工具、用具准备	2	工具选择不正确扣2分				
2	处理措施	若发生污泥膨胀，分析原因并采取措施解决	10	原因分析不对扣3分				
				采取措施不当扣7分				
3		若发生污泥解絮，分析原因并采取措施解决	10	原因分析不对扣3分				
				采取措施不当扣7分				
4		若二沉池污泥流失过多，调整曝气池运行方式，污泥在曝气池直接静止沉淀	5	操作不当扣5分				
5		在曝气池进水或出水中投加少量絮凝剂	5	操作不当扣5分				
6		若进水有机负荷偏低，适当提高曝气池进水量及有机物浓度	10	未提高进水量扣5分				
				未提高有机物浓度扣5分				
7		采取措施，提高进水可生化性	5	未操作扣5分				
8		若曝气量过大，适当减少曝气池供风量	10	操作不当扣10分				
9		向曝气池补充足量的氮、磷盐	10	未投加N营养物扣5分				
				未投加P盐扣5分				
10		调节排泥泵流量，减少剩余污泥排放量	10	操作不当扣10分				
11		提高二沉池污泥回流量，缩短污泥停留时间	5	操作不当扣5分				
12		调节二沉池出水堰板水平度，减少污泥流失	5	未调节扣5分				
13		曝气池直接引进活性污泥	5	未操作扣5分				
14	使用工具	正确使用工具	2	工具使用不正确扣2分				
		正确维护工具	3	工具乱摆乱放扣3分				

续表

序号	考核内容	考核要点	配分	评分标准	检测结果	扣分	得分	备注
15	安全及其他	按国家法规或企业规定		违规一次总分扣5分；严重违规停止操作			—	
		在规定时间内完成操作		每超时1min总分扣5分，超时3min停止操作			—	
		合　　计	100					

试题33：绘制射流器构造示意图

（考核时间：20min）

序号	考核内容	考核要点	配分	评分标准	检测结果	扣分	得分	备注
1	绘图程序	射流器喷嘴的前部管径是逐渐缩小的	10	管径无变化扣10分				
2		喷嘴尖端管口对正喉管	10	喷嘴尖端管口未对正喉管扣10分				
3		喷嘴尖端与喉管有适当距离	10	喷嘴尖端与喉管相连扣10分，距离太远扣5分				
4		喷嘴尖端管径小于喉管管径	10	喷嘴尖端管径不小于喉管管径扣10分				
5		喷嘴的尖端处于吸入室内	10	未画吸入室扣10分				
6		吸入管管口位于吸入室的前部	10	吸入管管口与喷嘴尖端相垂直对应扣10分				
7		吸入室后部应该是锥形	5	后部不是锥形扣5分				
8		喉管的管径要小于喷嘴尖端的管径	5	喉管的管径不小于喷嘴尖端的管径扣5分				
9		喉管段的长宽比取4：1	10	喉管过于短或过于长扣10分				
10		喉管段后面应该有管径逐渐扩大的锥形扩散段	15	缺少扩散段扣15分，扩散段不是锥形扣10分				
11	绘图要求	线条要求直，并用箭头表示流体流动方向	2	线条不直扣1分				
				未标箭头扣1分				
		图形剖面要用剖面线表示	3	图形剖面未画剖面线扣3分				
		合　　计	100					

第四部分

技　　师

一、理论知识鉴定要素细目表

行业通用理论知识鉴定要素细目表

鉴定范围						鉴定点		
一级		二级		三级		代码	名称	重要程度
代码	名称	代码	名称	代码	名称			
A	基本要求	B	基础知识	B	识图基础知识	001	设备布置图基础知识	X
						002	管道布置图基础知识	X
						003	化工设备图尺寸标注方法	X
						004	装配图内容	X
				D	质量基础知识	001	ISO 9000 族标准质量管理审核的依据	X
						002	ISO 9001 标准质量管理体系的总体思路	X
				E	计算机基础知识	001	数据库的概念	X
						002	数据表的建立	X
						003	PowerPoint 课件的制作	X
B	相关知识	E	管理知识	A	生产管理	001	生产的管理	X
						002	设备的管理	X
						003	现场的管理	X
				B	编写技术文件	001	生产总结报告的常用格式	X
						002	技术论文的结构内容	X
						003	技术论文标题拟订的基本原则	X
						004	技术论文摘要拟订的基本原则	X
						005	技术论文编写的基本要素	X
						006	装置标定报告主要内容	X
						007	装置验收报告主要内容	X
						008	工艺技术规程主要内容	X
						009	岗位操作法的主要内容	X
						010	检修方案的主要内容	X
						011	开工方案的主要内容	X
						012	停工方案的主要内容	X
				C	技术改进	001	技术改造的目的	X
						002	技术改造的程序	X
						003	技术改造方案的主要内容	X
						004	技术改造的有关步骤	X
						005	技术改造申请书的编写格式	X
						006	技术革新成果的鉴定知识	X
						007	技术改造的注意事项	X
						008	技术革新成果报告的主要内容	X
		F	培训与指导	A	培训与指导	001	专项培训方案制定的要求	X
						002	培训教学常用方法	X
						003	培训教案编写的要求	X
						004	培训教学的组织实施	X
						005	评估培训效果的意义	X

工种理论知识鉴定要素细目表

鉴定范围						鉴定点		
一级		二级		三级		代码	名称	重要程度
代码	名称	代码	名称	代码	名称			
A	基本要求	B	基础知识	G	化学基础知识	001	氧化还原反应	X
						002	胶体的结构	X
						003	化学平衡常数的计算	X
						004	化学反应速度的影响因素	X
						005	烃的衍生物	X
						006	有机化合物的特点	X
						007	高聚物合成反应分类	X
				H	生物基础知识	001	微生物呼吸作用的本质	X
						002	影响酶反应的主要因素	X
						003	米式方程式的含义	X
						004	莫诺特方程式的含义	X
						005	微生物的生存条件	X
						006	微生物的营养类型	X
						007	微生物的合成代谢	X
						008	微生物的分解代谢	X
				I	石油化工与污染源	001	丙烯腈装置废水	X
						002	腈纶聚合装置废水	X
						003	对苯二甲酸装置废水	X
						004	石油中非烃组分的危害	X
						005	石油中非烃组分的综合利用	Z
				J	化工原理知识	001	伯努利方程的应用	X
						002	亨利定律的应用	X
				K	电工基础知识	001	防静电的主要措施	Y
						002	防雷电的主要措施	Y
						003	继电保护装置的概念	X
				L	仪表知识	001	分程控制系统工作原理	X
						002	串级控制系统工作原理	X
						003	比值控制系统工作原理	X
						004	电磁流量计的工作原理	X
				M	计量知识	001	分析仪器的种类	Y
				N	水污染与治理	001	污水物理处理方法	X
						002	污水化学处理方法	X
						003	污水物理化学处理方法	X
						004	污水生物处理方法	X
						005	污泥的处置方法	Z

续表

鉴定范围						鉴定点		
一级		二级		三级		代码	名称	重要程度
代码	名称	代码	名称	代码	名称			
B	相关知识	A	工艺操作	A	开车准备	001	乳化污水的性质	X
						002	污水的生物指标	X
						003	污水中常见的有毒物质	X
						004	水中的耗氧物质	X
						005	污水中溶解性污染物类别	X
						006	总有机碳的概念	Y
						007	(GB/T 14848—1993)地下水质量标准	Y
						008	含硫污水汽提预处理工艺特点	X
						009	含酚污水萃取预处理工艺特点	X
						010	污水处理系统开车条件	X
						011	活性污泥培养、驯化步骤	X
						012	生物挂膜、驯化步骤	X
				B	开车操作	001	确定格栅间距的因素	X
						002	沉淀效果的影响因素	X
						003	确定滤料厚度的因素	X
						004	常用滤池滤料的质量要求	X
						005	影响混凝效果的因素	X
						006	影响澄清池处理效果的因素	X
						007	影响吸附的因素	X
						008	影响吹脱的因素	Z
						009	影响离子交换树脂交换能力的因素	X
						010	单塔加压侧线抽出汽提原理	X
						011	酸碱污水中和方法选用原则	X
						012	电解过程影响因素	X
						013	焚烧炉热效率的影响因素	Y
						014	影响氯消毒效果的因素	X
						015	活性污泥法净化污水机理	X
						016	生物膜法净化污水机理	X
						017	选择生物滤池滤料应满足的条件	Y
						018	接触氧化池填料的选择	Y
						019	厌氧生化处理机理	X
						020	影响厌氧生物处理的因素	X
						021	厌氧消化体系中酸碱平衡	X
						022	生物反硝化控制条件	X

续表

鉴定范围						鉴定点		
一级		二级		三级		代码	名称	重要程度
代码	名称	代码	名称	代码	名称			
						023	水解酸化的控制条件	X
						024	生物硝化控制条件	X
						025	厌氧颗粒污泥的作用	X
						026	影响 *SDI* 指标的因素	X
						027	影响反渗透(纳滤)系统产水率的因素	X
				C	停车操作	001	污泥厌氧消化机理	X
						002	污泥处置方法的选择	X
						003	污泥调理方法的选择	X
						004	污泥厌氧消化的两个阶段	X
				D	正常操作	001	浅层沉淀原理	X
						002	污水水质调节方式选择	X
						003	气浮原理	X
						004	活性污泥的增长规律	X
						005	SBR 反应器自动控制	X
						006	UNOX 纯氧曝气的三个控制回路	Y
						007	活性污泥法运行管理	X
						008	生物膜法运行管理	X
						009	厌氧生物处理法运行管理	X
						010	含硫污水汽提工艺运行管理	X
						011	含酚污水萃取工艺运行管理	X
						012	温度的变化对厌氧消化的影响	X
						013	生物除磷原理	X
						014	污水处理系统运行管理	X
						015	废液焚烧炉运行管理	X
						016	污泥焚烧炉运行管理	X
						017	湿式氧化法运行管理	X
						018	膜分离系统运行周期的确定	X
						019	污水深度处理系统微生物的控制	X
						020	反渗透(纳滤)膜污染的防止	X
						021	过滤工艺运行周期的确定	X
						022	污水深度处理工艺选择	X

续表

鉴定范围						鉴定点		
一级		二级		三级		代码	名称	重要程度
代码	名称	代码	名称	代码	名称			
		B	设备使用与维护	A	使用设备	001	离心泵的性能参数	X
						002	罗茨风机的性能参数	X
						003	离心式鼓风机的性能参数	X
						004	往复式压缩机性能参数	X
						005	离心式空气压缩机的性能参数	X
						006	离心脱水机的性能参数	X
						007	带式压滤机的性能参数	X
						008	转鼓真空过滤机的性能参数	X
						009	板框压滤机的性能参数	X
						010	液位联锁设置原理	X
						011	曝气器主要技术指标	X
						012	软性填料的主要技术参数	X
						013	常用滤料的质量要求	Y
						014	不同介质对设备材质的要求	X
						015	齿轮的传动原理	Y
						016	设备选材原则	X
						017	滚动轴承作用原理	Y
						018	滑动轴承作用原理	Y
				B	维护设备	001	金属材料腐蚀的环境因素	X
						002	金属腐蚀的形态	Z
						003	压力容器安全管理规定	X
		C	事故判断与处理	A	判断事故	001	装置出水严重超标的原因	X
						002	活性污泥膨胀的原因	X
						003	活性污泥中毒的原因	X
				B	处理事故	001	装置出水水质严重超标的处理措施	X
						002	活性污泥膨胀的处理方法	X
						003	活性污泥中毒的处理措施	X
		D	绘图与计算	A	绘图	001	化工设备图的画法	Y
						002	施工流程图的画法	X
				B	计算	001	离心机分离因素的计算	Y
						002	吸附容量的计算	Z
						003	鼓风曝气量的计算	X
						004	氧化沟转刷运行台数计算	X
						005	SBR 法排水深度计算	X

二、理论知识试题

行业通用理论知识试题

判断题

1. 设备布置图是构思建筑图的前提，建筑图又是设备布置图的依据。 (√)

2. 化工设备图中，如图管道立面图，其平面图为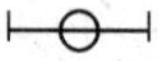。 (×)

正确答案：化工设备图中，如图管道立面图，其平面图为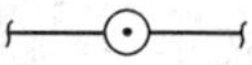。

3. 在化工设备图中，由于零件的制造精度不高，故允许在图上将同方向(轴向)的尺寸注成封闭形式。 (√)

4. 装配图中，当序号的指引线通过剖面线时，指引线的方向必须与剖面线平行。 (×)

正确答案：装配图中当序号的指引线通过剖面线时，指引线的方向必须与剖面线不平行。

5. 只有ISO 9000质量保证模式的标准才能作为质量审核的依据。 (×)

正确答案：除ISO 9000族质量标准以外，还有其他一些国际标准可以作为质量审核的依据。

6. ISO 9000:2000版标准减少了过多强制性文件化要求，使组织更能结合自己的实际，控制体系过程，发挥组织的自我能力。 (√)

7. 数据库就是存储和管理数据的仓库。 (×)

正确答案：数据库就是按一定结构存储和管理数据的仓库。

8. 在计算机应用软件中VFP数据表中日期字段的宽度一般为10个字符。 (×)

正确答案：在计算机应用软件中VFP数据表中日期字段的宽度一般为8个字符。

9. 在应用软件PowerPoint中可以插入WAV文件、AVI影片，但不能插入CD音乐。 (×)

正确答案：在PowerPoint中可以插入WAV文件、AVI影片，也能够插入CD音乐。

10. 在应用软件PowerPoint中播放演示文稿的同时，单击鼠标右键，选择“指针选项”中的“画笔”选项，此时指针会自动的变成一支画笔的形状，按住鼠标左键，就可以随意书写文字了。 (√)

11. 基本生产过程在企业的全部生产活动中居主导地位。 (√)

12. 企业的生产性质、生产结构、生产规模、设备工装条件、专业化协作和生产类型等因素都会影响企业的生产过程组织，其中影响最大的是生产规模。 (×)

正确答案：企业的生产性质、生产结构、生产规模、设备工装条件、专业化协作和生产类型等因素都会影响企业的生产过程组织，其中影响最大的是生产类型。

13. 日常设备检查是指专职维修人员每天对设备进行的检查。 (×)

正确答案：日常设备检查是指操作者每天对设备进行的检查。

14. 现场管理是综合性、全面性、全员性的管理。 (√)

15. 通过对工艺指标分析和对比可以找出设备运行中存在的不足和问题，指导有目的地加以优化和改进。 (√)

16. 关键词是为了文献标引工作，从论文中选取出来，用以表示全文主要内容信息款目的单词或术语，一般选用3~8个词作为关键词。 (√)

17. 技术论文的摘要是对各部分内容的高度浓缩，可以用图表和化学结构式说明复杂的

问题，并要求对论文进行自我评价。（×）

正确答案： 技术论文的摘要是对各部分内容的高度浓缩，在摘要中不可以用图表和化学结构式，不要对论文进行自我评价。

18. 理论性是技术论文的生命，是检验论文价值的基本尺度。（×）

正确答案： 创见性是技术论文的生命，是检验论文价值的基本尺度。

19. 生产准备应包括：组织机构(附组织机构图)、人员准备及培训、技术准备及编制《投料试车总体方案》(附投料试车统筹网络图)、物资准备、资金准备、外部条件准备和营销准备。（√）

20. 工艺技术规程侧重于主要规定设备如何操作。（×）

正确答案： 工艺技术规程侧重于主要规定设备为何如此操作。

21. 岗位操作法应由车间技术人员根据现场实际情况编写，经车间主管审定，并组织有关专家进行审查后，由企业主管批准后执行。（√）

22. 技术改造的过程中竣工验收时应以基础设计为依据。（×）

正确答案： 技术改造的过程中竣工验收的依据是批准的项目建议书、可行性研究报告、基础设计(初步设计)、有关修改文件及专业验收确认的文件。

23. 技术改造项目正式验收后要按照对技术经济指标进行考核标定，编写运行标定报告。（×）

正确答案： 技术改造项目正式验收前要按照对技术经济指标进行考核标定，编写运行标定报告。

24. 培训需求分析是培训方案设计和制定的基础和指南。（√）

25. 案例教学因受到案例数量的限制，并不能满足每个问题都有相应案例的需求。（√）

26. 主题是培训教案的灵魂，提纲是教案的血脉，素材是培训教案的血肉。（√）

27. 在培训活动中，学员不仅是学习资料的摄取者，同时也是一种可以开发利用的宝贵的学习资源。（√）

28. 对内容、讲师、方法、材料、设施、场地、报名的程序等方面的评价属于结果层面的评价。（×）

正确答案： 对内容、讲师、方法、材料、设施、场地、报名的程序等方面的评价属于反应层面的评价。

单选题

1. 设备布置图中，用(B)线来表示设备安装基础。

A. 细实　　B. 粗实　　C. 虚　　D. 点划

2. 如图 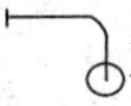 为一根管道空间走向的平面图，它的左视图是(B)。

A. 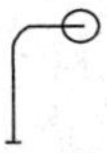　　B. 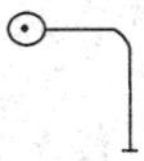　　C. 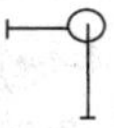　　D. 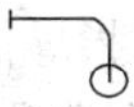

3. 在储罐的化工设备图中，储罐的筒体内径尺寸 $\phi 2000$ 表示的是(A)尺寸。

A. 特性　　B. 装配　　C. 安装　　D. 总体

4. 关于零件图和装配图，下列说法不正确的是(C)。

A. 零件图表达零件的大小、形状及技术要求

B. 装配图是表示装配及其组成部分的连接、装配关系的图样

C. 零件图和装配图都用于指导零件的加工制造和检验

D. 零件图和装配图都是生产上的重要技术资料

5. 在 ISO 9000 族标准中，可以作为质量管理体系审核的依据是(A)。

A. GB/T 19001　　B. GB/T 19000　　C. GB/T 19021　　D. GB/T 19011

6. 按 ISO 9001:2000 标准建立质量管理体系，鼓励组织采用(A)方法。

A. 过程　　B. 管理的系统　　C. 基于事实的决策　　D. 全员参与

7. 目前，比较流行的数据模型有三种，下列不属于这三种的是(D)结构模型。

A. 层次　　B. 网状　　C. 关系　　D. 星形

8. 在计算机应用软件中 VFP 数据库中浏览数据表的命令是(A)。

A. BROWS　　B. SET　　C. USE　　D. APPEND

9. 在应用软件 PowerPoint 中演示文稿的后缀名是(C)。

A. doc　　B. xls　　C. ppt　　D. ppl

10. 在生产过程中，由于操作不当造成原材料、半成品或产品损失的，属于(A)事故。

A. 生产　　B. 质量　　C. 破坏　　D. 操作

11. 对设备进行清洗、润滑、紧固易松动的螺丝、检查零部件的状况，这属于设备的(C)保养。

A. 一级　　B. 二级　　C. 例行　　D. 三级

12. 分层管理是现场 5S 管理中(C)常用的方法。

A. 常清洁　　B. 常整顿　　C. 常组织　　D. 常规范

13. 目视管理是现场 5S 管理中(D)常用的方法。

A. 常组织　　B. 常整顿　　C. 常自律　　D. 常规范

14. 按规定中、小型建设项目应在投料试车正常后(D)内完成竣工验收。

A. 两个月　　B. 一年　　C. 三个月　　D. 半年

15. 下列叙述中，(A)不是岗位操作法中必须包含的部分。

A. 生产原理　　B. 事故处理　　C. 投、停运方法　　D. 运行参数

16. 下列选项中，不属于标准改造项目的是(A)。

A. 重要的技术改造项目　　B. 全面检查、清扫、修理

C. 消除设备缺陷，更换易损件　　D. 进行定期试验和鉴定

17. 在停车操作阶段不是技师所必须具备的是(D)。

A. 组织完成装置停车吹扫工作

B. 按进度组织完成停车盲板的拆装工作

C. 控制并降低停车过程中物耗、能耗

D. 指导同类型的装置停车检修

18. 下列选项中，属于技术改造的是(C)。

A. 原设计系统的恢复的项目　　B. 旧设备更新的项目

C. 工艺系统流程变化的项目　　D. 新设备的更新项目

19. 为使培训计划富有成效，一个重要的方法是(A)。

A. 建立集体目标

B. 编成训练班次讲授所需的技术和知识

C. 把关于雇员的作茧自缚情况的主要评价反馈给本人

D. 在实施培训计划后公布成绩

20. 在培训教学中，案例法有利于参加者(D)。

A. 提高创新意识　　B. 系统接受新知识

C. 获得感性知识　　D. 培养分析解决实际问题能力

21. 课程设计过程的实质性阶段是(C)。

A. 课程规划　　B. 课程安排　　C. 课程实施　　D. 课程评价

22. 正确评估培训效果要坚持一个原则，即培训效果应在(B)中得到检验。

A. 培训过程　　B. 实际工作　　C. 培训教学　　D. 培训评价

多选题

1. 设备布置图必须具有的内容是(A，B，D)。

A. 一组视图　　B. 尺寸及标注　　C. 技术要求　　D. 标题栏

2. 在化工设备图中，当控制元件位置与任一直角坐标轴平行时，可用(A，C，D)表示。

A. 

B. 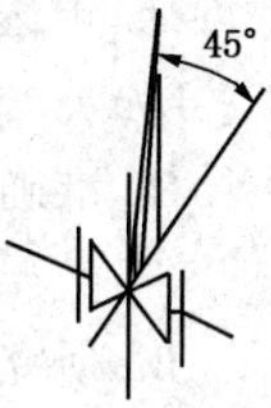

C. 

D. 

3. 在化工设备图中，可以作为尺寸基准的有(A，B，C，D)。

A. 设备筒体和封头的中心线　　B. 设备筒体和封头时的环焊缝

C. 设备法兰的密封面　　D. 设备支座的底面

4. 在化工设备图中，可以作为尺寸基准的有(A，B，D)。

A. 设备筒体和封头的中心线　　B. 设备筒体和封头时的环焊缝

C. 设备人孔的中心线　　D. 管口的轴线和壳体表面的交线

5. 下列叙述中，不正确的是(A，B，D)。

A. 根据零件加工、测量的要求而选定的基准为工艺基准。从工艺基准出发标注尺寸，能把尺寸标注与零件的加工制造联系起来，使零件便于制造、加工和测量

B. 装配图中，相邻零件的剖面线方向必须相反

C. 零件的每一个方向的定向尺寸一律从该方向主要基准出发标注

D. 零件图和装配图都用于指导零件的加工制造和检验

6. 在 ISO 9000 族标准中，内部质量体系审核的依据是(A，B，C，D)。

A. 合同要素　　B. 质量文件

C. ISO 9000 族标准　　D. 法律、法规要求

7. ISO 9001 标准具有广泛的适用性，适用于(B，D)。

A. 大中型企业　　B. 各种类型规模及所有产品的生产组织

C. 制造业　　D. 各种类型规模及所有产品的服务的组织

8. 在计算机应用软件中 VFP 能用来建立索引的字段是(C，D)字段。

A. 通用型(图文型)　B. 备注(文本型)　C. 日期　D. 逻辑

9. 关于幻灯片的背景，说法不正确的是(A，C，D)。

A. 只有一种背景　　B. 可以是图片　　C. 不能更改　　D. 以上都错

10. 企业在安排产品生产进度计划时，对市场需求量大，而且比较稳定的产品，其全年任务可采取(A，B)。

A. 平均分配的方式　　B. 分期递增方法

C. 抛物线形递增方式　　D. 集中轮番方式

11. 设备的一级维护保养的主要内容是(A，B，C)。

A. 彻底清洗、擦拭外表　　B. 检查设备的内脏

C. 检查油箱油质、油量　　D. 局部解体检查

12. 现场目视管理的基本要求是(A，B，C，D)。

A. 统一　　B. 简约　　C. 鲜明　　D. 实用

13. 在月度生产总结报告中对工艺指标完成情况的分析应包括(A，B，C，D)。

A. 去年同期工艺指标完成情况　　B. 本月工艺指标完成情况

C. 计划本月工艺指标情况　　D. 未达到工艺指标要求的原因

14. 技术论文标题拟订的基本要求是(B，C，D)。

A. 标新立异　　B. 简短精练　　C. 准确得体　　D. 醒目

15. 技术论文摘要的内容有(A，C，D)。

A. 研究的主要内容　　B. 研究的目的和自我评价

C. 获得的基本结论和研究成果　　D. 结论或结果的意义

16. 技术论文的写作要求是(A，B，D)。

A. 选题恰当　　B. 主旨突出　　C. 叙述全面　　D. 语言准确

17. 装置标定报告的目的是(A，B，D)。

A. 进行重大工艺改造前为改造设计提供技术依据

B. 技术改造后考核改造结果，总结经验

C. 完成定期工作

D. 了解装置运行状况，获得一手资料，及时发现问题，有针对性地加以解决

18. 下列选项中，属于竣工验收报告的内容有(A，B，C，D)。

A. 工程设计　　B. 竣工决算与审计　　C. 环境保护　　D. 建设项目综合评价

19. “三级验收”是指(B，C，D)验收。

A. 个人　　B. 班组　　C. 车间　　D. 厂部

20. 在技术改造过程中(A，B，C)的项目应该优先申报。

A. 解决重大安全隐患　　B. 生产急需项目

C. 效益明显项目　　D. 技术成熟项目

21. 在技术改造方案中(A，C，D)设施应按设计要求与主体工程同时建成使用。

A. 环境保护　　B. 交通　　C. 消防　　D. 劳动安全卫生

22. 技术改造申请书应包括(A，B，C，D)。

A. 项目名称和立项依据　　B. 项目内容和改造方案

C. 项目投资预算及进度安排　　D. 预计经济效益分析

23. 进行技术革新成果鉴定必要的条件是(A，B，C，D)。

A. 技术革新确实取得了良好的效果

B. 申报单位编制好技术革新成果汇报

C. 确定鉴定小组人员、资格

D. 确定鉴定的时间、地点和参加人员，提供鉴定时所需各种要求

24. 培训方案应包括(A，B，C，D)等内容。

A. 培训目标　　B. 培训内容　　C. 培训指导者　　D. 培训方法

25. 在职工培训活动中，培训的指导者可以是(A，B，C，D)。

A. 组织的领导　　B. 具备特殊知识和技能的员工

C. 专业培训人员　　D. 学术讲座

26. 在职工培训中，案例教学具有(A，B，C)等优点。

A. 提供了一个系统的思考模式

B. 有利于使受培训者参与企业实际问题的解决

C. 可得到有关管理方面的知识与原则

D. 有利于获得感性知识，加深对所学内容的印象

27. 在职工培训中，讲授法的缺点是(A，B，D)。

A. 讲授内容具有强制性　　B. 学习效果易受教师讲授水平的影响

C. 适用的范围有限　　D. 没有反馈

28. 培训教案一般包括(A，B，C，D)等内容。

A. 培训目标　　B. 教学设计　　C. 培训目的　　D. 重点、难点

29. 编写培训教案的基本技巧是(A，B，C，D)。

A. 确立培训的主题　B. 构思培训提纲　　C. 搜集素材　　D. 整理素材

30. 培训项目即将实施之前需做好的准备工作包括(A，B，C，D)。

A. 通知学员　　B. 后勤准备　　C. 确认时间　　D. 准备教材

31. 生产管理或计划部门对培训组织实施的(A，B)是否得当具有发言权。

A. 培训时机的选择　　B. 培训目标的确定

C. 培训计划设计　　D. 培训过程控制

32. 在评估培训效果时，行为层面的评估，主要包括(B，C，D)等内容。

A. 投资回报率　　B. 客户的评价　　C. 同事的评价　　D. 主管的评价

33. 培训评估的作用主要有(B，D)等几个方面。

A. 提高员工的绩效和有利于实现组织的目标

B. 保证培训活动按照计划进行

C. 有利于提高员工的专业技能

D. 培训执行情况的反馈和培训计划的调整

简答题

1. 在 ISO 9000 族标准中质量体系审核的依据包括哪些内容？

答：①相关的质量保证模式标准(一般是 ISO 9001、9002、9003)；②质量手册或质量管理手册或质量保证手册；③程序文件；④质量计划；⑤合同或协议；⑥有关的法律、法规。

2. 简述生产过程的基本内容。

答：①生产准备过程；②基本生产过程；③辅助生产过程；④生产服务过程。

3. 什么是设备检查？设备检查的目的是什么？

答：①设备检查是指对设备的运行状况、工作性能、磨损腐蚀程度等方面进行检查和校验；②设备检查能够及时查明和清除设备隐患，针对发现的问题提出解决的措施，有目的地做好维修前的准备工作，以缩短维修时间，提高维修质量。

4. 现场管理有哪些具体要求？

答：①组织均衡生产；②实现物流有序化；③设备状况良好；④纪律严明；⑤管理信息准确；⑥环境整洁，文明生产；⑦组织好安全生产，减少各种事故。

5. 经济指标分析时应注意什么？

答：①指标的准确性。指标的采集汇总必须准确，错误的数据缺乏参照和分析性，甚至产生错误的结论。②指标的可比性。在进行指标分析时通常要在相同运行的状况下进行比较，通常要参照上个月和去年同期的指标。如果运行的状况发生变化要对指标进行相应的修正，否则就失去了指标的可比性。③突出指标分析指导的作用。通过指标分析和对比要找出设备运行中存在的不足和问题，指导有目的地加以优化和改进。

6. 国家标准技术论文应该包括哪些内容？

答：技术论文应包括题目、作者、摘要、关键词、引言、正文、结论、致谢、参考文献、附录十个部分。

7. 通常情况下技术论文的结构是怎样的？

答：在通常情况下技术论文的正文结构应该是按提出问题——分析问题——提供对策来布置的。①要概括情况、阐述背景、说明意义、提出问题。②在分析问题时必须观点明确，既要抓住矛盾的主要方面，又不能忽视次要方面，析因探源，寻求出路。③要概括前文，肯定中心论点，提出工作对策。提供的对策要有针对性和必要的论证。

8. 技术论文摘要的要求是什么？

答：摘要文字必须十分简练，篇幅大小一般限制字数不超过论文字数的5%。论文摘要不要列举例证，不讲研究过程，不用图表，不给化学结构式，也不要作自我评价。

9. 简述技术论文的写作步骤。

答：①选题，确定论文的主攻方向和阐述或解决的问题。选题时一般要选择自己感兴趣的和人们关心的“焦点”问题；②搜集材料，要坚持少而精的原则，做到必要、可靠、新颖，同时必须充分；③研究资料，确定论点，选出可供论文作依据的材料，支持论点；④列出详细的提纲，使想法和观点文字化、明晰化、系统化，从而可以确定论文的主调和重点。提纲拟订好后，可以遵循论文写作的规范和通常格式动笔拟初稿。

10. 在竣工验收报告中关于工程建设应包括哪些内容？

答：①工程建设概况；②工程建设组织及总体统筹计划；③工程进度控制；④工程质量控制；⑤工程安全控制；⑥工程投资控制；⑦未完工程安排；⑧工程建设体会。

11. 工艺技术规程应包括哪些内容？

答：①总则；②原料、中间产品、产品的物、化性质以及产品单耗；③工艺流程；④生产原理；⑤设备状况及设备规范；⑥操作方法；⑦分析标准；⑧安全计划要求。

12. 岗位操作法应包括哪些内容？

答：①名称；②岗位职责和权限；③本岗位与上、下游的联系；④设备规范和技术特性，原料产品的物、化性质；⑤开工准备；⑥开工操作步骤；⑦典型状况下投、停运方法和步骤；⑧事故预防、判断及处理；⑨系统流程图；⑩运行参数正常范围和各种试验。

13. 检修方案应包括哪些内容？

答：①设备运行情况；②检修组织机构；③检修工期；④检修内容；⑤检修进度图；⑥检修的技术要求；⑦检修任务落实情况；⑧安全防范措施；⑨检修备品、备件；⑩检修验收内容和标准。

14. 在开车准备阶段技师应具备哪些技能要求？

答：①能完成开车流程的确认工作；②能完成开车化工原材料的准备工作；③ 能按进度组织完成开车盲板的拆装操作；④能组织做好装置开车介质的引入工作；⑤能组织完成装置自修项目的验收；⑥能按开车网络图计划要求，组织完成装置吹扫、试漏工作；⑦能参与装置开车条件的确认工作。

15. 开工方案应包括哪些内容？

答：①开工组织机构；②开工的条件确认；③开工前的准备条件；④开工的步骤及应注意的问题；⑤开工过程中事故预防和处理；⑥开工过程中安全分析及防范措施；⑦附录，重要的参数和控制点、网络图。

16. 停工方案应包括哪些内容？

答：①设备运行情况；②停工组织机构；③停工的条件确认；④停工前的准备条件；⑤停工的步骤及应注意的问题；⑥停工后的隔绝措施；⑦停工过程中事故预防和处理；⑧停工过程中安全分析及防范措施；⑨附录，重要的参数和控制点。

17. 技术改造的目的是什么？

答：通过采用新技术、新工艺，解决制约系统安、稳、优生产运行的问题，推动技术进步和技术创新，更好地提高企业经济效益。

18. 技术改造的前期准备是什么？

答：通过选题和论证确定技术改造的项目和内容，提出立项申请和改造方案。经领导和专家批准后，进行改造设计和设计审查。改造项目确定后，需及时落实资金，完成设备、材料的采购，落实施工单位，组织设计交底。

19. 技术改造方案的主要内容是什么？

答：①项目名称；②项目负责单位；③项目负责人；④建设立项理由和依据，包括原始状况、存在问题和改造依据；⑤改造主要内容，需要写明改造涉及装置设备及详细改造内容；⑥改造技术方案，需写明技术分析、技术要求、方案选择、设备选型及详细的技术方案，并注明动力消耗指标及公用工程配套情况；⑦预计改造效果及经济效益，包括改造后主要经济、技术指标及取得效果；经济效益（附计算式）及技术经济分析；⑧投资计划，包括主要设备材料清单和费用安排（设备询价、材料费用、安装施工费用等）；⑨计划进度安排；⑩安全环保措施。

20. 技术改造的步骤是什么？

答：①前期准备，确定技术改造的项目和内容，经领导和专家批准后，进行改造设计和设计审查。改造项目确定后，需及时落实资金，完成设备、材料的采购，落实施工单位，组织设计交底。②实施阶段，根据改造设计的要求，施工单位应在规定工期内保质保量地完成改造的各项内容。在此过程中应对工程进度、工程质量、工程安全、工程投资进行重点控制。③验收阶段，改造项目完成后，应及时组织投用试车，进行性能考核，检验是否达到设计要求，在运行正常后组织进行竣工验收，并填写竣工验收报告。④后评估阶段，在设备稳定运行一段时间后，应组织对技术改造进行后评估，总结技术改造的效果和经验，根据生产运行实际情况提出建议。

21. 技术革新成果鉴定小组主要程序和主要内容是什么？

答：①听取申报单位技术革新成果汇报情况；②实地查验技术革新成果完成情况，审阅技术革新成果申报资料；③讨论对技术革新成果验收意见，签署技术革新成果验收证书；④颁发技术革新成果验收证书。

22. 在技术改造过程中施工管理时应注意什么？

答：①对改造工程施工全过程应进行组织和管理，及时发现并解决施工存在的问题，严格按照技术检修规程及施工图纸进行施工，确保工程质量和施工进度。②在施工过程中，应加强质量监督并进行实施阶段的设计协调工作，对检查发现的工程质量问题有权责令其停止施工并限期整改。③在施工过程中，应加强对施工现场安全、人身安全的监督，禁止“三违”现象的出现，对不符合要求的有权责令其停止施工并限期整改。④在施工过程中，应加强对施工周围环境的影响的监管，对施工过程中产生的废物要及时妥善处理。

23. 技术革新成果的主要内容是什么？

答：技术革新成果的主要内容是：①项目编号、成果名称、完成单位、申报日期、项目负责人、主要完成人、工作起止时间；②系统原始状况和技术难点；③实施报告，包括方案、措施、完成时间、取得成果(附图纸、资料、技术说明)；④社会、经济效益；⑤申报车间审核意见、技术主管部门审核意见、专业评审小组意见和企业主管领导意见。

24. 培训方案由哪些要素组成？

答：培训方案主要由培训目标、培训内容、培训指导者、受训者、培训日期和时间、培训场所与设备以及培训方法等要素组成。

25. 培训需求分析包括哪些内容？

答：培训需求分析需从多维度来进行，包括组织、工作、个人三个方面：①组织分析指确定组织范围内的培训需求，以保证培训计划符合组织的整体目标与战略要求；②工作分析指员工达到理想的工作绩效所必须掌握的技能和知识；③个人分析是将员工现有的水平与预期未来对员工技能的要求进行比照，发现两者之间是否存在差距。

26. 什么是培训方案？

答：培训方案是培训目标、培训内容、培训指导者、受训者、培训日期和时间、培训场所与设备以及培训方法的有机结合。

27. 什么是演示教学法？在教学中演示教学法具有哪些优点？

答：演示法是运用一定的实物和教具，通过实地示范，使受训者明白某种事务是如何完成的。演示法优点为：①有助于激发受训者的学习兴趣；②可利用多种感官，做到看、听、想、问相结合；③有利于获得感性知识，加深对所学内容的印象。

28. 如何准备教案？

答：准备教案要从以下几个方面着手：

①做好培训需求分析。②教案的编写：确定教案的核心内容与结构；选择合适的教案模式。③培训方式的选择与应用。

29. 在培训教学的组织实施与管理的前期准备阶段，主要的工作有哪些？

答：①确认和通知参加培训的学员；②培训后勤准备；③确认培训时间；④教材的准备；⑤确认理想的讲师。

30. 培训评估具有什么意义？

答：①能为决策提供有关培训项目的系统信息，从而做出正确的判断；②可以促进培训管理水平的提升；③可使培训管理资源得到更广泛的推广和共享。

31. 应从哪些方面评价培训效果？

答：主要应从以下四个层面评估培训效果：①反应，即课程刚结束时，了解学员对培训项目的主观感觉；②学习，即学员在知识、技能或态度等方面学到了什么；③行为，即学员的工作行为方式有多大程度的改变；④结果，即通过诸如质量、数量、安全、销售额、成本、利润、投资回报率等可以量度的指标来考查，看最终产生了什么结果。

工种理论知识试题

判断题

1. 化学反应如果是置换反应，那么肯定也是氧化还原反应。 (√)

2. 在胶体粒子的中心是胶核，它由数百及至数千个分散相固体物质分子组成。 (√)

3. 对于化学反应来说，压强增大了，反应速率不一定增大。 (√)

4. 所有有机物均不导电。 (×)

正确答案：大多数有机物不易导电。

5. 有氧呼吸及无氧呼吸通常可以将有机物质最终氧化为 H_2O 和 CO_2。 (√)

6. 酶反应速度随底物浓度的增大而加快，加快的趋势是逐渐减缓的。 (×)

正确答案：酶反应速度随底物浓度的增大而加快，加快的趋势在底物浓度与半反应速度常数相等以后逐渐减缓。

7. 如果一种酶有几种底物，则对每一种底物各有一个特定的半反应速度常数值。 (√)

8. 亨利定律可以推广到挥发性溶质溶于液体形成的任何浓度的溶液。 (×)

正确答案：亨利定律可以推广到具有挥发性溶质溶于液体的稀溶液。

9. 静电放电有电晕放电、刷形放电、火花放电，其中电晕放电危险性最大。 (×)

正确答案：静电放电有电晕放电、刷形放电、火花放电，其中火花放电危险性最大。

10. 故障切除时间等于继电保护装置动作时间。 (×)

正确答案：故障切除时间等于继电保护装置动作时间和断路器动作时间之和。

11. 分程调节系统的调节器只能同时控制两个调节阀。 (×)

正确答案：分程调节系统的调节器可以同时控制两个或两个以上的调节阀。

12. 串级调节系统的参数整定分两步整定法和三步整定法。 (×)

正确答案：串级调节系统的参数整定分两步整定法和一步整定法。

13. 电磁流量计的输出电流与介质流量有线性关系。 (√)

14. 物理化学法可以去除某些细小的悬浮物以及溶解态有机物。 (√)

15. 废水生化处理是利用生物的吞噬作用，对废水中的污染物质进行转化和稳定，使之无害化的处理方法。 (×)

正确答案：废水生化处理是利用生物的新陈代谢作用，对废水中的污染物质进行转化和稳定，使之无害化的处理方法。

16. 溶解性固体愈多，水中所含溶解盐类也愈多。(√)

17. 总有机碳是以有机物在氧化过程中通过消耗氧的数量来代表有机物的数量。(√)

18. 汽提塔中部当温度控制在 80℃以上时，氨在水中的溶解度迅速下降而挥发至气相，形成富氨气体。(√)

19. 萃取剂能否从废水中提取分离某一种污染物，取决于该污染物的分配系数，分配系数越小，则去除污染物的效果越好。(×)

正确答案：萃取剂能否从废水中提取分离某一种污染物，取决于该污染物的分配系数，分配系数越大，则去除污染物的效果越好。

20. 选用单层滤料与选用双层或多层滤料相比较，过滤周期相对延长。(×)

正确答案：选用单层滤料与选用双层或多层滤料相比较，过滤周期相对缩短。

21. 因无机盐类混凝剂水解时是放热反应，水温低时水解容易。(×)

正确答案：因无机盐类混凝剂水解时是吸热反应，水温低时水解困难。

22. 一般来说，吸附剂的吸附量是随着有机相对分子质量的增大而减小。(×)

正确答案：一般来说，吸附剂的吸附量是随着有机相对分子质量的增大而增加。

23. 在一定压力条件下，升温对吹脱有利。(√)

24. 当含硫污水中氨含量升高后，可采取加大汽提蒸汽负荷量和稳定侧线抽出量的措施来保证净化水质量。(×)

正确答案：当含硫污水中氨含量升高后，可采取加大汽提蒸汽负荷量和加大侧线抽出气量两种措施来保证净化水质量。

25. 由于酸的稀释过程中大量放热，而且在热条件下酸的腐蚀性大大增加，所以不能将酸直接加到污水管道中。(√)

26. 回流污泥经过曝气的时间越长，其活性越好，对污水初期去除率越高。(×)

正确答案：回流污泥经过曝气的时间过长，过分自身氧化而失去活性，对污水初期去除率也会降低。

27. 生物膜在有氧条件下，将有机物氧化分解为无机盐和二氧化碳。(√)

28. 塔式生物滤池应使用质重、空隙率低的填料。(×)

正确答案：塔式生物滤池应使用质轻，空隙率高的填料。

29. 接触氧化池选择的填料在填料层各部分的水流流态应相同，避免短流现象。(√)

30. 厌氧消化过程可划分为三个连续的阶段，即水解酸化阶段、产氢产乙酸阶段和产甲烷阶段。但是在厌氧反应器中，三个阶段是分别进行的。(×)

正确答案：厌氧消化过程可划分为三个连续的阶段，即水解酸化阶段、产氢产乙酸阶段和产甲烷阶段。但是在厌氧反应器中，三个阶段是同时进行的，并保持某种程度的动态平衡。

31. 厌氧微生物生长需要在无氧的环境，与氧化还原电位无关。(×)

正确答案：环境中仅仅无氧的存在仍不足以为厌氧微生物提供有效的生长条件，还必须使环境中的氧化还原电位稳定在厌氧微生物所要求的范围。

32. 厌氧消化体系的 pH 值不是由体系中的酸碱平衡所控制的。(×)

正确答案：厌氧消化体系的 pH 值是由体系中的酸碱平衡所控制的。

33. 反硝化反应中不同的碳源物质对反硝化速率没有影响。 (×)

正确答案：反硝化反应中不同的碳源物质对反硝化速率有一定的影响。

34. UASB 反应器内的颗粒污泥由于受高流速水流影响而易于流失。 (×)

正确答案：UASB 反应器内的颗粒污泥由于颗粒化程度较差而易于流失。

35. 助凝剂主要的作用是调节污泥的 pH 值。 (×)

正确答案：助凝剂主要的作用是调节污泥的 pH 值和加强污泥的颗粒结构。

36. 污水生物处理水质调节的主要指标是污泥负荷和容积负荷。 (√)

37. 对于纯氧曝气装置，如果 BOD_5 负荷降低，气相氧气压力降低，则供氧电动阀的开度减小，供氧量减少。 (×)

正确答案：如果 BOD_5 负荷降低，气相氧气压力升高，则供氧电动阀的开度减小，供氧量减少。

38. 当塔顶温度不变时，塔顶压力的变化与塔顶气相组分无关。 (×)

正确答案：当塔顶温度不变时，塔顶压力的变化与塔顶气相组分有关。

39. 燃烧废水中的有机物浓度含量越低，燃料油消耗就越大。 (√)

40. 燃烧污泥或废渣中的有机物浓度含量越低，燃料油消耗就越大。 (√)

41. 湿式氧化法处理出水可以实现达标排放。 (×)

正确答案：湿式氧化法处理出水需要进一步采用生物法进行处理。

42. 适当缩短膜的运行周期，增加清洗频次，可以增加总的产水量，但会缩短膜的使用寿命。 (√)

43. 生物污染往往是反渗透膜使用中的突出问题，并且很难去除，因此生物污染的预防必须以预处理为主要手段。 (√)

44. 在过滤工艺中，夏季应适当提高滤速，缩短周期，以防止滤料孔隙截留的有机物缺氧分解。 (√)

45. 离心式风机的压力等于风机进出口气体压力之差。 (√)

46. 水冷空压机每级压缩后的排气温度不超过 180℃。 (×)

正确答案：水冷空压机每级压缩后的排气温度不超过 160℃。

47. 为保证良好冲洗滤带效果，冲洗水压不小于 0.2MPa/cm^2。 (×)

正确答案：为保证良好冲洗滤带效果，冲洗水压不小于 0.4MPa。

48. 直接液位测量法分接触测量和非接触测量两大类。 (×)

正确答案：间接液位测量法分接触测量和非接触测量两大类。

49. 氧的利用率又称充氧能力。 (×)

正确答案：氧的转移效率又称充氧能力。

50. 软性填料纤维束越长，成膜后密度越大。 (×)

正确答案：软性填料纤维束越长，成膜后密度越小。

51. 不锈钢在含有卤素离子的盐溶液中不易发生腐蚀。 (×)

正确答案：不锈钢在含有卤素离子的盐溶液中容易发生腐蚀。

52. 减速箱采用的是大齿轮带动小齿轮。 (×)

正确答案：减速箱采用的是小齿轮带动大齿轮。

53. 滚动轴承的原理是以滚动摩擦代替滑动摩擦起作用的。 (√)

54. 滑动轴承具有工作平稳，可靠，无噪声的特点。 (√)

55. 金属在土壤中的腐蚀与在电解液中的腐蚀本质是不一样的。 (×)

正确答案：金属在土壤中的腐蚀与在电解液中的腐蚀本质是一样的。

56. 污泥膨胀通常是非丝状菌膨胀。 (×)

正确答案：污泥膨胀通常是丝状菌膨胀。

57. 为防止污泥大量流失，通常采用杀菌法来控制污泥膨胀。 (×)

正确答案：为防止污泥大量流失，通常可采用絮凝剂助沉法和杀菌法控制污泥膨胀。

58. 稀释生化池进水中的有毒物质的浓度，是防止活性污泥中毒最为有效的方法。(√)

59. 立式设备一般以主、左(右)视图表达主体结构。 (×)

正确答案：卧式设备一般以主、左(右)视图表达主体结构。

60. 物料在离心力场中所受的离心力与其在重力场中所受的重力之比，称为分离因数。 (√)

单选题

1. 胶体的(C)说明胶体是带电的。

A. 布朗运动　B. 丁达尔现象　C. 电泳现象　D. 胶体的凝聚

2. 下列反应处于平衡状态：

$$Fe_4O_3(固)+4H_2(气) \xrightleftharpoons{高温} 3Fe(固)+4H_2O(气)$$

其平衡常数的表达式 K_C=(B)。

A. $\frac{[Fe]^3}{[Fe_3O_4]}$　B. $\frac{[H_2O]^4}{[H_2]^4}$　C. $\frac{[H_2]^4}{[H_2O]^4}$　D. $\frac{[Fe_3O_4]}{[Fe]^3}$

3. 影响反应速率的主要因素是(D)。

A. 反应物的浓度　B. 反应系统的温度

C. 反应系统的压强　D. 反应物的性质

4. 酚醛树脂通常由苯酚跟(A)起反应而制得。

A. 甲醛　B. 乙醛　C. 丙醛　D. 丙酮

5. 下列选项中，(A)不是高聚物的合成反应中逐步聚合反应的类型。

A. 共聚合反应　B. 缩聚反应

C. 开环逐步聚合反应　D. 逐步加聚反应

6. 在呼吸作用过程中各种有机物质进行(B)。

A. 氧化分解，并释放能量　B. 氧化分解，并吸收能量

C. 水解酸化，并释放能量　D. 水解酸化，并吸收能量

7. 在底物足够过量而不受其他因素的影响的情况下，则酶反应速度和(B)。

A. 酶浓度成反比　B. 酶浓度成正比

C. 酶浓度平方成反比　D. 酶浓度平方成正比

8. 米氏方程的表达式为(A)。

A. $V=V_{max}S/(K_m+S)$　B. $V_{max}=VS/(K_m+S)$

C. $V=V_{max}K_m/(S+K_s)$　D. $V_{max}=VK_m/(S+K_s)$

9. 在莫诺特方程式：$\mu=\mu_{max}S/(K_S+S)$中，K_S表示(B)。

A. 速度常数　　B. 饱和常数　　C. 溶解度常数　　D. 米氏常数

10. 微生物生长的温度范围约为(C)℃。

A. −10~60　　B. 0~100　　C. −5~85　　D. −10~120

11. 下列选项中，(D)微生物广泛存在于自然界，无论有氧无氧，酸性碱性，高温低温等，只要有有机质存在，均见它们的踪迹。

A. 光能自养　　B. 光能异养　　C. 化能自养　　D. 化能异养

12. 下列选项中，(C)是生物体把从外界环境中摄取的营养物质，通过一系列生化反应，转化成复杂的细胞物质的作用。

A. 分解代谢　　B. 外源呼吸　　C. 合成代谢　　D. 内源呼吸

13. 一切生物进行生命活动需要的物质和能量都是通过(D)提供的。

A. 内源呼吸　　B. 外源呼吸　　C. 合成代谢　　D. 分解代谢

14. 丙烯氨氧化法生产丙烯腈，副产物中不包括(B)。

A. 氢氰酸　　B. 丙烯醛　　C. 硫铵　　D. 乙腈

15. 在下列含硫化合物中，腐蚀性最强的是(A)。

A. 硫化氢　　B. 硫醚　　C. 杂环硫化物　　D. 脂肪族硫化物

16. 下列硫化合物中可用于合成蛋氨酸的是(C)。

A. 硫化氢　　B. 硫醚　　C. 硫醇　　D. 噻吩

17. 下列物质中，(B)可作为有机溶剂使用，更重要的是它在药物制造方面具有广泛的用途。

A. 喹啉　　B. 吡啶　　C. 环烷酸　　D. 硫

18. 对于理想流体来说，伯努利方程式表示流体流动过程中各种形式的(C)相互转化的数量关系。

A. 动能　　B. 内能　　C. 机械能　　D. 势能

19. 当电力系统发生故障或不正常运行时，利用一些电气自动装置将故障部分从系统中迅速切除或在发生异常时及时发出信号，通常将执行上述任务的电气自动装置称作(C)。

A. 整流控制装置　　B. 控制调节装置　　C. 继电保护装置　　D. 监测保护装置

20. 在下列污泥处理方法中，属于生物处理方法的是(C)。

A. 浓缩　　B. 机械脱水　　C. 消化　　D. 干化

21. 污水中油粒带电的原因是(C)。

A. 油粒本体带负电荷　　B. 水中的物质使乳化油带负电荷

C. 水中的表面活性物质使乳化油带负电荷　　D. 水中有电解质

22. 污水综合排放标准(GB 8978—1996)中规定的污水生物指标是(B)。

A. 炭疽菌　　B. 大肠菌群数　　C. 病毒　　D. 病原菌

23. 以大肠菌群数作为水质指标，下列有一种情况是不能被判断的(D)。

A. 水体被粪便污染的程度

B. 监控肠道病原菌的污染

C. 含病原体污水和处理程度

D. 传染性病毒以及肠道病原菌以外的病原菌的污染

24. 下列物质中，对微生物不会产生毒害作用的是(A)。

A. 有机氮化物　B. 酚　C. 氰化物　D. 硫化物

25. 溶解固体或溶解物质包括了粒径在(D)的胶粒及全部分子颗粒。

A. $100\times10^{-3}\mu m$ 以下　B. $10\times10^{-3}\mu m$ 以下

C. $1\times10^{-3}\mu m$ 以下　D. $1\mu m$ 以下

26. 总有机碳的英文缩写是(A)。

A. TOC　B. TOD　C. ThOC　D. ThOD

27. 以人体健康准值为依据，主要适用于集中式生活饮用水水源应符合地下水质量标准(GB/T 14848—1993)中(A)指标。

A. Ⅲ类　B. Ⅴ类　C. Ⅰ类　D. Ⅱ类

28. 工业应用较多的萃取操作流程是(C)。

A. 单级接触过程　B. 多级错流接触过程

C. 逆流接触过程　D. 有回流的逆流接触过程

29. 下列与污水处理系统工艺组合原则不相符的选项是(A)。

A. 不断变化处理流程　B. 减少二次污染物

C. 操作简单　D. 降低运行成本

30. 关于活性污泥间歇培养法操作要点，下列描述不正确的选项是(B)。

A. 一次性将生化池注满生活污水或清水　B. 第一次换水量为总体积的 100%

C. 工业废水需投加一定量的菌种　D. 接种后补充营养物质，闷曝一段时间

31. 活性污泥的培养过程中，不正确的做法是(A)。

A. 选择新鲜粪便作为微生物的营养　B. 选择适宜的温度

C. 控制换水水质、水量　D. 选择适当的曝气强度

32. 微生物接种、培养与驯化过程中，错误的做法是(A)。

A. 先向曝气池内投入高浓度的污水　B. 闷曝的过程中间断向生化池补充营养

C. 工业废水投加量逐渐增加

D. 投入厌氧消化后的粪便水作为细菌的营养液

33. 不符合异步驯化操作步骤的选项是(D)。

A. 生物培养液中不含工业废水　B. 污泥培养完成后，再投加少量工业废水

C. 驯化过程中逐渐加大工业废水的投加量

D. 在用生活污水或粪便水培养生物的同时投加少量工业废水

34. 格栅的栅条间距的确定与(B)无关。

A. 废水种类　B. 水量　C. 清渣方式　D. 栅后设备性能

35. 风力主要对直径较大的辐流式沉淀池沉降效率有影响，风力影响实质上主要与下列(C)工艺指标相关。

A. 表面负荷　B. 水平流速　C. 堰板溢流负荷　D. 水力停留时间

36. 当进水含悬浮物量较多时，宜选用粒径大、厚度大的滤料层，下列解释与其不相符的是(D)。

A. 增大滤层的截污能力　B. 提高废水的处理量

C. 延长工作周期　D. 有利于降低滤层反洗强度

37. 要求滤料不溶于水，不与废水中的物质发生化学反应而生成有害物质，这实质上是要求滤料(C)。

A. 有足够的机械强度　B. 具有一定的粒径和级配

C. 有足够的化学稳定性　D. 外形近于球状，表面粗糙

38. 在影响混凝的主要因素中，能直接改变混凝剂水解产物存在形态的选项是(A)。

A. pH 值　B. 水温　C. 混凝剂　D. 水力条件

39. 在一定的处理量条件下，加速澄清池的处理效率主要取决于混合室具有浓度稳定的悬浮泥渣和(D)。

A. 混合时间　B. 固液分离效果　C. 反应时间　D. 泥渣的活性

40. 对于澄清池第一反应室应控制一定搅拌速度，下列描述不正确的是(B)。

A. 使泥渣和水中的杂质充分地接触凝聚　B. 使回流泥渣絮体破碎后重新凝聚

C. 有利于药液、水、泥渣充分地混合　D. 防止泥渣在第一反应室发生沉淀

41. 下列离子交换树脂中，其交换能力与 pH 值不相关的是(C)。

A. 弱酸树脂　B. 弱碱树脂　C. 强酸、强碱树脂　D. 螯合树脂

42. 在含硫污水汽提各项控制参数中，与原料水的浓度、汽提蒸汽负荷作相应变化的是(D)。

A. 塔底温度　B. 塔顶温度　C. 操作压力　D. 侧线抽出比

43. 当温度(B)℃时 NH_3 在水中的溶解度较大，而 H_2S、CO_2 较小，单塔侧线抽出汽提法正是利用这一特性完成 H_2S、CO_2 和 NH_3 的分离。

A. 35~45　B. <80　C. 160~163　D. >80

44. 电凝聚过程为了防止阳极钝化，对(D)有特殊要求。

A. 槽电压　B. 电流密度　C. 电极材料　D. 进水 pH 值

45. 对于过剩空气量过大对焚烧炉热效率的影响，下列描述不正确的是(D)。

A. 缩短废水停留时间　B. 对炉膛温度产生影响

C. 过剩空气量吸热升温损耗能量　D. 使炉膛压力下降

46. 污水中的有机物被生物降解后，一部分氧化分解为 CO_2 和 H_2O，另一部分则(B)。

A. 分解为 CO　B. 合成细胞物质　C. 分解为 NO　D. 挥发至空气中

47. 当生物膜内部扩散的氧受到限制，内层呈(C)，最终导致生物膜脱落。

A. 好氧状态　B. 吸氧状态　C. 厌氧状态　D. 供氧状态

48. 选择(A)的填料，在接触氧化池内比较容易固定安装。

A. 与水的密度基本相同　B. 小于水的密度

C. 强度小　D. 形状各异

49. *VFA/ALK* 值反映了厌氧处理系统内中间代谢产物的积累程度，正常运行的厌氧处理装置其 *VFA/ALK* 值一般在(D)以下。

A. 0.5　B. 0.2　C. 0.4　D. 0.3

50. 水解酸化最佳 pH 为(C)。

A. 2.0~3.0　B. 3.5~4.5　C. 5.5~6.5　D. 7.5~8.5

51. 当温度在(B)℃变化时，水解反应速率变化不大。

A. 0~5　B. 10~20　C. 30~40　D. 50~60

52. 硝化反应的适宜温度为(C)℃。

A. 0~5　B. 5~10　C. 20~30　D. 40~50

53. 测定 *SDI* 值时，水的压力要求为(C)MPa。

A. 1　B. 0.5　C. 0.21　D. 2

54. 对于污泥厌氧消化阶段的作用，下列叙述不正确的是(C)。

A. 有机物被厌氧消化分解　B. 使污泥稳定化、减量化

C. 有机氮被分解，降低了污泥的肥效　D. 产生沼气，使污泥资源化

55. 污泥处置一般不包括(D)。

A. 浓稠状污泥　B. 泥饼　C. 灰渣　D. 含水率较高的污泥

56. 污泥处置优先考虑的方法是(A)。

A. 资源利用　B. 固化　C. 焚烧　D. 卫生填埋

57. 污泥厌氧消化处在酸性消化阶段时，分解产物中没有(A)。

A. 甲烷　B. 有机酸　C. 醇　D. 二氧化碳

58. 下列各项中，(D)沉淀池，其工作特征是建立在浅层沉淀原理上的。

A. 平流式　B. 辐流式　C. 竖流式　D. 斜板、斜管式

59. 物质对水的润湿性可用它们与水的接触角 θ 来表示，接触角(D)者称为疏水性物质，用气浮法分离特别有利。

A. $\theta>60°$　B. $\theta<90°$　C. $\theta>30°$　D. $\theta>90°$

60. 活性污泥处于减速增长阶段时，污水中有机食料与微生物量之比值 F/M 会(C)。

A. 增大　B. 不发生变化　C. 持续下降　D. 降到最低值

61. 活性污泥处于对数增长阶段时，其增长速率与(A)呈一级反应。

A. 微生物量　B. 有机物浓度　C. 溶解氧浓度　D. 温度

62. SBR 工艺自动控制中，不包括对(D)调节的内容。

A. 各种电动、气动阀开关　B. 水泵、风机

C. 滗水器　D. 污泥性能

63. 活性污泥法曝气池内产生(D)，可向池内投加一定量机油进行处理。

A. 污泥膨胀　B. 污泥解体　C. 污泥腐化　D. 泡沫

64. 厌氧生物处理的回流比一般控制在(A)之间较为合理。

A. 50%~200%　B. 200%~300%　C. 100%~300%　D. 150%~400%

65. 含酚废水采用萃取法回收粗苯酚，要在(C)过程中投加一定浓度的碱液。

A. 萃取　B. 分相　C. 反萃取　D. 回收粗酚

66. 中温厌氧消化的温度控制在(C)℃范围内为宜。

A. 20~30　B. 20~35　C. 30~40　D. 40~50

67. 磷存在的形态中没有(B)。

A. 正磷酸盐　B. 游离态的磷　C. 聚磷酸盐　D. 有机磷

68. 聚磷菌的聚磷和放磷过程与(A)直接相关。

A. 溶解氧条件　B. 污泥泥龄　C. 有机负荷　D. 温度和 pH 值

69. 污水处理工序各控制点的水质、水量既要符合系统控制的要求，又要从降低运行成本的角度考虑整个系统的协同作用。下列说法不准确的是(C)。

A. 各污水处理单元正常运转

B. 上游水质严重超标时，下游应有一定的补充措施

C. 分级控制排出口有机物含量越低越好

D. 分级控制排出口的水质、水量应控制在一定的范围

70. 污泥焚烧炉运行管理过程中，最重要的控制参数是(D)。

A. 废气量　　B. 燃料消耗　　C. 灰渣量　　D. 燃烧温度

71. 湿式氧化法运行过程中不包括(A)。

A. 灰渣处理　　B. 废气处理　　C. 废水处理　　D. 泥浆的处理

72. 为防止反渗透膜被生物污染，通常采用进水在投加还原剂之前保证大于0.1mg/L(B)的方法，并定期使用其他非氧化型消毒剂对膜的清洗。

A. 还原剂　　B. 余氯　　C. 氧化剂　　D. 除锈剂

73. 离心泵的效率是指(C)的比值。

A. 泵出口流量和泵进口流量　　B. 泵进口压力和泵出口压力

C. 泵的有效功率与轴功率　　D. 泵的轴功率与电机功率

74. 往复活塞空气压缩机在规定工况下的容积流量应不少于公称容积流量的(D)。

A. 80%　　B. 85%　　C. 90%　　D. 95%

75. 离心压缩机级的多变压缩功和叶轮对气体作功量之比称(D)。

A. 多变效率　　B. 绝热效率　　C. 等温效率　　D. 流动效率

76. 下列各项中，(C)需要的分离因数大。

A. 初沉污泥　　B. 消化污泥　　C. 活性污泥　　D. 生污泥

77. G2-1 型外滤面转鼓真空过滤机中“2”表示(A)。

A. 转鼓过滤面积为 $2m^2$　　B. 转鼓直径为 2m

C. 转鼓长度为 2m　　D. 过滤机生产能力为 2t

78. BAS4/320-25 型板框压滤机中“4”表示(A)。

A. 过滤面积是 $4m^2$　　B. 滤框厚度为 4mm

C. 滤板数为 4 片　　D. 装料容积为 $4m^3$

79. 下列各项中，(A)液位测量法的理论基础是阿基米德原理。

A. 浮沉式　　B. 电容式　　C. 静压式　　D. 超声波

80. 软性填料的孔隙率是(D)。

A. >96%　　B. >97%　　C. >98%　　D. >99%

81. 活性炭表面多呈(D)。

A. 弱酸性　　B. 强酸性　　C. 中性　　D. 碱性

82. 碳钢和铸铁在(D)介质中，可以钝化而具有一定的耐蚀性。

A. 酸性　　B. 中性　　C. 碱性　　D. 强氧化性

83. 化工设备选材，首先必须了解(A)

A. 介质和工作条件　　B. 材料的物理性质

C. 与系统中其他材料的适应性　　D. 材料的价格和来源

84. 根据腐蚀机理，可以将金属分为(A)。

A. 化学腐蚀和电化学腐蚀　　B. 全腐蚀和局部腐蚀

C. 磨损腐蚀和小孔腐蚀　　D. 晶间腐蚀和电偶腐蚀

85. 下列与污水处理装置出水超标的原因不相关的选项是(A)。

A. 化验分析方法　　B. 处理单元操作波动大

C. 处理单元受冲击　　D. 污水处理装置运行负荷过高

86. 污水处理装置出水长时间超标与工艺操作过程无关的选项是(D)。

A. 操作方法　　B. 工艺组合

C. 工艺指标控制　　D. 实际进水水质超出设计范围

87. 重金属离子对微生物的破坏作用不包括(C)。

A. 破坏细菌的细胞质膜和细菌体内的酶

B. 重金属离子能与蛋白质结合，使蛋白质沉淀和变性

C. 降低污泥承受毒物的能力

D. 使酶失去活性

88. 污水处理装置出水超标时，调整处理顺序正确的是(D)。

A. 先调整二级处理，后调整一级处理

B. 先调整一级处理，后调整进水水质

C. 先调整下游处理工艺，后调整上游处理工艺

D. 先控制污染物排放总量，后调节污水均质系统

89. 对于过高或过长的化工设备，为了采用较大的比例清楚地表达设备结构和合理地使用图幅，常采用断开画法，即用(A)将设备中重复出现的结构或相同结构断开。

A. 双点划线　　B. 粗实线　　C. 细实线　　D. 点划线

90. 对于施工工艺流程图的画法，下列叙述不正确的是(A)。

A. 用细实线画出主要物料的工艺流程线

B. 对各流程图间相衔接的管道，应在始(或末)端注明其连续图的图号及所来自(或去)的设备位号或管段号

C. 对于辅助管道、公用系系统管道只绘出与设备(或工艺管道)相连接的一小段

D. 根据流程自左至右用细实线画出设备的简略外形和内部特征

91. 已知，离心机转鼓的转数为1500r/min，转鼓半径为0.6m，重力加速度为9.81，则离心机分离因数为(A)。

A. 1507　　B. 550　　C. 3015　　D. 1100

92. 鼓风曝气量可用下式估算：$G=\frac{f_o(L_i-L_e)Q}{300E_a}$，式中 E_a 表示曝气效率；L_i 表示进水浓度；L_e 表示出水浓度；Q 表示每小时处理量；f_o 表示(B)。

A. 曝气效率　　B. 耗氧系数　　C. 氧转移率　　D. 鼓风机动力效率

93. SBR系统的排泥采用污泥龄控制，排泥量 Q_w 可用(A)来计算。(T：运行周期；H：反应池水深，m；h：每周期的排水深度，m；V：反应池的有效容积，m^3；STR：污泥龄，d。)

A. $Q_w=\frac{T}{24}\times\frac{H-h}{H}\times\frac{V}{STR}$　　B. $Q_w=\frac{T}{24}\times\frac{H+h}{H}\times\frac{V}{STR}$

C. $Q_w=\frac{T}{24}\times\frac{H+h}{h}\times\frac{V}{STR}$　　D. $Q_w=\frac{T}{24}\times\frac{H-h}{h}\times\frac{V}{STR}$

多选题

1. 下列烃的衍生物中能进行银镜反应的有(B，C)。
A. 甲醇 B. 甲醛 C. 甲酸 D. 丙酮
2. 下列各项中，(A，C，D)是有机物的特点。
A. 易溶于有机溶剂 B. 受热不易分解
C. 熔点低 D. 易燃烧
3. 高聚物的合成反应按聚合反应机理可分为(C，D)。
A. 加聚反应 B. 缩聚反应 C. 逐步聚合反应 D. 联锁聚合反应
4. 微生物的呼吸作用根据氢和电子的受体不同，分为(A，C，D)。
A. 有氧呼吸 B. 内源呼吸 C. 无氧呼吸 D. 发酵作用
5. 腈纶聚合装置废水中的主要污染物有(A，B，C)。
A. 丙烯腈 B. 氰化物 C. 低聚物 D. 有机溶剂
6. 对苯二甲酸装置废水中的主要污染物是(A，B，C)。
A. 乙酸 B. 乙酸甲脂 C. 苯甲酸 D. 对苯二甲酸
7. 造成炼油设备腐蚀的主要非烃杂质是(B，C，D)。
A. 氮 B. 氯 C. 环烷酸 D. 硫
8. 下列选项中，(A，C，D)属于防静电危害的主要措施。
A. 接地 B. 增湿
C. 静电中和法 D. 防止静电放电和人体带电
9. 分程控制调节系统的目的是(B，C)。
A. 消除干扰 B. 扩大可调范围 C. 改善调节 D. 消除误差
10. 选择串级调节系统调节器的形式主要是依据(A，B，C)。
A. 工艺要求 B. 对象特性 C. 干扰性质 D. 设计者的思想
11. 气相色谱分为(A，C)。
A. 气固色谱 B. 液固色谱 C. 气液色谱 D. 液液色谱
12. 废水处理的物理法主要包括(A，B，D)。
A. 过滤 B. 重力分离 C. 混凝 D. 离心分离
13. 污水的化学处理法包括(A，B，C)。
A. 中和法 B. 混凝法 C. 氧化还原法 D. 电化学法
14. 废水生化处理按照主体设备中的水流状态可分为(A，D)。
A. 推流式 B. 连续式 C. 间歇式 D. 完全混合式
15. 乳化剂对污水中的胶粒或油粒乳化的促进作用是(A，B，D)。
A. 降低界面张力 B. 形成界面薄膜
C. 调节 pH 值 D. 形成漫散双电层
16. 生物氧化一般可分为(A，D)。
A. 碳氧化阶段 B. 含氮有机物氨化阶段
C. 不含氮有机物氧化阶段 D. 氮氧化阶段
17. 与双塔工艺比较采用单塔工艺处理高浓度含硫、含氨废水具有的优点是(A，D)。
A. 设备简单 B. 副产品纯度高 C. 净化水质好 D. 能耗低

18. 对于装置产生的高浓度污水，应优先考虑的处理方法是(B，D)。

A. 转化处理　　B. 综合利用

C. 分离处理　　D. 回收有效成分，并循环利用

19. 下列与沉淀效果有关的影响因素是(A，C，D)。

A. 废水特征　　B. 刮渣机转速　　C. 温度　　D. 风力

20. 滤料的 K_{80} 值偏大，下列描述不正确的是(A，B)。

A. 表明滤料均匀性　　B. 水头损失降低

C. 小颗粒的滤料可能填充到大滤料间的孔隙，使截污能力减小

D. 使孔隙率减小

21. 对于非正常情况出现的酸碱污水，优先选用的中和方法是(B，D)。

A. 投药中和　　B. 酸碱污水相互中和

C. 过滤中和　　D. 用正常污水稀释中和

22. 电能消耗与电压有关，槽电压取决于废水的(B，C)。

A. 污水温度　　B. 电阻率　　C. 极板间距　　D. 有机物含量

23. 废液焚烧炉或污泥焚烧炉的燃烧热值主要来自(A，B，C)。

A. 燃料气　　B. 燃料油

C. 废液(污泥)中的有机物　　D. 废液(污泥)中的无机物

24. 生物膜净化污水的过程包括(A，C，D)。

A. 氧的扩散和吸附　　B. 颗粒物的沉淀和分离

C. 有机物的氧化和分解　　D. 微生物的新陈代谢

25. 选择生物滤池滤料应满足的条件是(A，B，C)。

A. 较大的比表面积　　B. 足够的孔隙率

C. 较好的机械强度　　D. 外形光滑，形状统一

26. 对硝化反应能产生抑制作用的有毒物质有(B，C，D)。

A. NO_2^-　　B. Hg　　C. ClO_4　　D. HCN

27. 污泥在厌氧条件下消化降解的过程可分为(A，C)。

A. 酸性消化阶级　　B. 大分子水解阶级

C. 碱性消化阶级　　D. 产有机酸阶级

28. 污水中的油粒采用气浮法分离，其有利条件是(A，C)。

A. $\theta>90°$　　B. $\theta<90°$　　C. 密度小于 1　　D. 粒径小

29. 影响活性污泥增殖的影响因素有(A，B，C，D)。

A. 温度　　B. 溶解氧　　C. 抑制物质　　D. 有机物量

30. SBR 工艺可根据不同的处理目标设置不同的运行控制程序，下列程序中设置沉淀和排泥间隔时间较短的是(B，D)。

A. 去除 *COD*　　B. 除磷　　C. 脱氮　　D. 脱氮除磷

31. 活性污泥法曝气池产生的剩余污泥排放可根据(A，C)确定。

A. 污泥浓度　　B. 处理水量　　C. 污泥龄　　D. 有机物浓度

32. 原料水中硫含量发生变化，会引起汽提塔上段(A，D)发生变化。

A. 硫化氢分压　　B. 侧线抽出　　C. 氨含量　　D. 温度分布

33. 一般来说，为降低焚烧炉运行成本，废液焚烧应满足的条件是(C，D)。
A. 高 pH 值　B. 高固含　C. 高浓度　D. 高热值
34. 污泥焚烧炉焚烧室温度与下列(A，C，D)因素有关。
A. 油、风的比例　B. 二次燃烧温度
C. 泥渣焚烧量　D. 燃料油的雾化状态
35. 下列需要进行定期规范性地循环消毒的系统是(A，B，C)。
A. 电渗析系统　B. 超滤系统　C. 反渗透系统　D. 预处理系统
36. 污水深度处理过程中，溶解性有机物的去除主要是采用(A，B)工艺。
A. 活性炭吸附　B. 臭氧氧化　C. 反渗透　D. 电渗析
37. 污水深度处理过程中，对悬浮物的去除主要是采用(B，D)工艺。
A. 反渗透　B. 混凝沉淀　C. 电渗析　D. 过滤
38. 叶型为渐开线的两叶罗茨鼓风机理论排气量与(A，B，C)有关。
A. 转子直径　B. 转子宽度　C. 转速　D. 排气压力
39. 转速差越大，则离心机(A，B，C)。
A. 固体回收率降低　B. 泥饼含固量降低
C. 离心机处理能力提高　D. 离心机处理能力降低
40. BAJZ 型自动板框压滤机适用于过滤(C，D)。
A. 固相粒径 5μm 以下的悬浮液　B. 固相浓度低于<1%的物料
C. 固相浓度高于 40%的高浓度物料　D. 黏度大或成胶体状较难过滤的物料
41. 滑动轴承主要失效形式为(A，B，C)。
A. 磨损　B. 胶合　C. 疲劳破坏　D. 挤压变形
42. 金属与高温气体接触而发生的氧化过程一般有(A，B，C)。
A. 吸附　B. 化合成膜　C. 膜成长　D. 膜形成
43. 应力腐蚀裂纹形态有(A，C，D)。
A. 晶间型　B. 晶内型　C. 穿晶型　D. 混合型
44. 压力容器定期检验分为(A，C，D)。
A. 全面检验　B. 局部检验　C. 外部检查　D. 内部检验
45. 下列与造成污泥中毒相关的选项是(B，C)。
A. 调节水量　B. 有毒物质浓度突然升高
C. 有机物浓度突然升高　D. 调节溶解氧
46. 当污水处理装置出水超标时，不增加运行费用的调节方法是(A，C)。
A. 均匀水质水量　B. 加大投药量　C. 调节污泥性能　D. 增加处理工艺
47. 一般认为，负荷率与活性污泥膨胀有关，生化运行时应防止出现(A，B，C)。
A. 高负荷　B. 低负荷　C. 冲击负荷　D. 相对稳定的负荷
48. 在处理污泥中毒的过程中，下列处理次序正确的是(B，D)。
A. 先调整单元操作，后停生化进水　B. 先停生化进水，后调节营养比
C. 先均匀水质，后进行闷曝　D. 先停止生化进水，后调节水质
49. 化工设备细部结构的表达方法有(B，C)。
A. 俯视图　B. 局部放大图　C. 夸大画法　D. 主视图

50. 施工流程图上的管道应标注(A，B，D)。

A. 管道号　　B. 管径　　C. 管道材质　　D. 管道等级

简答题

1. 影响微生物生存的条件主要有哪些？

答：①营养物质，②氧气，③温度，④pH 值，⑤氧化还原电位，⑥无毒环境，⑦光线超声波压力等。

2. 微生物的分类营养类型有几种？

答：①根据碳素来源的不同，微生物分为自养型和异养型；②根据能量来源的不同，微生物分为光能营养型和化能营养型；③根据碳素来源与能量来源的不同，并兼及电子供体的不同，微生物分为光能自养型、光能异养型、化能自养型、化能异养型。

3. 分解代谢与合成代谢之间有何关系？

答：①微生物进行合成过程中所需的能量和物质可由分解代谢来提供，也就是说，分解代谢为合成代谢提供物质基础和能量来源。②合成代谢是在分解代谢的基础上进行的，两者紧密配合，构成了一个微妙的新陈代谢体系，推动了一切生物的生命活动。

4. 高温氧化法生产对苯二甲酸废水的主要来源？

答：①再生气洗涤塔；②醋酸回收塔；③排出物洗涤塔；④提取液闪蒸槽冷却器；⑤叶片压滤机。

5. 拉乌尔定律和亨利定律的主要区别有哪些？

答：主要区别有：①拉乌尔定律适用于稀溶液的溶剂和理想溶液，而亨利定律适用于溶质；②拉乌尔定律中的比例常数是纯溶剂的蒸气压，与溶质无关，而亨利定律的比例常数则由实验确定，与溶质和溶剂都有关；③亨利定律的浓度可用各种单位，只要 k 值与此单位一致就可以，而拉乌尔定律中的浓度只能用克分子分数。

6. 防雷电的主要措施？

答：直击雷的防护，主要是使用避雷针、避雷线、避雷网和避雷带；雷电感应的防护，对于建筑物及其内部金属设施来讲主要就是金属设施予以接地，对于管道则采用金属线跨接；雷电侵入波的防护，主要措施为装置避雷器、接地。

7. 目前，通常的污泥处理、处置方法有哪些？

答：①污泥浓缩；②污泥消化；③污泥调理；④机械脱水；⑤湿式氧化；⑥污泥干化；⑦污泥焚烧；⑧卫生填埋；⑨综合利用。

8. 有毒重金属的种类有哪些？

答：①总汞、总隔、总铬、总铅、总镍、总铍、总银、总砷、烷基汞、六价铬；②总锌、总锰、总铜。

9. 影响氯消毒效果的因素有哪些？

答：影响氯消毒效果的最主要因素是：消毒剂的投加量、接触时间、水温、pH 值、污水水质及消毒剂与水的混合接触方式。

10. 厌氧生化处理中是如何分解有机物的？

答：厌氧消化过程分为三个阶段：

第一阶段水解酸化：在细胞体外酶作用下，将复杂大分子、不溶性有机物水解为小的可溶性有机物，然后渗入细胞体内分解，产生挥发性有机酸、醇类、醛类等，这阶段主要产生高级脂肪酸。

第二阶段产氢产乙酸：在产氢产乙酸菌作用下，将第一阶段产生的各种小分子有机物转化成乙酸和 H_2，并将奇数碳有机物还原产生 CO_2。

第三阶段产甲烷气：在产甲烷菌的作用下，将乙酸、乙酸盐、CO_2 和 H_2 转化为 CH_4。

11. 在厌氧生物处理过程中，为什么要加强反应器内 pH 值的控制？

答：在厌氧体系中，非产甲烷菌对 pH 值的变化不如产甲烷菌敏感，在 pH 值发生较大变化时，这些细菌受到的影响较小，它们能继续将进水中的有机物转化为脂肪酸等，导致反应器内有机酸的积累、酸碱平衡失调，使产甲烷菌的活性以得到更大抑制，最终导致反应器运行失败。因此，在厌氧生物处理过程中，应特别注意反应器内 pH 值的控制，一般应维持在产甲烷菌的最适范围为 6.5~7.5(最佳 6.8~7.2)之间。

12. 颗粒污泥的形成对厌氧反应器有何重要性？

答：①污泥颗粒化可提高其沉降性能，防止污泥流失，保持反应器中有高的污泥浓度。②颗粒污泥能长期滞留在反应器中，具有很长的固体滞留时间(*SRT*)，可缩短水力停流时间(*HRT*)，使反应器有很高的处理效能。③颗粒污泥形成后，产甲烷菌主要集中在颗粒污泥的内部，而水解发酵菌和产酸菌主要在颗粒污泥的表层，这种结构为产甲烷菌提供了一个保护层或缓冲层，不仅可维持较低氧化还原电位，有利于甲烷菌的生长，并可提高污泥抗 pH 值变化和有害物质(如 H_2S)的能力，也可提高抗冲击负荷的能力。

13. 甲烷细菌属的特点是什么？

答：①对 pH 值适应性较弱；②对温度的适应性较弱；③甲烷细菌的世代都较长；④甲烷细菌的专一性很强；⑤所有的甲烷菌都能氧化分子状态的氢，并利用 CO_2 作为电子接受体。

14. 厌氧消化的主要因素有哪些？

答：①温度；②污泥投配率；③酸碱度；④碳氮比；⑤搅拌；⑥有毒物质。

15. 理想沉淀池的假定条件有哪些？

答：①进出水均匀分布在整个横断面，各个水断面上各点流速均相同；②悬浮物在沉降过程中的等速下沉；③悬浮物沉降过程中水平分速度等于水流速度；④颗粒落到池底即被去除，不再浮起。

16. 简述纯氧曝气装置尾气含氧量控制回路。

答：安装在纯氧曝气池最末端尾气排放管上的含氧量检测仪，随时对尾气含氧量进行测定，并将信号传递到中心控制室的计算机系统。如果尾气中的含氧量超过设定值，计算机通过与尾气排放管上的电动阀联锁，自动调节阀门的开启度。含氧量过高，将排放阀开度减小，减少尾气排放量；含氧量过低，将排放阀开度加大，增加尾气排放量。从而保证氧的有效利用。

17. 生物滤池出现堵塞时，应采取什么办法解决？

答：①用高压水枪进行表面冲洗；②停进废水，让其干燥脱落；③加入少量氯或漂白粉，破坏填料层部分生物膜。

18. 采用厌氧消化工艺处理污水或污泥有何优点？

答：采用厌氧消化工艺处理污水或污泥的优点有：

①由于微生物代谢合成的污泥比好氧生化少，故可降低污泥处理费用；②与好氧生化法

对比，所需的氮、磷营养物较少，且不需充氧，故耗电也少；③污染基质降解转化产生的消化气体中含有甲烷，为高能量燃料，可作能源回收利用；④能季节性或间歇性运行，厌氧污泥可以长期存放；⑤可以直接处理基质浓度很高的污水或污泥；⑥对难降解高分子有机物的分解效果较好；⑦与好氧相比，可以在较高温度条件下运行。

19. 湿式氧化法去除有机物的反应机理是什么？

答：①主要属于自由基反应，通常分为三个阶级；②链的引发即由反应物分子生成最初自由基；③链的发展或传递即自由基与分子相互作用的交替过程；④链的终止即若自由基经过碰撞生成稳定分子，则链被终断。

20. 怎样确定膜系统的运行周期？

答：随着膜过滤的不断进行，膜的通量不断下降，当通量达到某一数值时，必须进行清洗以恢复通量，这段时间称为一个运行周期。

21. 简述污水深度处理系统微生物的控制措施。

答：污水深度处理系统微生物的控制措施有：①针对水质特点和膜组件的特性筛选专用杀菌剂；②定期对膜组件进行冲击性杀菌处理；③除反渗透装置外保持全流程的余氯水平，防止微生物的滋生；④尽量减少集水池的停留时间，防止出现死角和二次污染发生；⑤选择适宜的工艺条件和运行方式；⑥选择抗氧化性能好的膜组件。

22. 压缩机级的总耗功由哪几部分组成。

答：由五部分组成：静压能提高、动能变化、流动损失、轮阻损失和漏气损失。

23. 带式压滤机主要技术参数有哪些？

答：有滤带速度、进水污泥含水率、滤饼含水率、生产量、冲洗水压、空压机气压等。

24. N 型内滤面转鼓真空过滤机转数技术性能参数有哪些？

答：有过滤面积、外径、长度、浸入悬浮液中的角度、过滤区角度、脱水区角度、卸渣区角度、再生区角度、转速等。

25. 高效纤维滤料的特点有哪些？

答：高效纤维单丝直径在几微米到几十微米之间；有巨大的比表面积；过滤阻力很小；微小的滤料直径极大地增大了滤料的比表面积和表面自由能，增加了水中杂质颗粒与滤料的接触机会，从而提高了过滤效率和截污容量；反洗时纤维束可以完全放松清洗，性能恢复较好；纤维束由高强度的丙纶纤维长丝制成，不会出现掉毛现象，使用寿命可长达 10 年以上。

26. 齿轮传动按轴线相互位置可分为哪几种？

答：分为平行轴传动；相交轴传动；和交错轴传动。

27. 按其所能承受的负荷的方向分，轴承可分为几种？

答：①径向轴承；②推力轴承。

28. 按滑动状态分，滑动轴承可分为哪几种？

答：①流体滑动轴承；②非流体滑动轴承；③无润滑轴承(不加润滑剂)。

29. 压力容器外部检查的内容有哪些？

答：①容器外部的防腐蚀层和保温层是否完整无损，设备铭牌是否完好；②器壁有无变形、过热甚至发生裂纹等可疑现象；③有无泄漏现象，并查明泄漏部位和原因；④检查所有安全附件是否完好、灵敏、可靠，是否超过检验期限；⑤检查基础与支承等部位是否合格。

30. 什么是污泥膨胀？

答：①是指微生物的生存环境中，由于某种因素的改变；②使活性污泥结构松散，体积膨胀，沉降性能变差；③污泥沉降体积(%)及污泥体积指数(*SVI*)值均异常升高；④污泥膨胀通常是由于活性污泥絮体中的丝状菌过度繁殖或污泥中结合水增多引起的膨胀。

计算题

1. 合成氨的反应 $N_2+3H_2 \rightleftharpoons 2NH_3$ 在某温度下达到平衡时，各物质的浓度是 $[N_2]=3mol/L$，$[H_2]=9mol/L$，$[NH_3]=4mol/L$ 求该温度下的平衡常数。

解：根据化学平衡定律得

$$K_c=\frac{[NH_3]^2}{[N_2][H_2]^3}=\frac{4^2}{3\times 9^3}=7.32\times 10^{-3}$$

答：该温度下的平衡常数为 7.32×10^{-3}。

2. 已知在20℃的温度下，完全混合反应器内进行连续流微生物生长实验，μ_{max} 的值为 $1h^{-1}$，$K_S=10mg/L$。当底物浓度为10mg/L时，求微生物比增长速度。

解：根据莫诺特方程：$\mu=\mu_{max}S/(K_S+S)$

$$\mu=1\times10/(10+10)=0.5h^{-1}$$

答：微生物比增长速度为 $0.5h^{-1}$。

3. 密度为 $850kg/m^3$ 的料液从高位槽送入塔中，高位槽内的液面保持恒定。塔内表压强为9.81kPa，进料量为 $5m^3/h$。连接管直径为 $\phi38mm\times2.5mm$，料液在连接管内流动时的能量损失为30J/kg(不包括出口的能量损失)。试求高位槽内的液面应比塔的进料口高出多少？

解：取高位槽液面为上截面1-1′，连接管出口内侧为截面2-2′，并以截面2-2′的中心线为基准水平面。在两截面间列伯努利方程式，即：

$$gZ_1+\frac{u_1^2}{2}+\frac{P_1}{\rho}=gZ_2+\frac{u_2^2}{2}+\frac{P_2}{\rho}+\Sigma h_f$$

式中 $Z_2=0$；$P_1=0$(表压)；$P_2=9.81\times10^3Pa$(表压)；$u_1\approx0$；

$$u_2=V/A=\frac{V}{\frac{\pi}{4}d^2}=\frac{5}{3600\times\frac{\pi}{4}\times0.033^2}=1.62m/s$$

将上列数值代入伯努利方程式，并整理得：

$$Z_1=4.37m$$

答：高位槽液面应比塔的进料口高4.37m。

4. 已知两根高度同为25m的避雷针相距28m远，在两针中间位置上有一座精馏塔高20m，问塔是否在避雷针保护范围内？

解：∵ 两针之间的保护范围按连接两针顶点及中O点的圆弧确定，在中O点是两针保护的最低点

∴ 如果中O点的高度如果高于塔的高度，那么精馏塔就在避雷针的保护范围内，反之则不在。

∵ 当 $h=30m$ 时，$P=1$

中心点的高度为：$h_o=h-a/7p$

∴ $h_o=25-28/7=21m$

21>20

∴塔在避雷针保护范围内

答：塔在避雷针保护范围内。

5. 取某废水水样25mL，进行重铬酸钾法测定 *COD* 值。硫酸亚铁铵标准溶液当量浓度 $N=0.238$，空白滴定时的硫酸亚铁铵标准溶液用量 $V_0=25.95\text{mL}$，滴定废水水样的用量为 $V_1=18.35\text{mL}$。求该废水的 *COD* 值？

解：$COD=\dfrac{(V_0-V_1)\times N\times 8\times 1000}{V}=\dfrac{(25.95-18.35)\times 0.238\times 8\times 1000}{25}=578.8\text{mg/L}$

答：该废水的 *COD* 值是578.8mg/L。

6. 某炼油污水厂最大设计污水量 Q_{max} 为 $0.2\text{m}^3/\text{s}$，栅前水深设计为0.4m，栅条间隙的宽度为0.03m，格栅倾角为45°，为使过栅水流速度达到0.8m/s，则栅条间隙数应为多少？

解：根据公式：

$$n=\frac{Q_{max}\cdot\sqrt{\sin\alpha}}{bhv}=\frac{0.2\times\sqrt{\sin 45}}{0.03\times 0.4\times 0.8}\approx 14.73=15$$

答：栅条间隙数应为15。

7. 某化工厂每小时排出含 *COD*30mg/L 的废水 50m^3，拟采用活性炭吸附处理，将 *COD* 降至3mg/L之后，作为工厂用水循环使用，由吸附试验，得吸附等温式为 $q_e=0.058C_e^{0.5}$。试计算采用一级搅拌吸附每升水所需活性炭的投加量。

解：① 由式 $q_e=0.058C_e^{0.5}$ 可知，当 $C_e=3\text{mg/L}$ 时，$q_e=0.1\text{mgCOD/mgC}$

另据公式：$q_e=\dfrac{V(C_o-C_e)}{W}$，可知 $\dfrac{W}{V}=\dfrac{C_o-C_e}{q_e}=\dfrac{30-3}{0.1}=270\text{mg/L}$

∴采用一级搅拌吸附所需的活性炭为270mg/L

答：采用一级搅拌吸附，所需的投炭量为270mg/L。

8. 某厂废水经吹脱后，游离 CO_2 由720mg/L降到120mg/L，已知气液接触面积与废水体积比(*S/V*)为 0.3m^{-1}，CO_2 的吹脱系数为0.17，求吹脱时间为多少分钟？

解：根据公式：$\lg\dfrac{C_1}{C_2}=0.43\beta\cdot t\cdot\dfrac{S}{V}$

$$t=\frac{\lg\dfrac{C_1}{C_2}}{0.43\beta\cdot\dfrac{S}{V}}=\frac{\lg\dfrac{720}{120}}{0.43\times 0.17\times 0.3}\approx 35.5\approx 36\text{min}$$

答：吹脱时间为36min。

9. 某含镉废水，流量 *Q* 为37850L/h，废水含镉初始浓度 c_1 为20mg当量/L，要求出水含镉 c_2 为0.2mg当量/L，已知 c_1 对应的树脂平衡交换容量 q_1 为4.9mg当量/g，c_2 对应的树脂平衡交换容量 q_2 为0.3mg当量/g，试计算此树脂的最小用量。

解：每小时需去除的镉量 *G* 为：

① $G=Q(C_1-C_2)=37850\times(20-0.2)=750000$mg当量/h

② 树脂用量的最小值 M_{min} 为：$M_{min}=\dfrac{G}{q_1-q_2}=\dfrac{750000}{4.9-0.3}=163000\text{g/h}$

答：此树脂的最小量为163000g/h。

10. 某含铬废水平均流量 $Q=3m^3/h$，Cr^{6+}浓度 $c=50mg/L$，采用三级串联电极使用整流器(整流器效率 e 为 0.8)的电解槽，电流输出电压为 24.47V。试计算此电解槽的电能消耗。(按电解去除 $1gCr^{6+}$耗电 3.8A · h 计算)

解：此电解槽电流强度为：$I = 3.8Qc = 3.8 \times 3 \times 50 = 570A$

① 电源的输出电流为：$I=570/3=190A$

② 此电解槽电能消耗为：$W = \dfrac{UI}{1000Qe} = \dfrac{24.27 \times 190}{1000 \times 3 \times 0.8} = 1.92kW \cdot h/m^3$

答：此电解槽的电能消耗为 $1.92kW \cdot h/m^3$。

11. 某处理厂污泥龄 t_s 控制为 4d，曝气池容积为 $5000m^3$，试计算当回流污泥浓度为 4000mg/L，混合液浓度为 2500mg/L，出水 SS 为 30mg/L，入流废水量为 $20000m^3/d$ 时，该厂每天应排放的剩余污泥量？

解：已知：$Q=20000m^3/d$，$V=5000m^3$，$X=2500mg/L$

$X_P=4000mg/L$，$t_s=4d$，$X_e=30mg/L$，代入公式

$$W = \frac{1}{X_P}\left(\frac{VX}{t_s} - QX_e\right) = \frac{1}{4000}\left(\frac{5000 \times 2500}{4} - 20000 \times 30\right) = 631.25m^3$$

答：该厂每天应排放剩余污泥量为 $631.25m^3$。

12. 消化池容积 $95m^3$，总碱度 2500mg/L($CaCO_3$ 计)，有机酸含量 3500mg/L(以醋酸计)，如以熟石灰 $Ca(OH)_2$ 为中和剂($Z=0.74$)，求消化池中碱度是否充足？如果不足需投加的多少千克的 $Ca(OH)_2$？

解：根据公式：$A = T - 0.833C = 2500 - 0.833 \times 3500 =- 415.5mg/L$

所以碱度不足需加碱：

$$N = 0.00098AZV = 0.00098 \times 416 \times 0.74 \times 95 = 28.63kgCa(OH)_2$$

答：碱度不足需加 $Ca(OH)_2$28.63kg。

13. 某废水经硝化后，出水的硝酸氮 N_o 为 10.5mg/L，运转时，比脱氮速率 U_{DN} 为 $0.055h^{-1}$，水流 Q 为 $75700m^3/d$，脱氮池中的混合液挥发性悬浮固体浓度 X_{DN} 为 1000mg/L，问要想使脱氮效率达到 95%，脱氮池的容积应为多少立方米？

解：根据公式：

$$V_{DN} = \frac{Q[N_o - (1 - 0.95)N_o]}{24X_{DN}U_{DN}} = \frac{75700 \times 10.5 \times 0.95}{24 \times 1000 \times 0.055} = 572m^3$$

答：脱氮池的容积应为 $572m^3$。

14. 某反渗透装置的进水流量为 $1000m^3/h$，进水 COD_{Cr}为 30mg/L，进水 SDI 为 3.5，其运行产水率为 75%，请计算该装置的脱盐浓水产量，并估算其 COD_{Cr}指标能否达到国家一级排放标准(100mg/L)。

解：① 脱盐浓水产量 $=1000m^3/h\times(1-75\%) = 250m^3/h$

② 由于反渗透膜几乎可以截留全部有机物，浓水 COD_{Cr}可以按下式进行估算：

$$COD_{Cr}=30mg/L\div(1-75\%) = 120mg/L$$

答：浓水中还含有投加的还原剂、清洗药剂等，实际 COD_{Cr}指标还会更高，所以该装置的脱盐浓水 COD_{Cr}指标不能达到国家一级排放标准。

15. 已知污泥流量为 $0.8m^3/h$，含水率为 95%，有机药剂的固体投加量与处理干泥量比例关系 Y_b 取 3‰，须投加聚丙烯酰胺，聚丙烯酰胺折合成 0.2%的药液投加，试计算药液投加量？

解：根据公式：

$$B=\frac{Q\cdot Y_b(1-x)}{0.2\%}=\frac{0.8\times0.3\%\times(1-95\%)}{0.2\%}=0.06kg/h$$

答：药液投加量为 0.06kg/h。

16. 某污水流量 $60000m^3/d$，污水中悬浮物浓度为 240mg/L，初次沉淀效率为 40%，初次沉淀池污泥含水率为 96.5%，污泥密度为 $1000kg/m^3$，试计算初沉淀池污泥体积？

解：根据公式：

$$V=\frac{100C\eta Q}{10^3(100-P)\rho}=\frac{100\times240\times0.4\times60000}{10^3(100-96.5)\times1000}=165m^3/d$$

答：初沉淀池污泥体积为 $165m^3/d$。

17. 某厂生产中排出大量酸性污水，其流量 $Q_s=25m^3/h$，浓度 $C_s=20000mg/L$，另有一股碱性污水，浓度 $C_j=24000mg/L$，流量 $Q_j=12m^3/h$，已知该酸性污水与碱性污水的中和剂比耗量 α 为 0.8kg，K 值取 1.8，试计算：用该碱性污水能中和多少酸性污水？

解：根据公式：

$$\Sigma Q_jC_j\geqslant\Sigma Q_sC_s\alpha K$$

本题：$Q_jC_j\geqslant Q_sC_s\alpha K$

$$Q_s\leqslant\frac{Q_jC_j}{C_s\alpha K}$$

代入数据：

$$Q_s\leqslant\frac{12000\times24.0}{20\times0.8\times1.8}=10000L/h=10m^3/h$$

答：该碱性废水可以中和酸性污水的量为 $10m^3/h$。

18. 某厂生化池污泥增长系数为 0.6，自身氧化率为 $0.05d^{-1}$，污泥负荷为 $0.5kgBOD_5/(kgMLVSS\cdot d)$，求此污泥的泥龄是多少天？

解：根据公式：

$$t_s=\frac{1}{aF_W-b}=\frac{1}{0.6\times0.5-0.05}=\frac{1}{0.3-0.05}=4d$$

答：此污泥的泥龄为 4d。

19. 某污水容积指数 SVI 为 100，$MLSS$ 为 3000mg/L，已知 SBR 曝气池有效容积为 $500m^3$，试计算周期进水量为多少？

解：根据公式：周期进水量

$$Q\leqslant\left(1-\frac{SVI-MLSS}{10^6}\right)V_{有效}=\left(1-\frac{100\times3000}{10^6}\right)\times500=350m^3$$

答：周期进水量为 $350m^3$。

20. 某厂废水 BOD 浓度 $L_o=150mg/L$，废水量 $Q=2000m^3/d$，采用生物接触氧化池处理，要求出水 BOD_5 浓度 $L_e\leqslant20mg/L$，填料容积负荷为 $1600gBOD_5/(m^3\cdot d)$，求此池内的填料体积是多少立方米？

解：已知：

$$Q = 2000\text{m}^3/\text{d},\ L_o = 150\text{mg/L},\ L_e = 20\text{mg/L},\ q_v = 1600\text{g}BOD_5/(\text{m}^3 \cdot \text{d})$$

代入公式：$V = \dfrac{Q(L_o - L_e)}{q_V} = \dfrac{2000 \times (150 - 20)}{1600} = 162.5\text{m}^3$

答：生物接触氧化池内填料的体积为 162.5m^3。

21. 某工厂排放含酚污水最高流量 q 为 $50\text{m}^3/\text{h}$，含酚浓度 250mg/L，排入某流量为 $Q = 8\text{m}^3/\text{s}$，(95%保证率)的河流，河水混合系数为 0.7，河水中原有酚 0.005mg/L，求在排放前，污水中的酚应去除的程度。(河水中酚的最高允许浓度为 0.01mg/L)

解：①由于酚在河水中去考虑稀释、扩散，不考虑降解，因此排放污水中的酚含量和混合后的河水中的酚含量相等，即：

$$C_1 \times \alpha Q + C \times q = (\alpha Q + q) \times C_2$$

$$C = \frac{(\alpha Q + q) \times C_2 - C_1 \times \alpha Q}{q}$$

$\alpha = 0.7$，$Q = 8\text{m}^3/\text{s} = 28800\text{m}^3/\text{h}$，$q = 50\text{m}^3/\text{h}$，$C_1 = 0.005\text{mg/L}$，$C_2 = 0.01\text{mg/L}$

代入上式：$C = \dfrac{(0.7 \times 28800 + 50) \times 0.01 - 0.005 \times (0.7 \times 28800)}{50} = 2.03$

② 该酚污水应当达到的处理程度为：

$$Z = \frac{C_o - C}{C_o} = \frac{250 - 2.03}{250} = 99.2\%$$

答：在排放前，污水酚去除应大于 99.2%。

22. 某化工厂有股含酚废水流量为 $500\text{m}^3/\text{h}$，其中含酚为 40mg/L，COD 为 300mg/L，已知酚和 COD 的排放标准为 0.5 和 60mg/L，试将污染源对环境的危害程度作出评价。

解：根据排放标准酚的超标倍数为 80，COD 的超标倍数为 5。

① 等标污染负荷：$P_i = \dfrac{C_i Q}{C_s}$

$$P_{酚} = \frac{500 \times 0.04}{0.0005} = 40000$$

$$P_{COD} = \frac{500 \times 0.30}{0.060} = 2500$$

全厂等标污染负荷：$P_n = \Sigma P_i = P_{酚} + P_{COD} = 40000 + 2500 = 42500$

② 污染负荷比：$K_i = \dfrac{P_i}{P_n}$

$$K_{酚} = \frac{P_{酚}}{P_n} = \frac{40000}{42500} = 94.12\%$$

$$K_{COD} = \frac{P_{COD}}{P_n} = \frac{2500}{42500} = 5.88\%$$

答：此污染源中酚污染占 94.12%，COD 仅占 5.88%。

23. 已知离心水泵的流量为 $680\text{m}^3/\text{h}$，扬程为 6.8m，轴功率为 16kW，则该泵的效率是多少？

解：该泵的效率 $\eta = \dfrac{\rho QH}{102N} = \dfrac{1.0 \times 10^3 \times 680/3600 \times 6.8 \times 100\%}{102 \times 16} = 78.7\%$

答：该泵的效率是 78.7%。

24. 已知一风机流量为 $120m^3/min$。风压为 0.05MPa，转速为 2980r/min，则该风机的比转速为多少？

解：
$$n_s = n\frac{\sqrt{Q}}{\sqrt[4]{P^3}} = 2980 \times \frac{\sqrt{120 \times 60}}{\sqrt[4]{50^3}} = 13448$$

答：该风机的比转速为 13448。

25. 已知一离心脱水机，旋转半径为 0.8m，转速为 1450r/min，则该离心脱水机的分离因数是多少？

解：
$$\alpha = \frac{n^2 D}{900} = \frac{1450^2 \times 0.8}{900} = 1869$$

答：该离心脱水机分离因素是 1869。

26. 用活性炭吸附水中色素的试验方程式为：$q = 3.9c^{0.5}$，今有 100L 溶液色素浓度为 0.05g/L，欲将色素除去 90%，加多少活性炭？

解：①平衡时的 $C=0.05\times(1-90\%)=0.005g/L$

② $q=3.9\times0.005^{0.5}=0.28g/g$

③ $W=\frac{V(C_o-C)}{q}=\frac{100\times(0.05-0.005)}{0.28}=16.1g$

答：要将色素除去 90%，需要加 16.1g 活性炭。

27. 某污水处理厂入流废水量为 $9600m^3/d$，入流废水 BOD_5 为 300mg/L，出水 BOD_5 为 30mg/L，控制曝气池内生物负荷率在 0.2~0.5kgBOD_5/kg$MLSS$·d 范围内曝气效率为 15%，试计算曝气池的曝气量。

解：已知：$Q=9600m^3/d=400m^3/h$，$L_i=300mg/L$，$L_e=30mg/L$

因为生物负荷率在 0.2~0.5kgBOD_5/kg$MLSS$·d 范围内，$Z_a=15\%$

所以，耗氧系数 f_0 取 1.0；

根据公式：

$$G = \frac{f_o(L_i - L_e)Q}{300E_a} = \frac{1.0 \times (300 - 30) \times 400}{300 \times 15\%} = 2400m^3/h$$

答：曝气池的曝气量为 $2400m^3/h$。

28. 已知氧化沟长 295m，宽 4.0m，进入氧化沟的废水流量为 $2000m^3/h$，含溶性 BOD_5 为 1200mg/L，且 $BOD_5/BOD_u=0.7$，要使出水溶性 BOD_5 达到 20mg/L，以下至少运行多少台充氧能力为 5.6kgO_2/(h·m)，长度与沟宽相同的转刷。

解：① 系统中每天的总需氧量为

$$G = Q(L_o - L_e) = 2000 \times (1200 - 20) \times 10^{-3} = 2360kg/d$$

② 折合最终生化需氧量为 L_T

$$L_T = 2360 \div 0.7 = 3371kg/d = 140.5kg/h$$

所需转刷的总长度为 140.5÷5.6=25.1m

则所需转刷个数为 25.1÷4=6.275=7

答：至少运行 7 台充氧能力为 5.6kgO_2/(h·m)，长度与沟宽相同的转刷。

三、技能操作鉴定要素细目表

鉴定范围						鉴定点	
一级		二级		三级		代码	名称
代码	名称	代码	名称	代码	名称		
A	技能要求	A	工艺操作	A	开车准备	001	反渗透膜元件的安装
						002	活性污泥的培养与驯化
						003	生物膜的培养与驯化
				B	正常操作	001	生化池容积负荷调整
						002	膜分离装置化学清洗
				C	开车操作	001	UBF 法工艺参数控制
						002	污泥焚烧炉开车操作
						003	废水焚烧炉开车操作
				D	停车操作	001	UBF 法停车操作
						002	污泥焚烧炉停车操作
						003	废水焚烧炉停车操作
		B	设备使用与维护	A	使用设备	001	*SDI* 测定仪操作
				B	维护设备	001	离心脱水机日常维护
						002	反渗透膜元件长期停运的保护
		C	异常情况判断与处理	A	判断异常情况	001	离心脱水机常见故障判断
						002	转鼓真空过滤机常见故障判断
						003	带式压滤机常见故障判断
						004	泥饼含水率高的原因判断
						005	二沉池污泥上浮的原因判断
						006	污泥消化池产气量下降的原因判断
				B	处理异常情况	001	污泥脱水机泥饼含水率高的处理
						002	二沉池污泥上浮的处理
						003	污泥消化池产气量下降的处理
		D	绘图与计算	A	绘图	001	空视图的绘制

四、技能操作试题

试题 1：反渗透膜元件的安装

（考核时间：35min）

序号	考核内容	考核要点	配分	评分标准	检测结果	扣分	得分	备注
1	准备工作	穿戴劳保用品	3	未穿戴整齐扣 3 分				
		工具、用具准备	2	工具选择不正确扣 2 分				

续表

序号	考核内容	考核要点	配分	评分标准	检测结果	扣分	得分	备注
2	安装步骤	清洗压力容器内部杂物	5	未清洗扣5分				
3		用海绵或毛巾浸甘油将容器内壁润滑	5	不操作不得分				
				操作不到位扣3分				
4		确认膜元件外部清洁	5	未确认扣5分				
5		检查膜元件的浓水密封环，对浓水密封环加甘油润滑	5	未检查密封环扣5分				
				未加甘油润滑扣3分				
6		自给水端将膜元件插入2/3，浓水密封环必须在暴露端，密封环的唇必须面向外部	5	不操作不得分				
				操作不到位扣3分				
7		记录膜元件的序列号、在压力容器内的位置和系统中压力容器的位置	5	未记录扣5分				
				记录缺一项扣3分				
8		向连接件的O形密封环加甘油润滑	5	未加甘油润滑扣5分				
				操作不到位扣3分				
9		将连接件全部插入产品水管内	5	不操作不得分				
				操作不到位扣3分				
10		插入下一个膜元件	5	不操作不得分				
				操作不到位扣3分				
11		重复第4步、第5步	5	未重复操作扣5分				
				操作不到位扣3分				
12		将膜元件对准连接件，慢慢的推膜元件的浓水端直至元件互相接触，这一步必须在容器外完成	5	不操作不得分				
				操作不到位扣3分				
13		重复第6步~第9步	5	未重复操作扣5分				
				操作不到位扣3分				
14		重复第10步直至最后一个膜元件	5	未重复操作扣5分				
				操作不到位扣3分				
15		组装好端板	5	未组装端板扣5分				
				操作不到位扣3分				
16		把压力容器的防膜卷伸出装置放入压力容器末端，在浓水端装上组装好的端板	5	不操作不得分				
				操作不到位扣3分				
17		对端板U形密封环涂油润滑，然后套在端板上	5	未涂油润滑扣5分				
				操作不到位扣3分				

续表

序号	考核内容	考核要点	配分	评分标准	检测结果	扣分	得分	备注
18		装入一定量的垫片后小心将端板上的连接座对准并插入最后膜元件的连接件，慢慢推入压力容器内，直至端板外表面刚好过压力容器的环槽	5	不操作不得分				
				操作不到位扣3分				
19		将卡环插入环槽内，装好给水端板，安装完毕	5	不操作不得分				
				操作不到位扣3分				
20	使用工具	正确使用工具	2	工具使用不正确扣2分				
		正确维护工具	3	工具乱摆乱放扣3分				
21	安全及其他	按国家法规或企业规定		违规一次总分扣5分；严重违规停止操作			—	
		在规定时间内完成操作		每超时1min总分扣5分，超时3min停止操作			—	
		合　计	100					

试题2：活性污泥的培养与驯化

（考核时间：30min）

序号	考核内容	考核要点	配分	评分标准	检测结果	扣分	得分	备注
1	准备工作	穿戴劳保用品	3	未穿戴整齐扣3分				
		工具、用具准备	2	工具选择不正确扣2分				
2	操作程序	检查曝气池有无杂物、池体备用状况、阀门开关、设备完好及流程畅通情况	10	未检查曝气池扣3分				
				未检查阀门扣3分				
				未检查设备扣3分				
				未检查流程扣3分				
3		引进生活水或低浓度工业废水至池满	10	操作不当扣10分				
4		向生化池投加剩余污泥或粪便水，投加氮、磷盐	15	污泥投加不当扣10分				
				粪便水投加不当扣5分				
				氮、磷盐投加不当扣5分				
5		启动鼓风机向曝气池供风	10	启动鼓风机操作不当扣7分				
				风量调节不当扣5分				
6		停止曝气，换水闷曝（根据情况连续操作几次）	15	操作顺序不对扣15分				
				操作步骤漏一项扣10分				
7		检测污泥浓度及污泥活性是否符合要求	10	未检测污泥浓度扣5分				
				未检测污泥活性扣5分				

续表

序号	考核内容	考核要点	配分	评分标准	检测结果	扣分	得分	备注
8		培养有一定效果后，逐步增加工业废水比例，驯化	10	操作不当扣10分				
9		调节氮、磷盐投加比例	5	操作不当扣5分				
10		检测活性污泥驯化情况并投用	5	检测不对扣5分				
11	使用工具	正确使用工具	2	工具使用不正确扣2分				
		正确维护工具	3	工具乱摆乱放扣3分				
12	安全及其他	按国家法规或企业规定		违规一次总分扣5分；严重违规停止操作			—	
		在规定时间内完成操作		每超时1min总分扣5分，超时3min停止操作			—	
		合　计	100					

试题3：生物膜的培养与驯化

（考核时间：30min）

序号	考核内容	考核要点	配分	评分标准	检测结果	扣分	得分	备注
1	准备工作	穿戴劳保用品	3	未穿戴整齐扣3分				
		工具、用具准备	2	工具选择不正确扣2分				
2	操作程序	检查曝气池有无杂物、池体备用状况、填料安装、阀门开关、设备完好及流程畅通情况	10	未检查曝气池扣2分				
				未检查阀门扣2分				
				未检查填料扣2分				
				未检查设备扣2分				
				未检查流程扣2分				
3		引进生活水或低浓度工业废水至池满	10	操作不当扣10分				
4		向生化池投加剩余污泥或粪便水，投加氮、磷盐	15	污泥投加不当扣10分				
				粪便水投加不当扣5分				
				氮、磷盐投加不当扣5分				
5		启动鼓风机向曝气池供风	10	启动鼓风机操作不当扣7分				
				风量调节不当扣5分				
6		控制进水量，换水闷曝（根据情况连续操作几次）	15	操作顺序不对扣15分				
				操作步骤漏一项扣10分				
7		检查挂膜情况，检测生物膜活性	10	未检查挂膜情况扣5分				
				未检测生物膜活性扣5分				

续表

序号	考核内容	考核要点	配分	评分标准	检测结果	扣分	得分	备注
8		培养有一定效果后，逐步增加工业废水比例，驯化	10	操作不当扣10分				
9		调节氮、磷盐投加比例	5	操作不当扣5分				
10		检测生物膜培养驯化情况并投用	5	检测不对扣5分				
11	使用工具	正确使用工具	2	工具使用不正确扣2分				
		正确维护工具	3	工具乱摆乱放扣3分				
12	安全及其他	按国家法规或企业规定		违规一次总分扣5分；严重违规停止操作			—	
		在规定时间内完成操作		每超时1min总分扣5分，超时3min停止操作			—	
		合　计	100					

试题4：生化池容积负荷调整

（考核时间：20min）

序号	考核内容	考核要点	配分	评分标准	检测结果	扣分	得分	备注
1	准备工作	穿戴劳保用品	3	未穿戴整齐扣3分				
		工具、用具准备	2	工具选择不正确扣2分				
2	操作程序	检查生化池进水水质、水量	10	未检查水质扣5分				
				未检查水量扣5分				
3		检查生化池污泥性能及溶解氧	10	未检查污泥性能指标扣5分				
				未检查溶解氧扣5分				
4		检查生化池出水水质，重新确定合理的容积负荷	10	未检查水质扣5分				
				未确定容积负荷扣5分				
5		调节生化池进水水质	10	调节不当扣10分				
6		调节生化池进水水量	10	调节不当扣10分				
7		调整生化池溶解氧及生化停留时间	15	溶解氧量调节不当扣8分				
				停留时间调整不当扣7分				
8		调节回流污泥量	10	调节不当扣10分				
9		调整生化池药剂投加量	10	调整不当每种药剂扣5分				
10		检查调整后的生化池运行情况	5	未检查扣5分				
11	使用工具	正确使用工具	2	工具使用不正确扣2分				
		正确维护工具	3	工具乱摆乱放扣3分				

续表

序号	考核内容	考核要点	配分	评分标准	检测结果	扣分	得分	备注
12	安全及其他	按国家法规或企业规定		违规一次总分扣5分；严重违规停止操作			—	
		在规定时间内完成操作		每超时1min总分扣5分，超时3min停止操作			—	
		合　　计	100					

试题5：反渗透装置化学清洗

（考核时间：35min）

序号	考核内容	考核要点	配分	评分标准	检测结果	扣分	得分	备注
1	准备工作	穿好工作服	3	未穿戴整齐扣3分				
		必要的操作工具	2	工具选择不正确扣2分				
2	操作程序	确认反渗透装置停运，关闭进、出水阀门，关闭浓水阀门	5	未关闭进出水阀扣5分				
				未关闭浓水阀扣5分				
3		在药箱内按要求配制第一种清洗液	5	不操作不得分				
				操作不到位扣3分				
4		开启化学清洗泵，搅拌清洗液	5	未开化学清洗泵扣5分				
				操作不到位扣3分				
5		打开化学清洗管线上的阀门	5	未打开阀门扣5分				
				操作不到位扣3分				
6		控制尽可能低压力，用清洗液置换元件内的水	5	未控制压力扣3分				
				操作不到位扣3分				
7		适度打开浓水出口阀，排放适量浓水，防止清洗液的稀释	5	未打开浓水阀扣5分				
				操作不到位扣3分				
8		当浓水管路中出现清洗液时，关闭浓水出口阀，让清洗液循环回清洗药箱	5	未关闭浓水阀扣5分				
				操作不及时扣2分				
9		保持清洗液温度恒定	5	未保持温度扣5分				
10		停止化学清洗泵，让膜组件完全浸泡在清洗液中1h以上	5	未停清洗泵扣5分				
				浸泡时间不正确扣3分				
11		开启化学清洗泵，按一定的流量循环30~60min	10	未及时开泵扣10分				
				循环时间不够扣5分				
12		检测清洗水箱中清洗液的pH值	5	未检测pH值扣5分				
13		如果pH值变化，立即加药调整，继续清洗至pH值不发生变化	5	必要时未加药调整pH值扣5分				
				操作不到位扣3分				

续表

序号	考核内容	考核要点	配分	评分标准	检测结果	扣分	得分	备注
14		排空药箱清洗液，用净水冲洗	5	未排空清洗液扣3分				
				未用净水冲洗扣3分				
15		在清洗水箱内按要求配制第二种清洗液	5	未配制第二种清洗液扣5分				
				操作不到位扣3分				
16		按上述4~13步骤继续第二遍化学清洗	10	未重复操作扣10分				
				操作不到位扣3分				
17		停运化学清洗泵，用脱盐水冲洗系统内的清洗残液，化学清洗结束	5	未停泵扣3分				
				未冲洗残液扣3分				
18	使用工具	正确使用工具	2	工具使用不正确扣2分				
		正确维护工具	3	工具乱摆乱放扣3分				
19	安全及其他	按国家法规或企业规定		违规一次总分扣5分；严重违规停止操作			—	
		在规定时间内完成操作		每超时1min总分扣5分，超时3min停止操作			—	
		合　计	100					

试题6：UBF反应器主要控制参数的调节

（考核时间：30min）

序号	考核内容	考核要点	配分	评分标准	检测结果	扣分	得分	备注
1	准备工作	穿戴劳保用品	3	未穿戴整齐扣3分				
		工具、用具准备	2	工具选择不正确扣2分				
2	操作程序	保持反应器内固着和悬浮生物总量达到一定浓度，并保持有足够长的污泥龄	10	未保持污泥浓度扣5分				
				未保持生物膜厚度扣5分				
				未控制污泥龄扣5分				
3		保持废水与污泥间充分的接触条件	10	废水与污泥不能保持有效的接触扣10分				
4		调配合适的 $C:N:P$ 比值	10	确定的 $C:N:P$ 比值不合理扣5分				
5		通过加碱调节反应器pH值	10	调整方法不对扣5分				
				调整不到位扣5分				
6		通过调节pH值控制 *VFA*/*ALK* 的比值	10	控制方法不对扣5分				
				控制不到位扣5分				
7		通过蒸汽量调节来控制反应器温度	10	控制方法不对扣5分				
				调整不到位扣5分				

续表

序号	考核内容	考核要点	配分	评分标准	检测结果	扣分	得分	备注
8		通过调节反应器回流比和配水比控制废水停留时间	10	调整方法不对扣5分				
				未控制停留时间扣5分				
9		通过调节进水 *COD* 浓度和水量控制反应器容积负荷	5	调节方法不对扣5分				
				反应器容积负荷调节不合理扣5分				
10		控制进水和代谢过程中有毒物质的浓度	5	未有效控制有毒物质浓度扣5分				
11		保持厌氧条件，控制合理的氧化还原电位	10	未保持厌氧条件扣5分				
				未控制合理的氧化还原电位扣5分				
12	使用工具	正确使用工具	2	工具使用不正确扣2分				
		正确维护工具	3	工具乱摆乱放扣3分				
13	安全及其他	按国家法规或企业规定		违规一次总分扣5分；严重违规停止操作			—	
		在规定时间内完成操作		每超时1min总分扣5分，超时3min停止操作			—	
合计			100					

试题7：回转式污泥焚烧炉开车操作

（考核时间：30min）

序号	考核内容	考核要点	配分	评分标准	检测结果	扣分	得分	备注
1	准备工作	穿戴劳保用品	3	未穿戴整齐扣3分				
		工具、用具准备	2	工具选择不正确扣2分				
2	操作程序	检查炉体保温是否完好，杂物是否清除，燃料油是否满足开车条件	5	未检查炉体扣3分				
				未检查杂物扣2分				
3		确认引风机、鼓风机、灰渣输送机、转炉旋转阀、旋风分离器、燃烧器、燃料油泵等完好备用	10	每少检查一项扣2分				
4		按规程启运引风机	5	未按规程进行操作，每少或错一步扣2分				
5		按规程启运二次燃烧室鼓风机	5	未按规程进行操作，每少或错一步扣2分				
6		启动回转炉旋转阀	5	未按规程进行操作，每少或错一步扣2分				
7		启动回转炉	5	未按规程进行操作，每少或错一步扣2分				

续表

序号	考核内容	考核要点	配分	评分标准	检测结果	扣分	得分	备注
8		启动旋风分离器的旋转阀	5	未按规程进行操作，每少或错一步扣2分				
9		检测炉内可燃气体浓度，引燃料气点燃长明灯		否认项			—	
10		启动燃料油泵	5	未按规程进行操作，每少或错一步扣2分				
11		启动回转炉燃烧器	5	未按规程进行操作，每少或错一步扣2分				
12		启动二次燃烧室燃烧器	5	未按规程进行操作，每少或错一步扣2分				
13		调整回转炉燃烧室进风量	5	未操作扣5分				
14		调整二次燃烧室进风量	5	未操作扣5分				
15		按照升温曲线对回转炉和二次燃烧室进行升温，检查并确认燃烧室内温度高于300℃；二次燃烧室内温度高于500℃	10	未按时检查燃烧室温度扣5分				
				未按时检查二次燃烧室温度扣5分				
16		按规程启运污泥进料器	5	未按规程进行操作，每少或错一步扣2分				
17		按规程启运灰渣输送机	5	未按规程进行操作，每少或错一步扣2分				
18		再次检查、调节燃烧室温度和二次燃烧室温度，使其符合工艺控制参数	5	未按时检查燃烧室温度扣3分				
				未按时检查二次燃烧室温度扣3分				
19	使用工具	正确使用工具	2	工具使用不正确扣2分				
		正确维护工具	3	工具乱摆乱放扣3分				
20	安全及其他	按国家法规或企业规定		违规一次总分扣5分；严重违规停止操作			—	
		在规定时间内完成操作		每超时1min总分扣5分，超时3min停止操作			—	
		合　计	100					

否定项说明：若出现未测爆点火等情况，该题为零分。

试题8：立式废水焚烧炉开车操作

（考核时间：40min）

序号	考核内容	考核要点	配分	评分标准	检测结果	扣分	得分	备注
1	准备工作	穿戴劳保用品	3	未穿戴整齐扣3分				
		工具、用具准备	2	工具选择不正确扣2分				

续表

序号	考核内容	考核要点	配分	评分标准	检测结果	扣分	得分	备注
2	操作程序	检查焚烧炉保温是否完好，检查所有喷嘴、加压泵、燃料油罐、废水槽是否备用	5	每少检查一项扣1分				
3		检查公用工程系统蒸汽、氮气、燃料气压力是否正常	5	每少检查一项扣1分				
4		关闭进炉前所有阀门	5	未操作扣5分				
5		确认各风门的开度	5	未确认扣5分				
6		按规程启运燃料油加压泵，投用燃料油加热器，建立燃料油大循环	10	未建立燃料油循环扣5分				
				油温控制不当扣5分				
7		引燃料气至焚烧炉前，并进行实气置换，采样分析燃料气管道中氮气含量(氮保护)	10	引燃料气未进行实气置换扣5分				
				置换时未采样分析氮气含量扣5分				
8		用蒸汽吹扫炉膛并监测可燃气体浓度是否合格	5	蒸汽吹扫过大、过猛扣2分				
				吹扫后未化验测爆扣3分				
9		按点火规程点燃长明灯，如未点着，则立即关闭燃料气阀，打开吹扫蒸汽吹扫炉膛，测爆合格后重新点火	10	点火程序不正确扣5分				
				一次点火时间过长扣5分				
10		先后打开雾化蒸气阀和燃料油喷嘴阀	5	未操作或操作次序错扣5分				
11		投用燃料油喷嘴，调节雾化蒸汽和燃料油压差	5	雾化蒸汽和燃料油压差控制不当扣5分				
12		严格按照升温曲线给焚烧炉升温直至温度正常	5	不按照升温曲线升温扣5分				
13		按规程启运废水泵，并建立循环	5	未按规程进行操作，每少或错一步扣2分				
14		先后打开雾化蒸气阀和废水喷嘴阀，并注意调节雾化效果	5	未操作或操作次序错扣5分				
15		检查炉膛温度，调节进风量、燃料油量及废水焚烧量并确认各项控制指标符合要求	10	未检查温度扣5分				
				未调整操作扣5分				
				未确认指标扣5分				
16	使用工具	正确使用工具	2	工具使用不正确扣2分				
		正确维护工具	3	工具乱摆乱放扣3分				
17	安全及其他	按国家法规或企业规定		违规一次总分扣5分；严重违规停止操作			—	
		在规定时间内完成操作		每超时1min总分扣5分，超时3min停止操作			—	
		合计	100					

否定项说明：若出现未测爆点火等情况，该题为零分。

试题 9：UBF 反应器停车操作

（考核时间：30min）

序号	考核内容	考核要点	配分	评分标准	检测结果	扣分	得分	备注
1	准备工作	穿戴劳保用品	3	未穿戴整齐扣 3 分				
		工具、用具准备	2	工具选择不正确扣 2 分				
2	操作程序	停反应器的进水泵	10	未按规程进行操作，每少或错一步扣 3 分				
3		关闭进水阀	10	未关闭进水阀扣 10 分				
4		关闭回流水阀	10	未关闭回流水阀扣 10 分				
5		停布水器	10	未操作扣 10 分				
				操作不到位扣 5 分				
6		停反应器加温系统	10	未操作扣 10 分				
				操作顺序错扣 5 分				
7		停 pH 调整系统	10	未操作扣 10 分				
				操作顺序错扣 5 分				
8		停沼气输送系统	10	操作不正确扣 10 分				
				操作顺序错扣 5 分				
9		停沼气焚烧系统	10	操作不正确扣 10 分				
				操作顺序错扣 5 分				
10		关闭相关联锁系统	10	操作不正确扣 10 分				
				操作顺序错扣 5 分				
11	使用工具	正确使用工具	2	工具使用不正确扣 2 分				
		正确维护工具	3	工具乱摆乱放扣 3 分				
12	安全及其他	按国家法规或企业规定		违规一次总分扣 5 分；严重违规停止操作			—	
		在规定时间内完成操作		每超时 1min 总分扣 5 分，超时 3min 停止操作			—	
		合　计	100					

试题 10：回转式污泥焚烧炉停车操作

（考核时间：25min）

序号	考核内容	考核要点	配分	评分标准	检测结果	扣分	得分	备注
1	准备工作	穿戴劳保用品	3	未穿戴整齐扣 3 分				
		工具、用具准备	2	工具选择不正确扣 2 分				
2	操作程序	检查泥渣剩余量，正常情况下要将泥渣处理完	5	未检查扣 5 分				
				正常情况下未将泥渣处理完扣 5 分				

续表

序号	考核内容	考核要点	配分	评分标准	检测结果	扣分	得分	备注
3		按规程停运泥渣进料器，停止进料	10	未按规程进行操作，每少或错一步扣3分				
4		待炉内泥渣基本烧完后，回转炉控制降温速度	10	炉内泥渣未处理完扣5分				
				未控制降温速度扣10分				
5		控制二次燃烧室降温速度	10	未控制降温速度扣10分				
6		停运燃料油泵，停燃料气，熄灭长明灯	10	未按规程停泵操作，每少或错一步扣5分				
				未及时熄灭长明灯扣5分				
7		停用回转炉和二次燃烧室燃烧器	5	操作不当扣5分				
8		当温度降至200℃以下停运回转炉，并停旋转阀	10	未按规程进行操作，每少或错一步扣5分				
9		停旋风分离器的旋转阀	5	未操作扣5分				
10		按规程停运二次燃烧室鼓风机	10	未按规程进行操作，每少或错一步扣5分				
11		按规程停运灰渣运输机	5	未按规程进行操作，每少或错一步扣2分				
12		按规程停运引风机	5	未按规程进行操作，每少或错一步扣2分				
13		清理系统内泥灰	5	未操作扣5分				
14	使用工具	正确使用工具	2	工具使用不正确扣2分				
		正确维护工具	3	工具乱摆乱放扣3分				
15	安全及其他	按国家法规或企业规定		违规一次总分扣5分；严重违规停止操作			—	
		在规定时间内完成操作		每超时1min总分扣5分，超时3min停止操作			—	
		合　计	100					

试题11：立式废水焚烧炉停车操作

（考核时间：25min）

序号	考核内容	考核要点	配分	评分标准	检测结果	扣分	得分	备注
1	准备工作	穿戴劳保用品	3	未穿戴整齐扣3分				
		工具、用具准备	2	工具选择不正确扣2分				
2	操作程序	检查废水贮槽剩余废水量，尽量处理完污水槽中的废水	10	未检查废水量扣5分				
				未按要求处理完污水槽中废水扣5分				

续表

序号	考核内容	考核要点	配分	评分标准	检测结果	扣分	得分	备注
3		停运废水加压泵，关闭雾化蒸汽阀和废水喷嘴进口阀	15	未按规程停运泵，少或错一步扣2分				
				未关雾化蒸汽阀扣5分				
				未关废水阀扣5分				
4		焚烧炉按规程规定的速度降温	15	降温速度过快扣7分				
				降温方法不正确扣8分				
5		当烟道温度降至400℃时，开通燃料油循环系统，停烧所有燃烧油喷嘴	20	油嘴切出时温度过高扣10分				
				油嘴切出前未开通油循环系统扣10分				
6		开蒸汽阀吹扫油管线，待大循环管线通畅后，停燃料油泵	20	油嘴切出后，油循环系统未处理扣5分				
				燃料油管线处理后油泵不停扣5分				
				未按规程停运泵，少或错一步扣2分				
7		当烟道温度降至200℃时关闭所有燃烧气嘴包括长明灯，进行自然降温	10	燃料气嘴全部切出过早或过迟扣5分				
				长明灯未及时熄灭扣5分				
8	使用工具	正确使用工具	2	工具使用不正确扣2分				
		正确维护工具	3	工具乱摆乱放扣3分				
9	安全及其他	按国家法规或企业规定		违规一次总分扣5分；严重违规停止操作			—	
		在规定时间内完成操作		每超时1min总分扣5分，超时3min停止操作			—	
		合　计	100					

试题12：SDI_{15}值的测定

（考核时间：30min）

序号	考核内容	考核要点	配分	评分标准	检测结果	扣分	得分	备注
1	准备工作	穿戴劳保用品	3	未穿戴整齐扣3分				
		工具、用具准备	2	工具选择不正确扣2分				
2	操作程序	开启SDI仪供水泵，打开过水阀门，将管线冲洗1～2min	10	未开供水泵扣5分				
				未打开过水阀门扣5分				
				未冲洗管线或冲洗时间不正确扣5分				
3		关闭过水阀门，用小镊子将膜片放入SDI仪中	5	未关闭过水阀门扣3分				
				操作不到位扣3分				

续表

序号	考核内容	考核要点	配分	评分标准	检测结果	扣分	得分	备注
4		打开过水阀门，将 SDI 仪的测量压力调整到 0.21MPa（30psi），关闭过水阀门	10	未打开过水阀门扣 5 分				
				未调整测量压力扣 5 分				
				未及时关闭过水阀门扣 5 分				
5		将出水软管放入 500mL 量筒中，打开过水阀门，同时按下秒表计时	10	少一项操作扣 5 分				
				操作不到位扣 5 分				
6		将流满第一个 500mL 的时间记做 T_1，倒空量筒	5	不操作不得分				
				未记时间 T_1 扣 3 分				
				未倒空量筒扣 5 分				
7		第 15min 时，再次将软管放入量筒，将流满第二个 500mL 的时间记做 T_2	5	不操作不得分				
				操作不到位扣 5 分				
8		停泵，关阀，用小镊子取出膜片，放在滤纸中保留	10	少一项操作扣 5 分				
				操作不到位扣 5 分				
9		用公式（$SDI_{15}=(1-T_1/T_2)\times100/15$）计算 SDI_{15} 值	5	不计算不得分				
				计算不到位扣 5 分				
10	注意事项	计算时，T_1、T_2 的单位统一用秒	5	时间单位不对扣 5 分				
11		T_1 所用的时间包含在 15min 之内	5	T_1 未包含在 15min 之内扣 5 分				
12		当浊度超过 1.50 时，测定出的数值无效	5	未按要求操作扣 5 分				
13		当 T_1 超过 1min 或 T_2 超过 3min 时，应终止测定过程	5	未按要求操作扣 5 分				
14		T_1 正常，但在等待 15min 的过程中出水呈滴水状，应终止测定过程	5	未按要求操作扣 5 分				
15		测定过程中 SDI 仪要始终保持垂直状态	5	SDI 仪未保持垂直状态扣 5 分				
16	使用工具	正确使用工具	2	工具使用不正确扣 2 分				
		正确维护工具	3	工具乱摆乱放扣 3 分				
17	安全及其他	按国家法规或企业规定		违规一次总分扣 5 分；严重违规停止操作			—	
		在规定时间内完成操作		每超时 1min 总分扣 5 分，超时 3min 停止操作			—	
		合　计	100					

试题13：离心脱水机日常维护

（考核时间：30min）

序号	考核内容	考核要点	配分	评分标准	检测结果	扣分	得分	备注
1	准备工作	穿戴劳保用品	3	未穿戴整齐扣3分				
		工具、用具准备	2	工具选择不正确扣2分				
2	操作程序	检查油箱的油位、轴承的油流量、冷却水及油的温度等情况	15	未检查油位扣5分				
				未检查油流量扣5分				
				未检查冷却水扣5分				
				未检查油温扣5分				
3		检查声音、振动情况	10	未检查振动扣5分				
				未检查声音扣5分				
4		观察电流	10	未观察扣5分				
5		停车时，先停止进泥，后注入热水或其他溶剂，继续运行10min后再停车，在转轴停转后，再停止热水的注入	15	停车时未进行冲洗操作扣10分				
				操作顺序不正确扣10分				
6		离心机再次启动时，确保机内冲刷干净	10	启动前未检查扣10分				
7		离心机进泥中，检查有无大的浮渣和沙粒进入	10	未检查扣10分				
8		观察运行离心机泥饼含水率变化及分离液含固量变化情况	10	未观察泥饼含水率扣5分				
				未观察分离液含固量扣5分				
9		检查离心机磨损情况，及时联系更换易损件	10	未检查扣5分				
				未联系更换扣5分				
10	使用工具	正确使用工具	2	工具使用不正确扣2分				
		正确维护工具	3	工具乱摆乱放扣3分				
11	安全及其他	按国家法规或企业规定		违规一次总分扣5分；严重违规停止操作			—	
		在规定时间内完成操作		每超时1min总分扣5分，超时3min停止操作			—	
		合　计	100					

试题14：反渗透膜元件长期停用的保护

（考核时间：20min）

序号	考核内容	考核要点	配分	评分标准	检测结果	扣分	得分	备注
1	准备工作	穿戴劳保用品	3	未穿戴整齐扣3分				
		工具、用具准备	2	工具选择不正确扣2分				

续表

序号	考核内容	考核要点	配分	评分标准	检测结果	扣分	得分	备注
2	操作程序	适用于装置停止运行30d(夏季时间缩短)以上	10	没有时间限定扣5分				
				时间不对应扣5分				
3		将膜元件进行化学清洗	10	未进行化学清洗扣10分				
4		用反渗透装置的产水配制杀菌液(一般用0.5%~0.7%的甲醛溶液)	10	未配制杀菌液扣5分				
				配制杀菌液浓度不对扣5分				
5		将杀菌液充满装置	10	不操作不得分				
				操作不到位扣5分				
6		确认装置充满杀菌液，关闭相关阀门	10	未操作扣10分				
				操作不到位扣5分				
7		如果系统温度低于27℃，每隔30d用新的杀菌液重复进行第4步~第6步操作	10	没有温度限定扣5分				
				对应时间不对扣5分				
				未重复操作扣5分				
8		如果系统温度高于27℃，每隔15d用新的杀菌液重复进行第4步~第6步操作	10	没有温度限定扣5分				
				对应时间不对扣5分				
				未重复操作扣5分				
9		在装置重新投入使用前，产水排放阀全开，用低压给水冲洗1h，然后用高压给水冲洗5~10min	10	未用低压水进行冲洗扣5分				
				未用高压水进行冲洗扣5分				
				操作不到位扣5分				
10		在恢复装置正常操作前，检查产品水中不含任何杀菌剂	10	未检查扣5分				
11	使用工具	正确使用工具	2	工具使用不正确扣2分				
		正确维护工具	3	工具乱摆乱放扣3分				
12	安全及其他	按国家法规或企业规定		违规一次总分扣5分；严重违规停止操作			—	
		在规定时间内完成操作		每超时1min总分扣5分，超时3min停止操作			—	
		合　计	100					

试题15：逆流式卧螺离心脱水机常见故障判断

（考核时间：20min）

序号	考核内容	考核要点	配分	评分标准	检测结果	扣分	得分	备注
1	准备工作	穿戴劳保用品	3	未穿戴整齐扣3分				
		工具、用具准备	2	工具选择不正确扣2分				

续表

序号	考核内容	考核要点	配分	评分标准	检测结果	扣分	得分	备注
2	轴承发热原因判断	检查油箱油位是否正常	7	未检查扣7分				
3		检查轴承油流量是否正常	7	未检查扣7分				
4		检查冷却水是否正常	7	未检查扣7分				
5		检查油温是否正常	7	未检查扣7分				
6		检查振动是否正常	8	未检查扣8分				
7		检查电流是否正常	8	未检查扣8分				
8	振动噪音过大原因判断	检查转子是否平衡	8	未检查扣8分				
9		检查轴承是否失效	8	未检查扣8分				
10		检查紧固件是否松动	7	未检查扣7分				
11		检查有无磨卡现象	8	未检查扣8分				
12		检查工况点是否合适	8	未检查扣8分				
13		检查有无大的浮渣和沙粒进入	7	未检查扣7分				
14	使用工具	正确使用工具	2	工具使用不正确扣2分				
		正确维护工具	3	工具乱摆乱放扣3分				
15	安全及其他	按国家法规或企业规定		违规一次总分扣5分；严重违规停止操作			—	
		在规定时间内完成操作		每超时1min总分扣5分，超时3min停止操作			—	
		合　计	100					

试题16：转鼓真空过滤机常见故障判断

（考核时间：30min）

序号	考核内容	考核要点	配分	评分标准	检测结果	扣分	得分	备注
1	准备工作	穿戴劳保用品	3	未穿戴整齐扣3分				
		工具、用具准备	2	工具选择不正确扣2分				
2	原因判断	水环真空泵液位偏低使真空泵工作不正常	10	未回答给水量扣5分				
				未回答控制液位扣5分				
3		真空泵机械故障	10	未分析此项扣10分				
4		设备连接区间隙漏气使真空度偏低	10	未分析此项扣10分				
5		滤布跑偏造成漏气使真空度低	10	未分析此项扣10分				
6		因腐蚀，造成真空管线漏气	10	未分析此项扣10分				

续表

序号	考核内容	考核要点	配分	评分标准	检测结果	扣分	得分	备注
7		滤布损坏造成漏气	10	未分析此项扣10分				
8		滤布网眼偏大	10	未分析此项扣10分				
9		气液分离罐液位已满，使水从真空泵抽气管中溢出	10	未分析此项扣10分				
10		转鼓浸没过浅，吸干区泥层过薄，使吸干区真空度偏低	10	未分析此项扣10分				
11	使用工具	正确使用工具	2	工具使用不正确扣2分				
		正确维护工具	3	工具乱摆乱放扣3分				
12	安全及其他	按国家法规或企业规定		违规一次总分扣5分；严重违规停止操作			—	
		在规定时间内完成操作		每超时1min总分扣5分，超时3min停止操作			—	
		合　　计	100					

试题17：带式压滤机滤带损坏原因判断

（考核时间：30min）

序号	考核内容	考核要点	配分	评分标准	检测结果	扣分	得分	备注
1	准备工作	穿戴劳保用品	3	未穿戴整齐扣3分				
		工具、用具准备	2	工具选择不正确扣2分				
2	滤带损坏原因判断	检查滤带材质是否合格	10	未检查扣10分				
3		检查滤带尺寸是否合格	10	未检查扣10分				
4		检查滤带接缝是否合理	10	未检查扣10分				
5		检查滤带是否老化	10	未检查扣10分				
6		检查滚压筒是否整齐	10	未检查扣10分				
7		检查刮泥板是否损坏	10	未检查扣10分				
8		检查气压是否正常	10	未检查扣10分				
9		检查冲洗水压是否正常	10	未检查扣10分				
10		检查纠偏系统是否正常	10	未检查扣10分				
11	使用工具	正确使用工具	2	工具使用不正确扣2分				
		正确维护工具	3	工具乱摆乱放扣3分				
12	安全及其他	按国家法规或企业规定		违规一次总分扣5分；严重违规停止操作			—	
		在规定时间内完成操作		每超时1min总分扣5分，超时3min停止操作			—	
		合　　计	100					

试题 18：泥饼含水率高的原因判断

（考核时间：30min）

序号	考核内容	考核要点	配分	评分标准	检测结果	扣分	得分	备注
1	准备工作	穿戴劳保用品	3	未穿戴整齐扣 3 分				
		工具、用具准备	2	工具选择不正确扣 2 分				
2	原因判断	污泥的比阻 *R* 和毛细吸水时间 *CST* 值大，污泥脱水性能差	15	未回答比阻和毛细吸水时间值大扣 10 分				
				未回答污泥脱水性能差扣 5 分				
3		污泥调理剂选择不对	10	未回答此项扣 10 分				
4		污泥调理剂投加量偏大或偏小	10	未分析投加量扣 10 分				
5		多种调理剂投加次序不对	10	未确定投加次序扣 10 分				
6		确定的离心机分离因素偏低	10	未分析此项扣 10 分				
7		液环层厚度偏大	10	未分析此项扣 10 分				
8		转鼓和螺旋之间的转速差偏大	10	未分析此项扣 10 分				
9		处理量偏大，分离停留时间相对缩短	15	未分析此项扣 15 分				
10	使用工具	正确使用工具	2	工具使用不正确扣 2 分				
		正确维护工具	3	工具乱摆乱放扣 3 分				
11	安全及其他	按国家法规或企业规定		违规一次总分扣 5 分；严重违规停止操作			—	
		在规定时间内完成操作		每超时 1min 总分扣 5 分，超时 3min 停止操作			—	
		合　　计	100					

试题 19：二沉池污泥上浮的原因判断

（考核时间：25min）

序号	考核内容	考核要点	配分	评分标准	检测结果	扣分	得分	备注
1	准备工作	穿戴劳保用品	3	未穿戴整齐扣 3 分				
		工具、用具准备	2	工具选择不正确扣 2 分				
2	操作程序	检查曝气池进水是否含有表面活性剂	10	未检查扣 10 分				
3		检查曝气池进水有毒物质含量，污泥是否中毒上浮	10	未检查有毒物质扣 5 分				
				未判断污泥中毒扣 5 分				
4		检查曝气池进水有机负荷是否过高，对污泥冲击	10	未检查扣 10 分				

续表

序号	考核内容	考核要点	配分	评分标准	检测结果	扣分	得分	备注
5		检查曝气池曝气是否过度，引起污泥上浮	10	未检查扣10分				
6		检查二沉池进水水量是否突涨，冲击污泥层造成上浮	10	未检查扣10分				
7		检测二沉池进水*DO*浓度是否过低，污泥发生反硝化或酸化上浮	10	未检测*DO*浓度扣5分				
				未判断反硝化扣3分				
				未判断酸化扣3分				
8		检测二沉池进水硝酸盐含量是否过高，发生反硝化产生氮气	10	未检查硝酸盐含量扣6分				
				未判断反硝化扣4分				
9		检查二沉池污泥回流量是否过小，停留时间过长	10	未检查污泥回流量扣5分				
				未判断停留时间扣5分				
10		检查二沉池剩余污泥排放量是否过小，积泥过多	10	未检查扣10分				
11	使用工具	正确使用工具	2	工具使用不正确扣2分				
		正确维护工具	3	工具乱摆乱放扣3分				
12	安全及其他	按国家法规或企业规定		违规一次总分扣5分；严重违规停止操作			—	
		在规定时间内完成操作		每超时1min总分扣5分，超时3min停止操作			—	
		合　　计	100					

试题20：污泥消化池产气量下降的原因判断

（考核时间：20min）

序号	考核内容	考核要点	配分	评分标准	检测结果	扣分	得分	备注
1	准备工作	穿戴劳保用品	3	未穿戴整齐扣3分				
		工具、用具准备	2	工具选择不正确扣2分				
2	原因判断	消化池污泥投加量过大或过小	10	未分析污泥投量扣10分				
				未分析进泥量大小扣5分				
3		污泥含水率高，投配率偏大，泥龄短	10	未分析污泥含水率扣5分				
				未分析污泥投配率扣5分				
				未分析泥龄扣5分				
4		排泥和上清液排放的比例选择不当	5	未分析排泥与上清液排放的比例扣5分				
5		消化液pH值控制不稳	10	未分析pH值控制的影响扣10分				

续表

序号	考核内容	考核要点	配分	评分标准	检测结果	扣分	得分	备注
6		挥发性脂肪酸与总碱度的比值偏大	10	未分析脂肪酸量扣5分				
				未分析比值扣5分				
7		投入的有机物超负荷或水力负荷过大	10	未分析有机负荷扣5分				
				未分析水力负荷扣5分				
8		消化池内温度波动过大	10	未分析温度波动大的影响扣10分				
9		有毒物质浓度未有效控制（如重金属）	5	未分析有毒物质浓度的影响扣5分				
10		搅拌时间过长	5	未分析搅拌因素扣10分				
11		操作顺序不正确，操作周期过长	10	未操作顺序扣5分				
				未分析操作周期扣5分				
12		系统漏气	5	未分析此项扣5分				
13	使用工具	正确使用工具	2	工具使用不正确扣2分				
		正确维护工具	3	工具乱摆乱放扣3分				
14	安全及其他	按国家法规或企业规定		违规一次总分扣5分；严重违规停止操作			—	
		在规定时间内完成操作		每超时1min总分扣5分，超时3min停止操作			—	
合计			100					

试题21：泥饼含水率高的处理

（考核时间：30min）

序号	考核内容	考核要点	配分	评分标准	检测结果	扣分	得分	备注
1	准备工作	穿戴劳保用品	3	未穿戴整齐扣3分				
		工具、用具准备	2	工具选择不正确扣2分				
2	处理措施	选择合适的污泥调理剂	10	未考虑此项扣10分				
3		通过实验确定污泥调理剂投加量	10	未分析投加量扣10分				
4		正确选择多种调理剂的投加次序	10	多种调理剂未选择投加次序扣10分				
5		测定污泥的毛细吸水时间*CST*值	10	未选择此项扣10分				
6		确定较低的转鼓的转速	10	未选择此项扣10分				
7		根据污泥的脱水性能控制较高的真空度	10	未选择此项扣10分				
8		转鼓浸没较浅	10	未选择此项扣10分				

续表

序号	考核内容	考核要点	配分	评分标准	检测结果	扣分	得分	备注
9		适当提高滤布反吹风量或加大冲洗水量	10	未选择此项扣10分				
10		选择的滤布孔目数不宜太小	5	未选择扣5分				
11		转鼓滤布不跑偏，真空度控制平稳	5	控制不好扣5分				
12	使用工具	正确使用工具	2	工具使用不正确扣2分				
		正确维护工具	3	工具乱摆乱放扣3分				
13	安全及其他	按国家法规或企业规定		违规一次总分扣5分；严重违规停止操作			—	
		在规定时间内完成操作		每超时1min总分扣5分，超时3min停止操作			—	
		合　　计	100					

试题22：二沉池污泥上浮的处理

（考核时间：30min）

序号	考核内容	考核要点	配分	评分标准	检测结果	扣分	得分	备注
1	准备工作	穿戴劳保用品	3	未穿戴整齐扣3分				
		工具、用具准备	2	工具选择不正确扣2分				
2	处理措施	若曝气池进水含表面活性剂，均质进水水质或减小进水量	10	操作不当扣10分				
3		若曝气池进水含有毒物质，均质进水水质或减小进水量	10	操作不当扣10分				
4		若曝气池进水有机负荷过高，均质进水水质或减小进水量	10	操作不当扣10分				
5		若曝气池曝气过度，减小曝气池供风量	10	操作不当扣10分				
6		若二沉池水力负荷过大，适当降低进水量	10	操作不当扣10分				
7		若二沉池 *DO* 浓度过低，加大曝气池末端曝气量	10	操作不当扣10分				
8		若二沉池进水硝酸盐含量过高，适当减小曝气池曝气量	10	操作不当扣10分				
9		提高二沉池污泥回流量，缩短污泥停留时间	5	操作不当扣5分				

续表

序号	考核内容	考核要点	配分	评分标准	检测结果	扣分	得分	备注
10		若二沉池积泥过多，加大二沉池污泥排放量	5	操作不当扣5分				
11		清除曝气池表面浮泥	5	未清除扣5分				
12		清除二沉池表面浮泥	5	未清除扣5分				
13	使用工具	正确使用工具	2	工具使用不正确扣2分				
		正确维护工具	3	工具乱摆乱放扣3分				
14	安全及其他	按国家法规或企业规定		违规一次总分扣5分；严重违规停止操作				
		在规定时间内完成操作		每超时1min总分扣5分，超时3min停止操作				
		合　计	100					

试题23：污泥消化池产气量下降的处理

（考核时间：20min）

序号	考核内容	考核要点	配分	评分标准	检测结果	扣分	得分	备注
1	准备工作	穿戴劳保用品	3	未穿戴整齐扣3分				
		工具、用具准备	2	工具选择不正确扣2分				
2	原因判断	根据污泥的含水率及系统的消化时间选择合理的进泥量	10	未控制进泥量扣5分				
				未保证消化时间扣5分				
3		根据污泥含水率的大小，调节污泥投配率，确保污泥龄在20d以上	10	未调整投配率扣5分				
				未保证污泥龄在20d以上扣5分				
4		确定合理的排泥和上清液排放比例	5	未选择合理的排泥与上清液排放比例扣5分				
5		控制消化液pH值	10	未控制pH值扣10分				
6		及时调节挥发性脂肪酸与总碱度的比值在一定的范围	10	未调节总碱度扣5分				
				比值不合理扣5分				
7		调整有机物负荷或水力负荷	10	未调整有机负荷扣5分				
				未调整水力负荷扣5分				
8		控制消化池内温度在一定的范围	10	未控制温度扣10分				
9		控制有毒物质的浓度(如重金属)	5	未控制有毒物质浓度扣5分				
10		控制搅拌时间或搅拌次数	5	未控制搅拌时间或搅拌次数扣5分				
11		确定合理的操作顺序和操作周期	10	未确定操作顺序扣5分				
				未确定操作周期扣5分				
12		查系统漏气，堵漏	5	未查漏扣2分				
				未堵漏扣3分				

续表

序号	考核内容	考核要点	配分	评分标准	检测结果	扣分	得分	备注
13	使用工具	正确使用工具	2	工具使用不正确扣2分				
		正确维护工具	3	工具乱摆乱放扣3分				
14	安全及其他	按国家法规或企业规定		违规一次总分扣5分；严重违规停止操作			—	
		在规定时间内完成操作		每超时1min总分扣5分，超时3min停止操作			—	
		合　计	100					

试题24：空视图的绘制

（考核时间：30min）

序号	考核内容	考核要点	配分	评分标准	检测结果	扣分	得分	备注
1	准备工作	穿戴劳保用品	3	未穿戴整齐扣3分				
		工具、用具准备	2	工具选择不正确扣2分				
2	绘制程序	用正等轴测投影画出管段及其所附管件、阀门等图形	15	未用正等轴测投影画扣10分				
3		管段按比例画出，管件、阀门大小及位置的相对比例要协调	15	管段未按比例画出扣10分				
				管件、阀门比例不协调扣5分				
4		管道图中所有管件、阀门均按图例画出	10	管件、阀门未按图例画或画错，每处扣5分				
5		图中管子一律采用粗实线单线表示	10	管道未按粗实线画扣5分				
6		管件、阀门用细实线画出	10	管件、阀门未用细实线画扣5分				
7		水平管道的尺寸线要与管道相平行，尺寸界线为垂直线	10	尺寸线标错或少一处扣2分				
				尺寸线不规范扣5分				
8		所有的垂直管道不注长度尺寸，而以水平管道的标高"EL"表示	10	标高标错或少一处扣2分				
				标高不规范扣5分				
9		列表说明管段所需要的材料、规格、数量等	10	未列表扣10分				
				列表少一项扣2分				
10	绘图要求	线条要求直，并用箭头表示流向	2	线条不直或未标箭头扣2分				
		标明管件名称	3	未标明名称扣3分				
11	安全及其他	按国家法规或企业规定		违规一次总分扣5分；严重违规停止操作			—	
		在规定时间内完成操作		每超时1min总分扣5分，超时3min停止操作			—	
		合　计	100					